高等学校电子信息类专业系列教材

显 示 技 术

（第二版）

主　编　肖运虹　王志铭
副主编　兰　慧　胡小波
　　　　周　非　常　迪

西安电子科技大学出版社

内 容 简 介

本书是按教育部颁布的相关教学大纲要求,跟踪当前显示技术的最新发展,在介绍显示技术发展概况的基础上,对显示技术及其典型器件和系统进行了全面阐述。全书共分为 6 章,主要内容包括显示技术基础、阴极射线管显示技术、液晶显示技术、等离子体显示技术、激光显示技术、OLED 显示技术、QLED 显示技术、3D 显示技术以及 VR 显示技术等。

本书具有理论深度适中、实用性强的特点,适于教学和自学;同时,各章末都附有习题,以帮助读者加深对本书主要内容的理解。

本书可作为高等学校电子信息工程、光电信息工程、光电子技术等电气信息类专业本科生的显示技术专业课教材,也可供从事相关领域工作的专业技术人员和电子爱好者阅读参考。

图书在版编目(CIP)数据

显示技术/肖运虹,王志铭主编. —2 版. —西安:
西安电子科技大学出版社,2018.2(2021.1 重印)
ISBN 978 - 7 - 5606 - 4822 - 4

Ⅰ. ① 显…　Ⅱ. ① 肖…　② 王…　Ⅲ. ① 显示－高等学校－教材　Ⅳ. ① N27

中国版本图书馆 CIP 数据核字(2018)第 000441 号

责任编辑　买永莲　刘小莉
出版发行　西安电子科技大学出版社(西安市太白南路 2 号)
电　　话　(029)88242885　88201467　　邮　　编　710071
网　　址　www.xduph.com　　　　　电子邮箱　xdupfxb001@163.com
经　　销　新华书店
印刷单位　陕西天意印务有限责任公司
版　　次　2018 年 2 月第 2 版　2021 年 1 月第 2 次印刷
开　　本　787 毫米×1092 毫米　1/16　印　张　12
字　　数　280 千字
印　　数　3001～5000 册
定　　价　27.00 元

ISBN 978 - 7 - 5606 - 4822 - 4/TN

XDUP 5124002 - 2

＊＊＊如有印装问题可调换＊＊＊

前　　言

　　《显示技术》第一版自 2011 年出版以来，广为读者所关注，已被许多院校和培训部门选为教材。由于显示技术的飞速发展及教改的进一步深入，也促使该书必须不断改进和完善。因此，我们在第一版的基础上进行了一些修订，以便更好地适应当前"显示技术"课程教学的需要。

　　本次修订体现在具体内容和体系上，主要有以下几个方面：

　　(1) 为了适应现代显示技术迅速发展的需要，能够较好地面向 21 世纪的新时代，增强了 OLED 显示技术等内容，并适当压缩了如 CRT、PDP 等传统显示的某些内容。

　　(2) 在保证基本理论完整性的原则下，精简了一些分立元件电路内容。

　　(3) 在修订中，既注意保持原书的风格，同时完善了有关基本理论内容，并且增加了相应的习题，使正文内容与例题、习题紧密配合。

　　本次修订对原书的基本框架未作大的调整，修订内容主要涉及第 2、4、5、6 章。全书主要由肖运虹、王志铭进行修订。

　　该次的修订工作得到了西安电子科技大学出版社，特别是云立实老师的关心和支持，在此表示深深的谢意。

　　由于编者水平有限，书中疏漏在所难免，恳请广大读者批评指正。

编　者

2017 年 11 月

目　　录

第1章 绪 论

1.1 信息显示的意义

随着科学技术的发展和人们物质生活水平的提高，人们对精神生活的追求也越来越丰富。现代科学技术和人类生活一刻也离不开信息。当今社会，各种信息的获取、存储、传递、处理、输出变得越来越频繁和重要，信息包括了各种电信号和非电信号，各种物理量和非物理量。信息显示设备作为人—机联系和信息展示的窗口有着极其重要的作用。在当前迅猛发展的计算机技术、网络技术、通信技术、高清电视技术等信息技术的环境中，人们无论是在办公室还是在家庭生活中，几乎都离不开显示器。可以说，没有显示器，就没有如今的信息化社会。信息显示技术产业，已经成为电子信息产业的一大支柱。

显示技术是用电子学手段将各种信息以文字、符号、图形、图像的形式付诸人眼视觉的技术。

人的感觉器官中接受信息最多的是视觉器官（眼睛）。在日常工作和生活中，人们需要越来越多地利用丰富的视觉信息。研究表明：人的各种感觉器官从外界获得的信息中视觉占 60%，听觉占 20%，触觉占 15%，味觉占 3%，嗅觉占 2%。可见，近 2/3 的信息是通过视觉器官获得的。因此，这也就促使人们对显示技术不断研究和创新。

显示技术的任务是根据人的心理和生理特点，采用适当的方法改变光的强弱、光的波长（即颜色）和光的其他特征，组成不同形式的视觉信息。视觉信息的表现形式一般为字符、图形和图像，而图像显示成为显示技术中最重要的方式。

显示技术具有技术新、应用广、发展快等特点。

（1）显示技术传输与处理信息具有准确、实时、直观、信息量大的特点。人们的五官是感知外部世界的传感器，但在视觉、听觉、触觉、味觉、嗅觉中，视觉感知了 60% 的信息。人们常说"百闻不如一见"，说明对一个事物的仔细描述虽可激发人们丰富的想象，但如能以某种方式看见事物本身，则可一目了然。图像包含了极大的信息量，如二维或三维空间信息、明暗、色彩以及它们与时间的关系等等。因此，信息以图像形式表现和传递，无疑比其他方式，如语言、文字，更为有效和迅速。计算机技术、电子技术、传感器技术与电子显示技术的结合，极大地从空间和时间上延伸和扩展了人类的视觉能力，借助现代科学技术，并在显示技术的支持下，现在人们已观看到月球地貌、探测到海底世界、运用红外夜视技术在黑夜中看清物体、并运用遥感遥测技术探索地球的奥秘、运用电视技术使亿万人同时目睹世界某一个角落正在发生的事件等等。总之，显示技术赋予了人类无以伦比的洞察能力，是人类获得信息的重要手段。

（2）显示技术有很强的综合性与应用性。电子显示技术作为人—机联系和信息展示的窗口已广泛地应用于国防军事、航空航天、工业、农业、交通、通信、教育、娱乐、医疗等。

人们最熟悉的广播电视就是电子显示技术最重要的应用之一，电视深入千家万户，已成为人们生活的一部分。显示技术的应用涉及多学科的技术和知识，如微电子技术、计算机技术、半导体材料科学、真空放电技术以及色度学、光度学、人眼视觉生理学知识等等。毫无疑问，显示技术已经取得的成就离不开这些相关学科的发展。显示技术从它诞生时起就与实际应用紧密结合，而实用价值又促进了它的发展，电视技术和计算机技术即是两个最生动的例子。随着科学技术的进步和社会的发展，显示技术已进一步扩展了它的应用领域，如可视电话、医用断层扫描显示、巨型显示等。可以说，现代生活的各个方面，都已离不开电子显示技术了。

（3）显示技术发展快。电子显示技术的发展有较长的历史，从第一只阴极射线示波管发明至今已经历了一百多年，这期间仅电子显示器件就层出不穷，而且从原理上完全不同于阴极射线管（CRT）的新型显示器件也相继出现，许多都已实用化，如液晶显示、等离子体显示、有机电致发光二极管显示、场致发射显示等等。显示技术的广泛应用又促进了它自身的发展，特别是半导体集成电路技术、计算机技术、材料科学与显示技术的发展相互促进，并且都取得了长足的进步。近年来随着物联网技术、3D显示技术等新技术的出现，显示技术对人类社会生活的各方面都产生了更深刻的影响，已形成了一个巨大的经济产业。正因为如此，世界各发达国家都对其竞相投资和开发研究，力图在竞争中走在前列。

1.2　显示技术的发展

作为成像器件，阴极射线管（CRT）是实现最早、应用最为广泛的一种电子显示技术。阴极射线管是德国物理学家布劳恩（K. F. Braun）发明的，1897年被用于一台示波器中而首次与世人见面，用于测量并显示快速变化的电信号。这只采用气体放电产生电子束并激发荧光质发光的电子显示器件，成功地实现了电信号向光输出的转换，成为电子显示技术发展的起点。

在追溯显示技术的发展历史时，我们不能忽视光电效应的发现，如果没有光电效应，就不能实现光能向电能的转换，也就不能把可见光信号变成电信号进行远距离传输。1817年瑞典科学家贝尔兹列斯发现了在光的照射下可改变硒的电阻，1873年英国科学家史密斯用实验证实了硒的光电转化作用，预示了将光变成电信号并发射出去的可能性。1839年埃德蒙·贝克莱提出了被人称为"用电的方法看东西"的光电原理，从而在显示活动图像的漫长道路上跨出了重要的一步。

一提起图像显示，人们马上就会想起广播电视，想到电视接收机，而早期的电视接收机中的显示器件就是阴极射线管。它的发展在电子显示技术的发展史中确实占有引人注目的篇章。下面就以电视显示技术为例来谈谈显示技术的发展。

电视（Television）在拉丁语里是"远距离传送图像"的意思，它是用无线电电子学的方法，实时、远距离地传送图像信号和伴音信号的技术。它包括电视信号的产生、处理、发送、接收和重现等内容，涉及微电子学、光度学、色度学、视觉生理学以及通信技术等多种学科。到目前为止，电视技术的发展大致经历了黑白电视、彩色电视和数字电视三个阶段。

1883年，德国工程师保罗·尼普科夫（P. G. Nipkov）提出了著名的"圆盘扫描理论"，解决了图像的扫描方法问题，并设想利用硒元素的光电转换作用来实现图像信号的远距离传送。由于当时的客观条件所限，该系统理论并没有达到实用阶段，但它却在电视技术的发展史上具有极其重要的地位。保罗提出的顺序扫描与同步重现的"圆盘扫描理论"被后人称为解决电视扫描问题的经典理论。因此，德国人保罗·尼普科夫被后人誉为"电视鼻祖"。

1925 年，英国人拜尔德（J. L. Baird）利用"机械扫描圆盘"试验成功了无线电传影机，并由他所主持的拜尔德公司与英国国家广播公司合作，首次播出电视试验节目，这意味着机械扫描黑白电视时代的开始。所以人们在谈论电视的发明时，都把英国人拜尔德看作"电视发明者"。

1931 年，英国静电聚焦高真空型阴极射线管的研制成功，取代了充气放电的布劳恩管，而 1933 年由被称为"电视之父"的俄裔美国科学家佐利金发明的光电摄像管和显像管打开了电视系统由机械扫描电视进入电子扫描电视时代的大门，从此进入了电子扫描黑白电视时代，20 世纪 30 年代到 50 年代初电子扫描黑白电视进入了它的全盛时期。二次世界大战期间，显示技术在电视应用方面处于停滞状态，但因雷达定位技术的发明，使其在用波形显示目标的距离与方位方面受到了极大重视。二战结束后，电视和其他显示技术都迅速发展，应用也愈来愈广。

1950 年美国无线电公司（RCA）研制出第一只彩色显像管，标志着图像显示进入了彩色阶段，1953 年美国联邦通信委员会（FCC）通过了 NTSC（National Television Systems Committee）制模拟信号彩色广播电视标准，并于 1954 年 1 月正式开播，这标志着人类正式开始了模拟信号彩色电视广播阶段。

1956 年法国和苏联共同研制成功了 SECAM（Sequential Colour And Memory）制模拟信号彩色广播电视制式。

1962 年德国德律风根（Telefunken）公司研制成功了 PAL（Phase Alternation Line）制模拟信号彩色广播电视制式。NTSC 制、PAL 制和 SECAM 制并列为当今世界三大兼容的模拟信号彩色广播电视制式，它们分别得到了世界各国的采用。

20 世纪 60 年代以后，由于世界各大企业的努力，不仅改进了彩色显像管的结构，提高了性能，更重要的是解决了大量生产的一系列难题，使电子显示形成了很大的产业并促进了它的快速发展。

值得指出的是，新型平板显示器件在进入 20 世纪 60 年代后相继出现，它们在原理上完全不同于传统的真空型阴极射线管显示器，如 1968 年 RCA 研究工作者海麦尔（G. Heilmeier）发明的液晶显示板，1969 年日本学者伊次顺章研究的电致发光板，1966 年美国伊利诺斯大学教授贝塞特等人研制的交流等离子体显示板等，由于它们在体积、功耗、全固态、低电压驱动以及与集成电路匹配等方面与 CRT 器件相比，有明显的长处，因而倍受重视，各发达国家竞相研究。这一时期还出现了发光二极管 LED 显示，并对电致变色显示和电泳显示等进行了研究探讨。激光器出现以后，激光在显示上的应用也受到重视，产生了全息显示。同时，为了军事控制指挥中心的需要，出现了多种大屏幕显示设备。20 世纪 70 年代初期，微型计算机的出现和大规模集成电路技术的发展，使显示设备的处理部件得到重大改进。显示软件也得到相应的发展。因此，以电子束管为基础的图形、图像、彩色显示设备的应用进入一个新的发展时期。

20 世纪 50 年代中期至 90 年代初是模拟信号彩色电视广播发展的全盛时期，终端显像器件也由传统的阴极射线管 CRT，发展为液晶显示 LCD、等离子平板显示 PDP、电致发光显示 ELD 等显示方式；电路功能上也从单一画面显示发展到画中画显示（PIP），从手动控制发展到全功能遥控，从单声道伴音传送发展到多声道立体声伴音传送，从普通扫描电视发展到高清晰度扫描电视 HDTV（High Definition Television）等等。

1996 年美国高级电视系统委员会（ATSC）正式制定了美国数字信号彩色广播电视国家标准，标志着当今世界广播电视进入数字化时代。

综上所述，短短的几十年，电视技术经历了令人瞩目的发展，从第一代黑白电视发展到第二代彩色电视，再发展到现在的第三代数字电视。伴随着电视技术的发展，显示技术保持着不断创新的发展势头。可以预见，在不远的将来，整个显示系统将会产生更大的革命。

在 20 世纪，图像显示器件中，阴极射线管（CRT）占了绝对统治地位，如电视机显示器等绝大多数都采用 CRT。但在 21 世纪开始的十年，等离子体显示器 PDP、液晶显示器 LCD 等平板显示器迅速发展，特别是液晶显示器以其大幅度改善的质量、持续下降的价格、低辐射量等优势在中、小屏幕显示中几乎取代了传统的 CRT 显示器。

计算机技术与显示技术结合是显示技术发展进程中又一鲜明标志。作为人-机界面的图形显示器，比电视应用有更高的要求，微型计算机的普及也使图形、文字显示器等的性能提高，品种、数量增加，同时，平板显示技术也成为计算机显示更迫切的需要。

除计算机技术外，电子显示技术的其他非广播电视应用也是不容忽视的一个方面，军事、检测、医学、工业监视、电子印刷等，涉及面广、要求独特，因此在显示发展历史中，也促使了更多的器件被研制出来。电子显示技术目前已进入了高清晰度显示的新阶段。高清晰显示技术在军事、航天、科技部门中被较早地研制与应用，这些方面的技术积累又极大地推动了目前民用高清晰度电视（HDTV）的发展。

综上所述，在追本溯源，回顾了显示技术发展史后，我们可以看到显示技术的发展有以下几个特点：

（1）电子显示技术能有今天如此辉煌的成就，这是许多国家不同学科的众多科学工作者长期辛勤努力的结果。从第一只示波管的发明到高清晰度电视的出现，走过了一百多年的旅程，电视技术的发展也经历了半个多世纪，而今天科学工作者们仍在锲而不舍地进行着探索。

（2）一种重要的新技术原理显示器件的出现往往标志着显示技术进入了一个新的发展阶段。如果注意到许多显示器件是显示系统中的核心部件，就不难理解这个特点了。特别是液晶显示等巧妙地运用了不同物理效应特性的新显示器件的不断涌现，对显示技术的发展起了重要的作用。

（3）电子显示技术的发展也表明，它与其他学科的进步，如材料科学、微电子技术、半导体集成电路技术等都有着密不可分的关系。许多显示技术方案，如液晶显示，在早期虽有人预见了它们在显示方面的应用前景，但限于当时技术水平却无力实施，而在相关科学技术发展到一定水平后，它们便老树生新枝，生机盎然。这也反映了显示技术作为学科的综合性技术，不仅与其他学科有着内在的横向交织，同时也有着不能割断的纵向联系。

（4）显示技术的发展有着无限光明的前景。以电视显示为例，与最初期的数十行扫描电视图像相比，现在的电视图像分辨率已经提高了两百倍，电子显示技术及相关技术的产品在世界电子行业中形成了相当大的产业，占有不可忽视的比例，而且仍在快速增长。目前，液晶显示屏（LCD）继续广泛应用于各种不同的领域，包括手机、膝上型电脑、笔记本电脑、电脑监视器、大屏幕电视以及数字广告屏。等离子体显示板（PDP）仍在继续其与LCD 的竞争，特别是在大屏幕电视市场。现在的设计工程师追求更高的发光效率、更低的功耗和更佳的分辨率。发光二极管（LED）正变得无处不在，特别是有机发光二极管（OLED）已在平板显示的新一波浪潮中崛起。

显示技术的发展经历了黑白显示、彩色显示、数字显示等几个阶段。不同的显示时代解决了不同问题，每一个时代都有自己的特征。在彩色时代，由黑白改变为彩色，展现了绚丽多彩的世界。在数字时代，由标准清晰度转向数字高清，从模拟信号源提升为数字信号源，从中小尺寸屏幕提高到中大屏幕，等等。总之，更多的产品形式、更高的产品质量、更全面的产品性能将是未来显示技术发展的必然趋势。让我们拭目以待，继续关注显示技术的发展。可以预料，在不久的将来，随着科学技术的进一步发展，电子显示技术将不断写出灿烂的篇章。

1.3 显示器件的分类

显示器件从作用上讲是人和机器之间的媒介物，是一种人-机接口器件。显示器件把光信息转变为数字、符号、文字、图形、图像等形式，以供人们观看。在现代日益发达的信息社会里，显示器件起着极其重要的作用，它被广泛地应用于家庭、办公自动化、计算机终端显示以及国防军事、航空航天等各个方面。

显示技术发展到今天，其产品种类不断增多，规格型号已成百上千，我们可以根据不同的方法对其进行分类。例如，按显示技术分类，可分为真空型显示器件和非真空型显示器件，前者是指发展历史较长的 CRT 显示器件，后者泛指非真空型的各类新型显示器件；按显示材料可分固体（晶体和非晶体）、液体、气体、等离子体和液晶显示器件；按显示屏幕的大小可分为大屏幕显示器件（显示面积在 1 m² 以上）、中型显示器件（屏幕对角线尺寸为 50 cm 左右）和小型显示器件（供个人使用的袖珍计算器、掌上型电脑、手机等的显示器）；按显示内容可分为图形（只有明暗的线图）/图像（具有辉度层次的面图）显示器件、字符显示器件（只显示字母、数字、符号）和数码显示器件（只显示 0～9 阿拉伯数字）；等等。

电子显示技术在原理上利用了电致发光和电光效应两种物理现象。所谓电光效应，是指物质在加上电压后其折射率、反射率、透射率等光学性质发生变化的现象，利用电光效应可显示图像、图形和字符。因此，我们又可根据电子显示器件本身是否发光，将显示系统分为自发光型（或称主动发光型）和非自发光型（或称被动发光型）两大类。自发光型是利用信息电信号来调制各像素的发光亮度和颜色，在显示器件屏幕上直接进行发光显示；非自发光型显示器件本身不发光，而是利用信息调制外光源而使其达到图像显示之目的。

显示器件的品种类型之多是惊人的，发展、创新的速度也是其他任何一种电子器件无法比拟的。正因为显示器件种类繁多，故迄今为止还没有一种完善的分类方法。最常见的一种分类方法是按显示器件的结构及显示原理来分类，其大体分为如下几种：阴极射线管（CRT）显示、液晶显示（LCD）、等离子体显示板（PDP）显示、电致发光显示（ELD）、发光二极管(LED)显示、有机发光二极管(OLED)显示、场致发射显示(FED)。上述显示器件中，只有 LCD 为非主动发光显示，而其他六种都为主动发光显示。下面简要介绍一下它们的组成及特点。

1. 阴极射线管(CRT)显示

阴极射线管(CRT，Cathode Ray Tube)是一种电真空器件，通过驱动电路控制电子发射和偏转扫描，受控电子束激发涂在屏幕上的荧光材料而发出可见光。其主要特点是：可用磁偏转或静电偏转驱动，亮度高、色彩鲜艳、灰度等级多、寿命长、实现画面及活动图像显示容易；但需要上万伏的高压，且体积大、笨重、功耗大。CRT 最初在雷达显示器和电子示波器上使用，后来用于家用电视机和计算机终端显示。

2. 液晶显示(LCD)

液晶显示(LCD，Liquid Crystal Display)是基于在电场中液晶分子排列的改变而调制外界光，从而达到显示的目的。液晶是液态晶体的总称，是一种介于液体和晶体之间的中间态物质，既有液体的流动性，又有类似晶体结构的有序性。在一定温度范围内，它既有液体的流动性、黏度、形变等力学性质，又具有晶体的热、光、电、磁等物理性质。液晶显示器件的最大特点是微功耗(1 $\mu W/cm^2$)、低驱动电压(1.5～3 V)二者兼备，并与大规模集成电路(LSI)驱动器相适应。同时它也是平板型结构，显示面积可从几个平方毫米(mm^2)到几千平方厘米(cm^2)，特别适应于轻便型装置；采用投影放大显示时，容易实现数平方米(m^2)的大画面显示。另外，它也便于彩色化，可以扩大显示功能和实现多样化显示。LCD 的不足之处是：响应时间受周围环境温度的影响，在低温或较高温环境下不能正常工作。

3. 等离子体显示板(PDP)显示

等离子体显示板(PDP，Plasma Display Panel)是一种利用气体放电的显示装置。这种屏幕采用了等离子管作为发光元件。大量的等离子管排列在一起构成屏幕。每个等离子对应的每个小密封室内都充有氖、氙等惰性气体。在等离子管电极间加上高压后，封在两层玻璃之间的等离子管小室中的气体会产生紫外光，从而激励平板显示屏上的红、绿、蓝三基色荧光粉发出可见光。每个等离子管作为一个像素，由这些像素的明暗和颜色变化组合，产生各种灰度和色彩的图像，其工作机理类似于普通日光灯，与 CRT 显像管发光也相似。等离子体显示的彩色图像是由各个独立的荧光粉像素发光叠加而成的，因此图像鲜艳、明亮、清晰。另外，等离子体显示最突出的特点是可做到超薄，并轻易做到对角线为50 英寸以上的完全平面大屏幕显示，而厚度也不超过 100 mm。

4. 电致发光显示(ELD)

电致发光显示(ELD，Electro Luminescent Display)是在半导体、荧光粉为主体的材料上施加电压而发光的一种现象，可分为本征型电致发光(本征 EL)和电荷注入型电致发光(注入 EL)两大类。本征型电致发光是把 ZnS 等类型的荧光粉混入纤维素之类的电介质中，直接地或间接地夹在两电极之间，施加电压后使之发光。电荷注入型电致发光是使用 GaAs 等单晶半导体材料制作 PN 结，直接装上电极，施加电压后在电场作用下使 PN 结产生电荷注入而发光。电致发光显示器件也是平板型结构，可实现大面积显示，它具有功耗小、制作简单、彩色种类多的特点，多用于各种计量仪表的表盘上，作为数字、符号和图形/图像显示。

5. 发光二极管(LED)显示

发光二极管(LED,Light-Emitting Diode)是由 P 型半导体和 N 型半导体相邻接而构成的 PN 结结构。当对 PN 结施加正向电压时,就会产生少数载流子的电注入,少数载流子在传输过程中不断扩散、复合而发光。利用 PN 结少数载流子的注入、复合发光现象所制得的半导体器件称为注入型发光二极管。如果改变所使用的半导体材料,就能够得到不同波长的彩色光。在发光二极管中,辐射可见光波的称为可见光发光二极管;而辐射红外光波的称作红外二极管。前者主要应用于显示技术领域;后者主要应用于光通信等情报传输、处理系统中。发光二极管的主要特点是驱动电压低(1.5~2 V)、亮度高、可靠性好、寿命长、响应速度快、工作温度范围较宽、便于分时多路驱动,但也存在着工作电流和功耗较大的不足。LED 显示单位的图形较小,在大面积显示时需要采用拼接方法。LED 发光二极管发光颜色有红、绿、蓝等基色,先是用作信号指示灯,继而发展到小尺寸或低分辨率的矩阵显示。采用拼接方法制作的发光二极管大面积显示墙,在室内外作为信息广告牌等场合已得到广泛的应用。

6. 有机电致发光二极管(OLED)显示

有机电致发光二极管(OLED,Organic Light-Emitting Diode)由非常薄的有机材料涂层和玻璃基板构成。当有电荷通过时,这些有机材料就会发光。OLED 发光的颜色取决于有机发光层的材料,故人们可用改变发光层材料的方法得到所需颜色。有源阵列有机发光显示屏具有内置的电子电路系统,因此每个像素都由一个对应的单元电路独立驱动。由于同时具备自发光、不需背光源、对比度高、厚度薄、视角广、反应速度快、可用于挠曲性面板、使用温度范围广、构造及制造工艺较简单等优异特性,OLED 被认为是最有希望的新一代平面显示器。有专家预测,OLED 将成为未来显示器市场的主流。同时,由于 OLED 是全固态、非真空器件,具有抗震荡、耐低温(-40℃)等特性,在军事方面也有十分重要的应用,如用作坦克、飞机等现代化武器的显示终端。对于有机电致发光器件,我们可按发光材料将其分为两种,即小分子 OLED 和高分子 OLED(也可称为 PLED)。它们的差异主要表现为器件的制备工艺不同:小分子器件主要采用真空热蒸发工艺,高分子器件则采用旋转涂覆或喷墨工艺。

7. 场致发射显示(FED)

场致发射显示(FED,Field Emission Display)是平板显示器中的又一新型显示器件。FED 兼有阴极射线管(CRT)和液晶显示器(LCD)的优点,此外还有体积小、重量轻、电流密度高、能耗低、色彩饱和度好、响应快、视角宽、寿命长、耐高温及微辐射等优良特性,显示出极富潜力的应用前景,是未来有可能替代 LCD 和 PDP 的理想显示终端。依电子发射源而分,FED 可分为碳纳米管型(CNT)、表面传导型(SED)、圆锥发射体型(Spindt)和弹道电子放射型(BSD)等类型。由于纳米碳管具有发射电流密度大、功函数小、阈值电场低以及发射电流稳定性好等优点,可以作为电子冷阴极发射的理想材料,因此纳米碳管型场致发射显示器(CNT-FED)成为目前最为看好的显示系统。场致发射显示(FED)的原理和 CRT 的基本相同,都是由阴极发射电子经加速后轰击荧光粉的主动发光型显示。FED 按其结构可分为二极管型和三极管型结构。二极管型的 CNT-FED 由两个靠得很近的阴阳极板构成，中间抽成真空，并用绝缘柱支撑。当所加电压足够大时，激发阴极向阳极发射电子，轰击荧光粉而发光。三极管型的 CNT-FED 主要是由纳米碳管冷阴极场发射阵列、控制栅极和荧光粉的阳极屏组成，其间抽成真空，并用绝缘柱支撑。电子的场发射是通过阴极和栅极之间施加几百伏的电压激发纳米碳管发射电子，并在阳极电压加速后轰击到涂敷在阳极表面的荧光粉而发光。

以上简要介绍了七种常见显示器件的主要特点及其用途，还有一些诸如荧光数码显示（VFD）、灯丝显示、电泳显示（EPID）、电致变色显示（ECD）等没有一一述及。由于新材料的飞速发展，新的显示器件不断涌现，例如：电分散晶粒配向型显示器件和着色粒子旋转型显示器件；用于大型广告和列车时刻表显示的磁翻转显示器件；用于大屏幕投影显示的油膜光阀、晶体光阀以及激光光阀，等等。这些显示器件各具特色，由于篇幅所限，故而不在这里涉及了。

1.4　显示技术的研究内容

显示系统一般需要配备适当的输入装置和必要的记录设备，以便实现人-机交流。图1-1 给出了信息显示技术的基本过程。

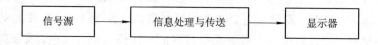

图 1-1　信息显示的基本过程

图 1-1 中，信号源是各种电子装置，它包括各类传感器、计算机、电视摄像机、信号存储磁盘、雷达天线、通信卫星等，这些装置产生的电信号经放大等信号处理后送入显示器，在显示器上以文字、数字、图像形式显示出来。

信息显示技术涉及多学科的综合知识。本书主要讨论以下几个方面的内容：

（1）电子显示技术的主要作用是在将电信号或原本是图像的光信号转换成电信号，经处理传输后再变成光信号并作用于人的视觉系统，因此，人眼的视觉空间特性和时间特性以及光度学和色度学的基本概念就成为研究显示技术的必备知识。

（2）在显示器件中，彩色显像管、液晶显示屏、等离子体显示屏、电致发光屏等是电子显示系统的核心部件，电信号最终都是在这些器件上变成光信号。因此，深入了解各种显示器件的结构、特性和工作原理则又是本书的又一重要内容。

（3）电子显示技术包括了传统的真空器件显示以及各类平板显示技术，尽管它们原理迥然不同，各有优劣，但作为图像显示系统，它们有其共同的要求和特点，如像素排列、寻址方法、亮度调制等。本书的又一内容是介绍对显示系统的基本要求和图像显示的基本参量。

（4）虽然传统的 CRT 显示器件在民用显示器应用中已经淘汰，但其成熟的工作原理、巧妙的驱动方式仍具有重要的学习和借鉴意义。

（5）液晶显示、等离子体显示、激光显示、OLED 显示、3D 显示等系统的工作原理、驱动方式、发展趋势也是本书的重要内容。

习 题 1

简答题

1. 简述信息显示的意义。

2. 显示技术的基本任务是什么？

3. 简述电子显示技术的发展历程。

4. 常见的电子显示技术有哪些种类？

5. 试对 CRT、LCD、PDP 三种显示器件的性能进行比较。

6. 谈谈电子显示技术的现状以及今后的发展趋势。

第 2 章　显示技术基础

　　显示技术的任务是根据人的心理和生理特点，采用适当的方法改变光的强弱、光的波长（即颜色）和光的其他特征，组成不同形式的视觉信息。视觉信息的表现形式一般为字符、图形和图像。人的感觉器官中接受信息最多的是视觉器官（眼睛）。在生产和生活中，人们越来越需要丰富的视觉信息。出现在显示系统屏幕上的光信号是通过人的眼睛被接收并传送给大脑，从而使人获得外部信息。为了最大限度地实现字符、图形和图像等视觉信息的显示，研究人的视觉生理特点是十分必要的。例如，电视技术发展初期，为使观众获得清晰的图像感，希望显示屏幕有较高的分辨率。但是，分辨率过高，电视设备的制作难度大，造价也高。通过对视觉生理的研究，找出了与当时技术水平相适应的较好的折中办法，产生了隔行光栅扫描方式。因此，人的因素，特别是视觉生理因素在显示系统中有着极其重要的地位，它为显示系统具体方式的确定以及显示参量的选择等方面提供了重要的依据。

　　本章将在简要介绍光度学、色度学以及人眼视觉生理特性的基础上，叙述图像的分解与合成、图像显示的基本参量以及视频信号的组成特点等内容。

2.1　光 度 学 基 础

　　五光十色的自然界通过光波的传递，映入人眼，产生了视觉。各种显示设备传递给人眼的信息是以可见光形式表达的文字、图形或图像。为了更好地掌握显示技术，有必要先了解一些光度学的基础知识。

2.1.1　光的性质

　　光是一种电磁辐射。电磁辐射的波长范围很宽，按波长从长到短的顺序排列，依次是无线电波、红外线、可见光、紫外线、X 射线和宇宙射线等。图 2-1 是电磁波按波长的顺序排列的电磁波谱。其中波长为 380～780 nm（纳米）的电磁波才能被人感知，并给人以白光的综合感觉。

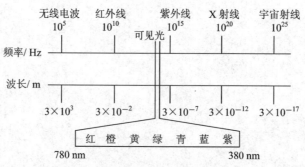

图 2-1　电磁辐射波谱

1. 电磁辐射波谱

由图 2-1 可以看出，不同波长的光所呈现的颜色各不相同，随着波长的缩短，呈现的颜色依次为红、橙、黄、绿、青、蓝、紫。只含单一波长成分的光称为单色光；包含两种或两种以上波长成分的光称为复合光。复合光给人眼的刺激呈现为混合色。太阳光就是一种复合光。

2. 可见光的色散

复合光分解为单色光的现象叫光的色散。中国古代对光的色散现象的认识起源于对自然色散现象——虹的认识。虹，是太阳光沿着一定角度照到空气中的水滴上所引起的比较复杂的由折射和反射造成的一种色散现象。光的色散可以用三棱镜、光栅干涉仪等来实现。牛顿在 1666 年最先利用三棱镜观察到光的色散，把白光分解为彩色光带（光谱），如图 2-2 所示。色散现象说明光在媒质中的速度（或折射率）随光的频率而变，同时也证明了太阳光是一种复合光。

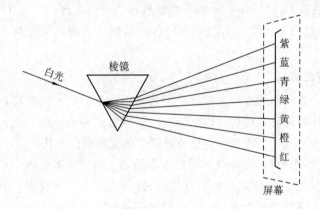

图 2-2　白光经过三棱镜后的色散现象

通常，在显示技术中，显示设备只能利用电磁辐射波谱的可见光波谱部分，而在其他科学技术领域，电磁辐射波谱的应用范围大为扩展。例如，红外线可用于夜间侦察、宇航开发、激光研究、家电遥控等；紫外线可用于生物研究、医学消毒、医疗诊断、工业探伤等方面。这些应用所涉及的波谱范围可宽达 10 ～ 20000 nm。

3. 物体的颜色

物体分为发光体和不发光体。发光体的颜色由它本身发出的光谱所确定，如白炽灯发黄光，荧光灯发白光，它们各自有其特定的光谱。

不发光体的颜色与照射光的光谱和不发光体对照射光的反射、透射特性有关。自然界中的景物，在太阳光照射下，由于反射（或透射）了可见光谱中的不同成分而吸收其余部分，从而引起人眼的不同彩色感觉。一般说来，某一物体的彩色是该物体在特定光源照射下所反射（或透射）的一定的可见光谱成分作用于人眼而引起的视觉效果。例如，红旗反射太阳光中的红色光、吸收其他颜色的光而呈红色；绿叶反射绿色的光、吸收其他颜色的光而呈绿色；白纸反射全部太阳光而呈白色；黑板能吸收全部太阳光而呈黑色。绿树叶拿到暗室的红光源下观察则成了黑色，这是因为红光源中没有绿光成分，树叶吸收了全部红光而呈黑色。另外，彩色感觉既决定于人眼对可见光谱中的不同成分有不同视觉效果的功能，同时又决定于光源所含有的光谱成分以及物体反射(或透射)和吸收其中某些成分的特性。所以，对于同一物体在不同光源照射下，人眼感觉到的颜色也有所不同。

4. 标准白光源

标准光源是指模拟各种环境光线下的人造光源，让生产工厂或实验室非现场也能获得与这些特定环境下的光源基本一致的照明效果。国际照明委员会(CIE)于 1931 年推荐了 A、B、C 和 E 四种标准光源。以下是几种常见的标准白光源的特点：

(1) A 光源(色温 2854 K)：为钨丝灯额定光谱，其光色偏黄。

(2) B 光源(色温 4874 K)：近似为中午太阳光的光谱。

(3) C 光源(色温 6774 K)：相当于白天多云天气的自然光。

(4) E 光源(色温 5500 K)：色度学中采用的一种假想的等能白光(E 白)，就是当可见光谱范围内的所有波长的光都具有相等辐射功率时所形成的一种白光。E 光源无法直接产生，实际上也并不存在，采用它纯粹是为了简化色度学中的计算。

(5) D_{65} 光源(色温 6504 K)：C 光源曾经被规定为彩色电视(NTSC)的标准光源，但是在 1965 年，国际上改用 D 光源为彩色电视(PAL)的标准光源，因为 D 光源的光谱更接近于人们生活中所习惯的平均白昼照明。

5. 绝对黑体与色温

在显示系统中，通常用标准白光源作为照明光源。为了便于对标准白光源进行比较和计算，可用绝对黑体的辐射温度(开氏度，K)—— 色温来表示标准光源的光谱分布和色度特性。这种方法非常有利于工程技术，是一种既简单又准确的方法。

绝对黑体也称全辐射体，是指既不反射也不透射，而完全吸收入射辐射的物体。它对所有波长辐射光的吸收系数均为 100%，反射系数均为零。严格说来，绝对黑体在自然界是不存在的，其实验模型是一个中空的、内壁涂黑的球体，在其上面开了一个小孔，进入小孔的光辐射经内壁多次反射、吸收，已经不能再逸出外面，这个小孔的内部球体就相当于绝对黑体。设法对绝对黑体的腔体内加热，则绝对黑体将从小孔辐射出光线，其光谱分布是连续的，并与绝对黑体温度有着单一的对应关系。

色温(Color Temperature)是表示光源光色的一种尺度，单位为 K(开尔文)。色温在摄影、图像显示、出版等领域有着极其重要的应用。光源的色温是这样定义的：如果一种光源的光谱分布与绝对黑体在某一温度下的光谱分布相同或者相近，并且二者的色度相同，那么绝对黑体的温度(K)就称为该光源的色温。例如，A 光源的色温是 2854 K，就是说它的光谱分布与黑体加热到 2854 K 时的辐射光谱分布相近，而且二者的色度相同。

绝对黑体所辐射的光谱与它的温度密切相关。绝对黑体的温度越高，辐射的光谱中蓝色成分越多，红色成分越少。如有的品牌 CRT 显示器的色温高达 11000 K，给人以偏蓝色的感觉。

色温与光源的实际温度无关。下面是有关色温的两个例子。

例 1 一个钨丝灯泡在额定功率下所发出的白光，与温度保持为 2854 K 的绝对黑体所辐射的白光完全相同，于是就称该(灯泡)白光的色温为 2854 K。

例 2 某 CRT 显示屏表面的实际温度为 300 K(室温)左右，而其显示的白场色温则为 6504 K。

值得强调的是：色温并非光源本身的实际温度，而是用来表征其光谱特性的参量。

2.1.2　光的度量

1. 光谱光效率曲线

在明视觉条件下，人眼对 380~780 nm 可见光谱范围的不同波长的辐射，即各种色光具有不同的感受性。对于等能量的各色光，人眼觉得黄绿色最亮，其次是蓝、紫，最暗的是红色。

人眼对不同色光感觉不一样，可用光谱光效率函数来表征，并用光谱光效率曲线（又称为相对视敏度曲线）来表示。所谓光谱光效率函数就是达到同样亮度时，不同波长所需能量的倒数，即

$$V(\lambda) = \frac{1}{E(\lambda)}$$

式中：$V(\lambda)$ 为光谱光效率函数值，$E(\lambda)$ 为单色光能量。

经过对各种类型人的实验进行统计，国际照明委员会（CIE）推荐的光谱光效率曲线如图 2-3 所示。它是以许多正常观察者进行测试所取得的统计平均值为依据的。图 2-3 中曲线表明具有相等辐射能量、不同波长的光作用于人眼时，引起的亮度感觉是不一样的。

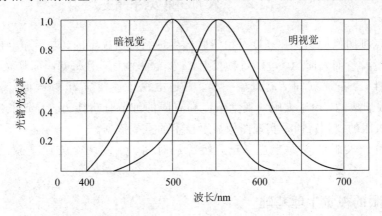

图 2-3　光谱光效率曲线

图 2-3 中的两条曲线分别代表了明视觉和暗视觉特性。由于视网膜含两种不同的感觉细胞，在不同照明水平下，$V(\lambda)$ 函数会发生变化。当光亮度大于 3 cd/m² 时，为明视觉，此时视网膜的锥体细胞起主要作用，$V(\lambda)$ 的峰值产生在 550~560 nm 部位；当光亮度小于 0.03 cd/m² 时，则为暗视觉，此时视网膜的杆体细胞起主要作用，$V(\lambda)$ 的峰值将向短波长方向移动，大约位于 500~510 nm 的蓝绿色部位。总之，图 2-3 说明，如果光的辐射功率相同而波长不同，人眼的亮度感觉将按曲线规律变化。对于明视觉，当 $\lambda = 555$ nm 时为黄绿光，此时 $V(\lambda) = 1$，亮度感觉最大。对其余波长的光，则 $V(\lambda) < 1$，此时亮度感觉减弱。而当 $\lambda < 430$ nm 或 $\lambda > 680$ nm 时，$V(\lambda) \approx 0$，说明人眼已没有亮度感觉了。

在以上基本知识的基础上，下面我们将讨论如何用人眼去度量光的辐射，也就是讨论客观光波对人眼刺激的效果。因为人眼对不同波长光的亮度感觉不同，所以用人眼来度量某一波长光的辐射时，其结果不仅与该波长光的辐射功率有关，而且还与人眼对该波长光的光效能有关。下面所引出的几种光学度量单位都是与光谱光效率函数有关的物理量，同

时也包含了人眼主观度量的因素。

2. 光的度量单位

1）光通量

光通量是按人眼的光感觉来度量的辐射功率，用符号 φ 表示。其单位名称为流明，符号为 lm。当 $\lambda=555$ nm 的单色光辐射功率为 1 W 时，其产生的光通量就为 683 lm，或称 1 光瓦。在其他波长时，由于相对视敏度 $V(\lambda)$ 下降，相同辐射功率所产生的光通量随之下降。

例如，40 W 的钨丝灯泡输出的光通量为 468 lm，其发光效率为 11.7 lm/W；而 40 W 的日光灯可以输出 2100 lm 的光通量，发光效率为 52.5 lm/W；电视演播室卤钨灯的发光效率可达 100 lm/W 以上。

2）光照度

光通量与被照射表面面积之比称为光照度，用符号 E 表示，其单位名称为勒克斯，符号为 lx。1 勒克斯等于 1 流明的光通量均匀分布在 1 平方米面积上的光照度。为了对光照度单位勒克斯有个大概的印象，列出下列数据供参考：室外晴天的光照度约为 10^4 lx，室外阴天的光照度约为 10^2 lx，月光下的约为 10^{-1} lx，黑夜下的约为 10^{-4} lx。

2.2　人眼视觉特性

人能感觉到图像的颜色和亮度是由眼睛的生理结构所决定的。电影和电视技术都是根据人眼的视觉特性而发明的。电影每秒投射 24 幅静止画面，且每幅画面曝光 2 次，由于人眼的视觉惰性，看起来就同活动景象一样。普通电视每秒扫描 25 帧画面，每帧画面是由 625 根扫描线组成的，由于人眼的视觉惰性和有限的细节分辨能力，看起来就成了整幅的活动景象。人眼的视觉特性是实现图像显示技术的重要依据。

本节先介绍人眼的视觉生理基础，然后从时间、空间两个方面来叙述人眼的视觉特性。

2.2.1　人眼的视觉生理基础

人们的视觉感受是由于光的刺激而引起的，而产生视觉的生理基础则是人的眼睛。人的眼睛是经过长期进化而形成的一个复杂的、功能强大的视觉感受器。它是一个前极稍微凸出，前后直径约为 25 mm，横向直径约为 20 mm 的近似球体。人眼的结构可类比为一台精巧完美的光学照相机，由晶状体、虹膜和视网膜等组成。人的眼睛与照相机的比较见表 2-1。

表 2-1　人的眼睛与照相机的比较

人的眼睛	照相机
眼皮	快门
晶状体	镜头
虹膜	光圈
视网膜	感光胶片

　　与照相机的结构相似，人的眼球由两大系统组成——屈光系统(角膜、晶状体和玻璃体等)与感光系统(视网膜)。而在眼球的后极偏向内侧的部分组织则是通过神经与大脑相连来传递视觉信息的。晶状体起着透镜的作用，两侧的肌肉可以调节其凸度，亦即调节焦距，以便使不同距离的物成像在视网膜上；同时吸收一部分紫外线，对眼睛起到保护作用。虹膜紧贴在水晶体上，其中心有一个小孔称为瞳孔。瞳孔的直径可以从 2 mm 调节到 8 mm 左右。改变瞳孔的大小，以调节进入眼睛的光通量，有类似于照相机光圈的作用。视网膜位于眼球的后部，其作用很像照相机中的感光胶片，它由许多光敏细胞组成。这些细胞可以分为两大类：一类叫做杆状细胞，另一类叫做锥状细胞。锥状细胞大部分集中在视网膜上正对着瞳孔中央部分直径约为 2 mm 的区域，因其呈黄色，故也称为黄斑区。在黄斑区中央有一个下陷的区域，称为中央凹。在中央凹内锥状细胞密度最大，视觉的精细程度主要由这一部分所决定。在黄斑区中心部分，每一个锥状细胞都连接着一个视神经末稍；而在远离黄斑区的视网膜上分布的视觉细胞大部分是杆状细胞，而且视神经末稍分布较稀，几个杆状细胞和锥状细胞或一群杆状细胞合接在一条视神经上。所有这些视神经都通过视网膜后面的一个小孔通到大脑中。在小孔处几乎没有视觉细胞，因而它不能感觉到光，故这个小孔被称为盲孔或盲点。

　　根据近代视觉理论，在光刺激下人眼的杆状细胞和锥状细胞分别执行着不同的视觉功能。锥状细胞能够分辨颜色和物体的细节，但锥状细胞的感光灵敏度比较低，它只有在明亮条件下才起作用，因此，锥状细胞是一种明视觉器官。分辨颜色是锥状细胞本身所具有的特性；而分辨细节则是因为锥状细胞密集地分布在中央凹附近，而且每一个锥状细胞连接一根视神经的关系。杆状细胞的感光灵敏度比较高，故杆状细胞是一种暗视觉器官，它可以在光线较暗的条件下起作用，但它却无法分辨颜色与细节。由此可见，人眼的视觉具有二重功能，即明视觉功能和暗视觉功能。人眼对不同波长可见光的感受性也是不同的，同样功率的辐射在不同的光谱部位表现为不同的明亮程度。在明视觉情况下，同样功率的不同颜色，人眼感受到的亮度不同；在暗视觉情况下，由于锥状细胞几乎不起作用，人眼看不到光谱上的各种颜色，视觉成为灰色的。值得一提的是：不同的人对相同波长的感光灵敏度也稍有差别；即使对同一个人来讲，也会因其年龄、健康状况和周围环境原因而有所不同。

2.2.2　视觉的时间特性和空间特性

1. 视觉的时间特性

　　人眼在观察景物时，光信号传入大脑神经，需经过一段短暂的时间，光的作用结束后，视觉形象并不立即消失，这种残留的视觉现象被称为"视觉暂留"。

　　这里先介绍视觉适应能力，然后再讨论视觉惰性与闪烁等问题。

1) 视觉适应能力

　　人眼对亮度的适应范围大约是一千万比一。之所以有这样大的适应性，除了瞳孔的调节作用之外，主要是视觉细胞的调节作用。

　　人的眼睛看物体感到亮与不亮，这就是主观亮度。这个主观亮度与观察者的生理和心理特性直接相关。此外，在客观上也决定于眼睛视网膜上所接收到的光的照度。

　　在日常生活中，当人们从明亮的地方突然进入黑暗环境，或在黑夜的房间突然关掉电灯，要经过一段时间才能看清物体，这就是暗适应现象。相反，当人们从黑暗环境突然进入明亮的地方，最初会感到一片耀眼的光亮，不能看清物体，只有稍待片刻才能恢复视觉，这称为明适应现象。

暗适应是人眼对光的敏感度在暗光处逐渐提高的过程。当人从明亮的环境进入黑暗的环境时，瞳孔的直径会由小变大，使进入眼球的光线增加，以适应黑暗的环境。但这个适应范围是很有限的，因此瞳孔的变化并不是暗适应的主要生理机制，而只是在明亮环境下调节眼睛适应能力的一种手段。

暗适应的主要生理机制是视觉的二重功能的作用，是在黑暗中由中央视觉转变为边缘视觉的结果。在黑暗中，视网膜边缘部分的杆状细胞内有一种紫红色的感光化学物质，叫做视紫红质。在明亮环境下视紫红质因被曝光而破坏退色，使杆状细胞失去对亮度的感受能力。当进入黑暗环境时，视紫红质又重新合成而恢复其紫红色，使杆状细胞恢复其对亮度的感受能力，故所谓视觉的暗适应过程是与视紫红质的合成过程相对应的。研究表明，在进入黑暗环境的初期，暗适应进行得很快；而在后期，暗适应进行得则较慢。一般具有正常视觉能力的人在进入黑暗环境约 5 分钟左右就基本达到暗适应。而完全达到暗适应则需要约 30 分钟左右，这时视觉感受能力大大提高。图 2-3 中的暗视觉曲线就是在完全暗适应的条件下得到的。明适应则进行得较快，在一分钟内即可达到稳定。明适应过程开始时，耀眼的光感主要是由于人眼在黑暗环境蓄积起来的已合成状态的视紫红质在进入明亮环境时先迅速分解，因为它对光的敏感性较锥状细胞中的感光色素为高；只有在较多的杆状细胞色素迅速分解之后，对光较不敏感的锥状细胞色素才能在亮光环境中感光。

另外，红光对杆状细胞的视紫红质不起破坏作用，所以红光不阻碍杆状细胞的暗适应过程。在黑暗环境下工作的人们，在进入光亮环境之前戴上红色眼镜，再回到黑暗环境时，他的视觉感受性仍然保持原来的水平不需重新进行暗适应。所以重要的信号灯、车辆的尾灯等采用红光也是利于人眼暗适应的。夜航飞机驾驶舱的仪表采用红光照明既能保证飞行员看清仪表，又能保持视觉暗适应的水平，以利于在黑夜的天空观察机舱外部的物体。

对暗适应的生理机制有了一定认识之后，下面进一步研究眼睛对亮度的总的感觉能力。有一个经典的实验可以说明亮度等级。实验时，把一个原本亮度均匀的画面左、右二等分，其中每一份的亮度都连续可调。现在维持其中左边一份的亮度 B 不变，而逐渐增加右边一份的亮度。当右边一份的亮度增加至 $B+\Delta B$ 时，人眼刚好感觉到左、右两份的亮度出现差别。于是我们就规定此时左、右这两个亮度的感觉差是一级，即相差一个亮度等级。依此类推就可以得出任意某两个物体亮度之间相差几级。这种相差级的数目就叫做亮度等级数，一般就称为亮度等级，它可作为亮度感觉的单位。实验证明，在正常亮度环境条件下，对相邻的两画面的亮度进行辨认，只要这两画面有 3% 以上的亮度差异，人眼就可以区分出；而对相距较远的两画面，它们的亮度相差一倍时，人眼才有明显的感觉。

人眼的亮度适应性对于设计显示系统有很重要的意义。前面已经提到过人眼的亮度适应范围大约是一千万比一，如果要求显示系统也要具有如此大的亮度范围则实际上是办不到的，也是没有必要的。考虑到眼睛的亮度适应性，则解决这个问题就变得简单多了，因为在眼睛已适应某一平均亮度的条件下，能分辨景象中各种亮度的感觉范围就小得多。平均亮度环境亮度较高时，眼睛的亮度适应范围大约是 1000：1；而在平均亮度环境亮度很低时，眼睛的亮度适应范围则只有约 10：1。例如，在平均亮度环境 $\lg B=3$ 时，眼睛对于

亮度为 $\lg B=5$ 的物体已感觉到很亮了，即使再增大该物体的亮度，眼睛也不觉得更亮；而在同样的平均亮度环境 $\lg B=3$ 时，眼睛对亮度为 $\lg B=1$ 的物体，已感觉较黑暗了，即使该物体亮度再进一步减少，眼睛也不易觉得有明显的变化。又如，在平均亮度环境 $\lg B=-1.5$ 时，眼睛对于亮度为 $\lg B=-1$ 的物体已感觉到很亮；而对于亮度为 $\lg B=-2$ 的物体，则感觉是黑色，此时眼睛可区分的亮度范围较小。

这一结论说明，眼睛对物体明暗的感觉是相对的，因此，只要我们保持客观景物的最大亮度和最小亮度之比值不变，则人眼的亮度感觉也就不变，而景物的绝对亮度并不起主要作用。人眼的这一特性首先应用在广播电视系统中。在晴朗的白天用摄像机摄取室外景物时，可分辨的亮度范围约为 $200 \sim 20\,000$ cd/m²，低于 200 cd/m² 的亮度引起黑色的感觉。利用眼睛的视觉适应性，把摄制的景物在一个具有 $2 \sim 200$ cd/m² 亮度范围的电视接收机屏幕上重现出来，在平均亮度较低的室内观看，那么人的主观感觉与实际景象基本上是相同的。

2）视觉惰性与闪烁

眼睛的另一重要特性是视觉惰性，也就是眼睛对亮度的主观感觉与外界光的作用时间有关。这一现象可以通过光化理论得到解释。因为视觉细胞在外界光作用之下其视敏物质经过曝光染色过程是需要时间的，因此，极短时间的光脉冲给我们的感觉不如亮度相同的恒定光那么亮；另一方面，当外界光消失之后，我们的亮度感觉还会残留一段时间，这个现象称为视觉惰性。利用视觉惰性，以周期性的光脉冲对眼睛反复进行刺激时，我们就感到每刺激一次眼睛就会闪现一次图像；当光脉冲刺激频率足够高时，该图像就会变成稳定的、与恒定光刺激时一样的图像。近代电影、电视等显示技术等正是利用了这一生理上的特点才发展起来的。

视觉惰性能够被加以利用的关键原因是视觉暂留，即在外界光脉冲作用之下，亮度在眼睛里建立得快而消失得慢。一般正常人眼睛的视觉暂留时间约为 0.1 s。

用一个简易的实验可证明人眼有视觉惰性。在黑暗中，用点燃的一支香烟在空中划圆圈，当划圈的速度足够快时，所看到的就不是一个移动的光点，而是一个完整的光圈。这是因为虽然某点上的点光源已经移走了，但人眼还觉得它存在，这就是人眼对亮度感觉的惰性。图 2-4 给出了人眼的视觉惰性的示意图。当图 2-4(a)所示的光脉冲（可用电筒作发

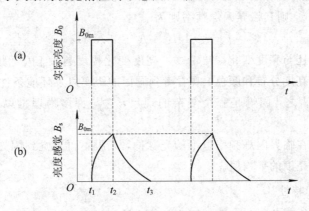

图 2-4　人眼的视觉惰性示意图

射光源)作用于人眼时，眼睛所感觉到的主观亮度如图 2-4(b)所示。可见，人眼的亮度感觉滞后于实际光脉冲信号，当光脉冲消失之后，亮度感觉需要一段时间才能完全消失，这种现象就是人眼的视觉惰性。通常把图 2-4 中 $t_2 \sim t_3$ 时间间隔称为视觉暂留时间。人眼的视觉惰性表示人眼的时间分辨能力是有限的。人眼的视觉特性在电视、电影等显示技术中都得到了充分的应用。

在 CRT 显示设备中，电子束打到荧光屏上时就出现一个亮点，给人一个时间极短的光脉冲。如果此亮点在荧光屏上高速运动，由于眼睛的视觉暂留作用，所看到的就不是一个亮点，而是一幅完整的图形。为了看到稳定的图形，不但要求亮点在荧光屏上的运动速度足够高，而且还要不断地重复，也就是通常所说的刷新。如果刷新的间隔时间太长，以至于前一次在眼睛里残留的图像快要消失了才进行重复，那么就会感到一明一暗的闪烁现象，因此刷新的时间间隔(也叫做刷新周期)不能太长。正好使人感到不闪烁的刷新频率称为临界闪烁频率(Critical Fusion Frequency，CFF)。由于计算机处理数据的能力越来越高，这就要求在显示器上无闪烁地显示大量的数据，而 CFF 则限制了这种能力。

在 CRT 显示系统中，荧光粉本身也有一定的惰性。其表现为：当受到电子束轰击时，其光输出按指数规律较快地增长到最大值；当电子束停止轰击时，其光输出并不立即停止，而是按指数规律慢慢地衰减。这种现象叫做荧光粉的余辉。因此，临界闪烁频率不但与人的视觉惰性有关，而且也与荧光粉的特性有关。

另外，眼睛对亮度感觉的敏锐程度与平均亮度水平有关，而造成闪烁现象的实质又是由于在图像的某一像素上因电子束前一次轰击在视网膜上所感觉到的亮度与这一次轰击所感觉到的亮度之间已能发觉出差异。根据前面对视觉适应能力的讨论，当平均亮度水平较高时，眼睛对亮度差异的鉴别能力也高。可见临界闪烁频率与平均亮度水平也是有关的。

研究表明，在正常亮度范围内，临界闪烁频率与亮度的对数之间有着线性关系。此关系可用如下数学公式近似表示：

$$f_c = a \lg B_a + b$$

式中，f_c 为临界闪烁频率(单位：Hz)；a、b 为与环境亮度和在视网膜上成像的位置有关的修正系数；B_a 为被检测画面的平均亮度(单位：nit)。

对普通 CRT 显示器而言，设屏幕表面的平均亮度 $B_a = 100$ nit，此时的修正系数分别为 $a \approx 9.6$，$b \approx 26.6$，则其临界闪烁频率则为

$$f_c = a \lg B_a + b = 45.8 \text{ Hz}$$

临界闪烁频率还与亮度变化幅度有关，亮度变化幅度越大，闪烁频率越高。另外，相继两幅画面本身的亮度分布和颜色、观看者到画面的距离以及环境条件等也都对临界闪烁频率有影响。总而言之，闪烁是一个复杂的现象，它与许多物理量以及观察者的特性都有关。

对于重复频率在临界闪烁频率以上的光脉冲，人眼不再感觉到闪烁。此时主观感觉到的亮度等于光脉冲亮度的平均值。

2. 视觉的空间特性

人眼能区分物体形象细节和明暗层次的能力属于视觉的空间特性。以下首先从介绍视力入手，然后再进一步讨论分辨率和对比辨认能力，最后引出空间频率的概念。

1) 视角

眼睛的视野是比较大的，由视线方向的中心与鼻侧的夹角约为 65°，与耳侧的夹角约为 100°～104°，向上方约 65°，向下方约 75°，在此范围内的外界景物皆可不必转动头部而被人所看见，但要真正准确地辨认则只是在视网膜的中央凹处很小的范围内。通常所说的视力就是指眼睛分辨物体细节的能力，准确地说，应称之为中央凹视力，其大小是以被观察物体与眼睛所形成的张角来表示的。这个张角又叫做视角，其大小决定了被观察物体在视网膜上成像的大小。距观察者一定距离的物体若对眼睛形成较大的视角，则在视网膜上形成的影像也较大。当物体向眼睛移近时，视角也增大，看到的影像也变大。因此，视角的大小既取决于物体本身的大小，也取决于物体与眼睛的距离。在视觉的研究中，常用视角来表示物体与眼睛的关系。

分辨力是指人眼在观看景物时对细节的分辨能力。对人眼进行分辨力测试的方法如图 2-5 所示，在眼睛的正前方放一块白色的屏幕，屏幕上面有两个相距很近的小黑点，逐渐增加画面与眼睛之间的距离，当距离增加到一定长度时，人眼就分辨不出有两个黑点存在，感觉只有一个黑点，这说明眼睛分辨景物细节的能力有一个极限值，我们将这种分辨细节的能力称为人眼的分辨力或视觉锐度。

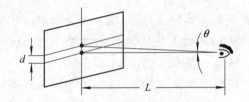

图 2-5　人眼分辨力的测试

如图 2-5 所示，用 L 表示眼睛与图像之间的距离，d 表示能分辨的两点间最小距离，则有

$$\frac{d}{\theta} = \frac{2\pi L}{360 \times 60}$$

$$\theta = 3438 \frac{d}{L}('）$$

人眼的最小视角取决于相邻两个视敏细胞之间的距离。对于正常视力的人，在中等亮度情况下观看静止图像时，其视角 θ 为 $1'\sim 1.5'$。分辨力在很大程度上取决于景物细节的亮度和对比度，当亮度很低时，视力很差，这是因为亮度低时锥状细胞不起作用。但是亮度过大时，视力不再增加，甚至由于眩目现象，视力反而有所降低。此外，景物细节的对比度愈小，也愈不易被分辨。在观看运动的物体时，人眼的分辨力将更低。

人眼对彩色细节的分辨力比对黑白细节的分辨力要低。例如，黑白相间的等宽条子，相隔一定距离观看时，刚能分辨出黑白差别，如果用红绿相间的同等宽度条子替换它们，此时人眼已分辨不出红绿之间的差别，而是一片黄色。实验还证明，人眼对不同彩色，分辨力也各不相同。如果眼睛对黑白细节的分辨力定义为 100%，则实验测得人眼对各种颜色细节的相对分辨力（用百分数表示），见表 2-2。

因为人眼对彩色细节的分辨力较差，所以在彩色电视系统中传送彩色图像时，只传送黑白图像细节，而不传送彩色细节，这样做可减少色度信号的带宽，这就是大面积着色原理的依据。

表 2 - 2　人眼对各种颜色细节的相对分辨力

细节颜色	黑白	黑绿	黑红	黑蓝	红绿	红蓝	绿蓝
相对分辨力(%)	100	94	90	26	40	23	19

2）视觉锐度和分辨力

人通过视觉器官辨认外界物体的敏锐程度称为视觉锐度（用 V 表示），亦即用视觉锐度来表示视觉器官辨认外界物体细节的能力，通常情况下就叫做分辨力。一个人能辨认物体细节的尺寸愈小，其视觉锐度就越高；反之，视觉锐度愈差。眼睛对物体细节的辨认主要是视网膜中央凹处的功能，而中央凹处主要是锥状细胞，因此只有在较高亮度条件下才能得到较高的视觉锐度。

分辨力的定义：眼睛对被观察物上相邻两点之间能分辨的最小距离所对应的视角 θ 的倒数，即

$$分辨力 = \frac{1}{\theta}$$

视觉锐度在医学上叫做视力。我国是以 5 米为标准距离，在正常照明条件（200±100 lx）下，观察视力表的视标来确定视力的。若只能看清第一行视标（10′视角），则视力为 0.1；看清第二行视标（5′视角），则视力为 0.2；看清第十行视标（1′视角），则视力为 1.0；看清第十二行视标（0.83′视角），则视力为 1.2；等等。

很明显，视觉锐度与观察距离有很大的关系。一个原来看不清楚的细小物体，移到离眼睛较近时便可以看清楚了，这是因为物体对眼睛形成的视角比原来增大了，视网膜上所形成的像也相应地增大了的缘故。在理论上，当被观察的两个细节单位在视网膜上所形成的像足能落在两个相邻的、独立的感光细胞上面时，就能将这两个细节单位区分开来。若两个细节单位形成的视角较小，在视网膜上所形成的像落在同一个感光细胞上，就不能将二者区分开来，而看成是一个点。

其次，视觉锐度与物体在视网膜上成像的位置有关，因为人眼的光敏细胞在黄斑区分布较密，在黄斑区中央凹部分集中有大量的锥状细胞，因而这里的视觉锐度最高。在光刺激偏离中央凹部5°处，视觉锐度几乎下降一半；而偏离 4°～50°处，视觉锐度就只有中央凹部的 1/20 左右。

视觉锐度和照明强度也有关系。当照明强度太低时，只有杆状细胞起作用，视觉锐度大大下降，而且分辨不出颜色。相反，当照明强度太大时，视觉锐度也不会再增加，甚至由于"眩目"现象而降低。

视觉锐度还与景物和背景亮度的相对对比度有关。当物体亮度与背景亮度接近时，人眼对细节的分辨能力自然要降低。

此外，被观察物体的运动速度也会影响视觉锐度。运动速度快，对细节的分辨能力将降低。

视觉锐度、视力、分辨力都是表示人眼分辨物体细节的能力。在显示技术中常常还会遇到"分辨率"这个词，它表示显示设备的屏幕上一幅画面能够精细到怎样的程度，通常用在一定宽度内能够排列下多少对能为人眼所区分开的亮暗线对来表示，例如，640×480，

1024×768，1280×1024，等等。因此，从基本概念上来说，它与人的视力是两个不同的量，但是它们之间又有密切的联系。这种联系就是下面将要说明的视觉的空间频率特性。

3）视觉的空间频率特性

前面我们采用视角(θ)和视觉锐度($V= 1/\theta$)来表示眼睛的分辨力。这种方法得到的数据使用起来缺乏普遍意义，因为人眼的分辨力与图像细节的对比度以及图像的照明强度是密切相关的。例如，如果相邻的两条黑白条纹的亮度相差无几，即使条纹较宽，与人眼形成的视角达到$3'\sim5'$，观察者也不一定能区分清楚。其次，在实际观察条件下，分辨力还与光信号的噪音有关。由此可见，无论是人眼分辨力的表示方法，还是分辨力的具体数据，都还值得进一步研究。

实际上"分辨力"这个参量是人和机器特性相结合所得出的最终结果。就机器设备来说，应当使用"可分解单元数"，因此在有的地方对显示设备也使用"分解力"来描述。一台可分解单元数很高的显示设备，其系统的小信号带宽必然很大，而且对于彩色系统来说其涂屏结构也必然很精细。就人的方面来说，眼睛分辨物体细节的特性属于眼睛的空间特性，其分辨力应以空间频率来表示。

（1）空间频率的概念。

一个任何形状波形的图像信号都可以分解为各种不同频率和不同幅度的谐波分量，如果这些谐波分量的幅度不是随时间变化而是随空间位置的不同而变化，为区别于随时间变化的图像信号的频率概念，我们称这种频率为空间频率。空间频率分水平空间频率(m)和垂直空间频率(n)两种。下面用图 2-6 的 3 种不同的黑白条信号来说明空间频率的概念。

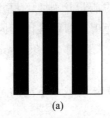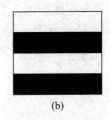

　　　　(a)　　　　　　　　　　　(b)　　　　　　　　　　　(c)

图 2-6　3 种黑白条信号

图 2-6(a)在垂直方向上画面的亮度没有变化，而在水平方向上整个屏幕宽度范围内有 3 个周期明暗的变化，所以我们称该画面的水平空间频率 $m=3$，垂直空间频率 $n=0$；图 2-6(b)在水平方向没有明暗变化，而在垂直方向有两个周期明暗的变化，所以我们称图 2-6(b)的水平空间频率 $m=0$，垂直空间频率 $n=2$。水平空间频率定义为画面宽度范围内垂直黑白条的周期数。垂直空间频率定义为画面高度范围内水平黑白条的周期数。一般不写单位，只标明 m、n 的具体数字。如图 2-6(a)画面的空间频率可用(3，0)表示，图 2-6(b)画面的空间频率可用(0，2)，而图 2-6(c)画面的空间频率可用(2，2)表示，括号中第一个数字为水平空间频率数，后一个数为垂直空间频率数。

（2）空间频率与图像信号频率的关系。

显示图像的空间频率与图像信号频率之间有一一对应的关系。图 2-6(a)的图像信号，如只考虑它的基频信号的话，该电视信号的最高频率为行频的 3 倍。一般地说，在只存在水平空间频率的情况下，所得到的图像信号最高频率 f_m 为

$$f_m = mf_H$$

式中，f_H 为行频，m 为水平空间频率。

对于如图 2-6(b)所示的只存在垂直空间频率的画面，在隔行扫描的情况下，每场只得到两个周期的脉冲信号，此时，图像信号的最高频率 f_n 为

$$f_n = nf_V$$

式中，n 是垂直空间频率，f_V 是场频。

对于如图 2-6(c)所示的同时存在水平和垂直空间频率的画面，在隔行扫描的情况下，此时，图像信号的最高频率 f_{mn} 为

$$f_{mn} = mf_H + nf_V$$

2.3　色度学基础

色度学是一门研究彩色计量的科学，其任务在于研究人眼彩色视觉的规律及其应用。色度学是图像显示的理论基础之一。正确运用色度学原理，就能以比较简单而有效的技术手段来实现显示技术。

在前面几节对光度学与人眼视觉特性进行讨论的基础上，本节将重点介绍三基色原理及亮度方程。

2.3.1　彩色三要素

任意一种彩色光，均可用亮度、色调和色饱和度来表示，它们又称作彩色三要素。

亮度是指彩色光对人眼所引起的明亮程度感觉。当光波的能量增强时，亮度就增加；反之亦然。此外，亮度还与人眼光谱响应特性有关，不同的彩色光，即使强度相同，当分别照射同一物体时也会对人眼产生不同的亮度感觉。实验表明：人眼对 $\lambda = 550$ nm 的光波，亮度感觉最灵敏。

色调是指光的颜色种类。例如，红、橙、黄、绿、青、蓝、紫分别表示不同的色调。色调是彩色最基本的特性。

色饱和度是指彩色的纯度，即颜色掺入白光的程度，或指颜色的深浅程度。某彩色掺入的白光越多，其色饱和度就越低；掺入的白光越少，其色饱和度就越高。不掺入白光，即白光为零，则其色饱和度为 100%；全为白光，则其色饱和度为零。

通常把色调与色饱和度合称为色度。

2.3.2　三基色原理

根据人眼彩色视觉特性，在彩色重现过程中，并不要求恢复原景物反射光的全部光谱成分，而重要的是应获得与原景象相同的彩色感觉。

我们知道，不同波长的光会引起人眼不同的彩色感觉，同一波长的光引起的人眼彩色感觉是一定的。那么是不是人眼对某一色调的感觉就只能对应一种波长的单色光呢？实践表明，几种不同波长的单色光混合在一起，也可以引起人眼产生与另外一种单色光相同的彩色感觉。例如，用适当的比例混合单色红光和单色绿光，也可以使人眼产生与单色黄光相同的彩色感觉。实践证明，自然界可见到的绝大部分彩色，都可以由几种不同波长（颜色）的单色光相混合来等效，这一现象叫做混色效应。经进一步研究，人们终于得到了一个

重要的原理——三基色原理。

三基色原理的主要内容如下：

（1）自然界中的绝大部分彩色，都可以由三种基色按一定比例混合得到。

（2）任意一种彩色均可以被分解为三种基色。

（3）由三基色混合而得到的彩色光的亮度等于参与混合的各基色的亮度之和。

（4）三基色的比例决定了混合色的色调和色饱和度。

值得强调的是，作为基色的三种彩色要相互独立，即其中任何一种基色都不能由另外两种基色混合来产生。彩色电视的实现就是基于此三基色原理的。在彩色电视中，通常选用红（用字母 R 表示）、绿（用字母 G 表示）、蓝（用字母 B 表示）作为三种基色光。

三基色原理为彩色电视技术奠定了理论基础，极大地简化了用电信号来传送彩色图像的技术问题。它把需要传送景物丰富多样的彩色的任务，简化为只需传送三种基色信号。我们已经知道，黑白电视只是重现景物的亮度，故发射台只需传送一个反映景物亮度的电信号就行了。而彩色电视要传送的却是亮度不同、彩色千差万别的电信号。试想，如果每一种彩色都使用一个与它对应的电信号，那么发射台就要传送许许多多的电信号，显然，这在技术上是难以实现的。若根据三基色原理，我们就只需把要传送的彩色分解成红（R）、绿（G）、蓝（B）三种基色，然后将它们转换成三种电信号进行传送。在电视接收端，再将这三种电信号送至彩色显像管，经过混色的方法就能重现原来被传送的彩色图像了。

彩色混色法有两种：一种是彩色光的混色，这种方式是用加法混色。例如彩色电视中，利用三基色原理将彩色分解和重现，最终使三基色光同时作用于人眼中，再利用视觉相加混合原理获得不同的彩色感觉。另一种是彩色颜料的混色，是用减法混色，如绘画等，它们的混色规律是不同的。这里只讨论彩色电视所用的相加混色法，其混色规律如图 2-7 所示。

(a) 相加混色图

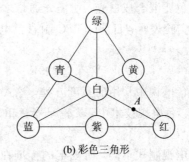
(b) 彩色三角形

图 2-7 混色图

从图 2-7(a)得知：

$$红光＋绿光＝黄光$$

$$红光＋蓝光＝紫光$$

$$绿光＋蓝光＝青光$$

$$红光＋绿光＋蓝光＝白光$$

以上均指各种光等量相加，若改变它们之间的混合比例，则可以得到各种颜色的光。例如红光与绿光混合时，如果红光由小至大变化，将依次产生绿、黄绿、橙、红等颜色。同理，当红、绿、蓝三基色光以不同比例混合时，将会得到各种较淡的颜色，即饱和度较低的色调，如淡青、淡绿、淡紫、淡红等等。由图 2-7 可以看出，黄、蓝互为补色，这两种颜色的光相加就相当于红、绿、蓝光相混合，可以得到白光。同理，绿、紫互补，红、青互补。

为了实现相加混色，除了将三种不同亮度的基色光同时投射到一个全反射表面上从而合成不同的彩色光以外，还可以利用人眼的视觉特性用下列方法进行混色：

(1) 时间混色法：将三种基色光按一定顺序轮流投射到同一表面上，只要轮换速度足够快，则由于人眼的视觉惰性，人眼产生的彩色感觉就与由三基色直接混色时的彩色感觉相同。

(2) 空间混色法：将三种基色光分别投射到同一表面上邻近的三个点上，只要这些点相距足够近，则由于人眼分辨率的限制，也将产生三基色混色的彩色感觉。

为了直观地表现三基色的混色原理，确定混色后各种颜色之间的关系，常采用彩色三角形来表示三基色的混色过程。彩色三角形是一等边三角形，三个顶点放置三基色，其余各混色可相应确定，如图 2-7(b) 所示。

(1) 每条边上各点代表的颜色，是相应的两个基色按不同比例混合的混合色。青、紫、黄三补色位于相应三边的中点，它是相应的两基色等量时的混合色。

(2) 彩色三角形的重心是白色，它是等量的三基色的混合色。

(3) 每根中线两端对应的彩色互为补色，由于中线过重心，说明两补色间可混合成白色。

(4) 每边的彩色为纯色，色饱和度为 100%。每边上任一点至重心，其色饱和度逐渐下降至零，而色调不变。如图中 A 点为粉红色。

根据三基色原理，将红、绿、蓝三种基色按不同比例混合，可以获得各种色彩。

2.3.3 亮度方程

显像三基色要混合成白光，所需光通量之比是由所选用的标准白光和所选三基色的不同而决定的。实验表明，目前 NTSC 制彩色电视中，由三基色合成的彩色光的亮度符合下面的关系：

$$Y = 0.299R + 0.587G + 0.114B$$

上式为彩色电视中常用的亮度方程，该式定量地说明了由三基色合成彩色光的亮度关系。它也是在彩色电视技术中，无论是彩色重现，还是彩色分解都必须遵守的一个重要关系式。

由于彩色电视制式不同，所规定的标准白光和选择的显像三基色荧光粉是不一样的。因此，由三基色合成的彩色光的亮度方程也不一样。例如，PAL 制的亮度方程为

$$Y = 0.222R + 0.707G + 0.071B$$

但因 NTSC 制使用较早，所以，PAL 制并没有采用它本身的亮度方程，而是沿用了 NTSC 制的亮度方程。实践表明，由此引起的图像亮度误差很小，完全能满足人眼视觉对亮度的要求。

亮度方程通常近似写成：

$$Y = 0.30R + 0.59G + 0.11B$$

在亮度方程中，R、G、B 前面的系数 0.30、0.59、0.11 分别代表 R、G、B 三种基色对亮度所起的作用，称为可见度系数。例如，在一个单位亮度的白光当中，红基色对白光亮度的贡献为 30%，绿基色对白光亮度的贡献为 59%，蓝基色对白光亮度的贡献为 11%。

当 R＝G＝B＝1 时，合成的亮度为白色光；当 R＝G＝B＝0～1 之间时，则为灰色光；当 R＝G＝B＝0 时，为黑色光。

而当 R、G、B 取不同的值时，就可以配出各种不同色调和不同饱和度的颜色。

在彩色电视信号传输过程中，亮度信号和三基色信号是以电压的形式来表示的。因此，亮度方程可以改写成电压的形式，即

$$E_Y = 0.30E_R + 0.59E_G + 0.11E_B$$

这里 E_Y、E_R、E_G、E_B 各代表亮度信号、红基色信号、绿基色信号和蓝基色信号的电压，且分别独立。已知其中任意三种，就可通过加、减法矩阵电路来合成第四种。在后面的讨论中，为了书写方便，仍把以上四种信号电压 E_Y、E_R、E_G、E_B 分别以 Y、R、G、B 来表示。

2.4　图像的分解、传送和合成

2.4.1　像素及其传送

如果用放大镜仔细地观察报纸上刊登的传真照片，就会发现整幅画面是由很多深浅不同的小黑白点组成的，而且点子越小、越密，画面就越细腻、越清晰。同样，电视图像也是由大量的小黑白点组成的，这些小黑白点是构成电视图像的基本单元，通常称之为像素。电视图像的清晰与逼真的程度和像素的数目有直接关系，像素愈精细、单位面积上的像素愈多，则图像愈清晰、愈逼真。在我国的黑白广播电视标准中，一幅图像有 40 多万个像素。

一幅图像所包含的 40 多万个像素是不可能同时被传送的，它只能是按一定的顺序分别将各像素的亮度变换成相应的电信号，并依次传送出去；在接收端则按同样的顺序把电信号转换成一个一个相应的亮点重现出来。只要顺序传送速率足够快，利用人眼的视觉暂留效应和发光材料的余辉特性，人眼就会感觉到是一幅连续的图像。这种按顺序传送图像像素信息的方法，是构成现代电视系统的基础，并被称为顺序传送系统，图 2－8 是该系统的示意图。

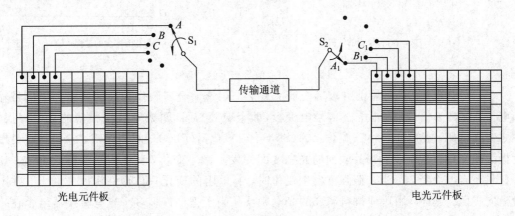

图 2-8　图像顺序传送系统示意图

图像顺序传送系统的工作过程如下：首先，将要传送的某一光学图像作用于由许多独立的光电元件所组成的光电板上，这时，光学图像就被转换成由大量像素组成的电信号，然后经过传输通道送到接收端。接收端有一块可在电信号作用下发光的电光板，它可将电信号转换成相应的光学图像信号。在电视系统中，将组成一帧图像的像素，按顺序转换成电信号的过程，称为扫描过程。图 2-8 中的 S_1、S_2 是同时运转的，当它们接通某个像素时，那个像素就被发送和接收，并使发送和接收的像素位置一一对应。在实际电视技术中是采用电子扫描装置来代替开关 S_1、S_2 工作的。

2.4.2　光电转换原理

光与电的相互转换是电视图像摄取与重现的基础。在现代电视系统中，光电转换是由发送端的摄像管和接收端的显像管来完成的。下面就以电视摄像管与显像管为例，简要地说明光和电的转换原理。

1. 图像的摄取

电视图像的摄取主要靠摄像管，其工作是基于光电效应原理的。常用的摄像管有超正析摄像管、光电导摄像管等多种，下面以光电导摄像管为例来说明图像信号产生的过程。光电导摄像管的结构如图 2-9(a)所示，它主要由光电靶和电子枪两部分组成。

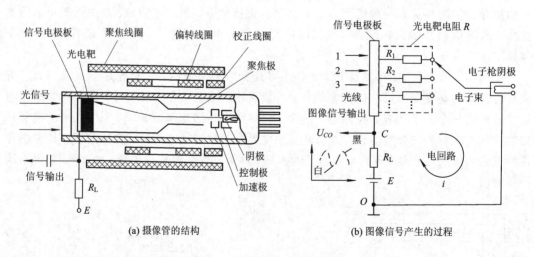

(a) 摄像管的结构　　(b) 图像信号产生的过程

图 2-9　图像信号产生的过程

（1）光电靶。在摄像管前方玻璃内壁上镀上一层透明金属膜作为光的通路和电信号输出电极，称之为信号电极板；在信号电极板（即金属膜）后面再敷上一层很薄的光电导层，称之为光电靶。光电靶可由三硫化二锑（Sb_2S_3）或氧化铅（PbO）等材料组成，它们具有灵敏度极高的光敏反应，照射到其表面的光亮度即使发生微小变化，其电阻也会随之而变。这种材料还有一个特点：当光照强度发生变化时，其电阻的变化只体现在深度方向上，并不沿横向扩散。这样，用这种材料制成的光电靶就相当于把许许多多个光电转换器组合在一起，当光图像成像于光电靶上时，每个像素都有与之对应的光电转换器，这样便可把各个像素的亮暗转换成相应幅度的电信号。因此，常用这种材料制成光电转换器件。

当要传送的实际图像通过摄像机镜头成像于光电靶上时，由于实际图像上各像素的亮暗不同，在光电靶上相应各点的电阻大小就不同。亮像素对应的靶点电阻小，暗像素对应的靶点电阻大。于是，实际图像上各像素亮度随时间的变化关系便转换成了光电靶上各点电阻随时间的变化关系，也就是将实际的"光图像"转换成了靶面上的"电图像"，实现了光到电的转换。

(2) 电子枪。电子枪由灯丝、阴极、控制栅极、加速极、聚焦极等组成。当各电极施加正常工作电压时，通过灯丝加热阴极，阴极便发射出电子。这些电子在加速、聚焦电场和偏转磁场共同作用下，形成很细的一束电子流射向光电靶。

从图 2-9(b) 可以看出，当电子束射到光电靶上某点时，便把该点对应的等效电阻 R (即图中的 R_1、R_2、R_3、…) 接入由信号电极板、负载电阻 R_L、电源 E 和电子枪的阴极构成的回路中，于是回路中便有电流 i 产生。电流 i 的大小与等效电阻 R 有关，即

$$i = \frac{E}{R_L + R}$$

当图像上某像素的亮度发生变化时，则对应的等效电阻 R 也发生变化，从而引起电流 i 发生变化，并直接导致图中 C 点的对地输出电压 U_{CO} 随之发生变化。这个反映图像上像素亮度随时间变化的电压 U_{CO}，被称为图像信号电压，简称图像信号。

在偏转线圈所产生磁场的作用下，电子枪的电子束按照从左到右、从上到下的规律扫描光电靶面上各点，便把图像上按平面分布的各个像素的亮度依次转换成了按时间顺序传送的电信号，实现了图像的分解与光电转换。

摄像管光电转换过程大致如下：

(1) 被摄景像通过摄像机的光学系统在光电靶上成像。

(2) 光电靶是由光敏半导体材料制成的。这种材料的电阻值会随光线强弱而变化，光线越强，材料呈现的电阻值越小。

(3) 由于被传送光图像各像素的亮度不同，因而光电靶面上各对应单元受光照强度也不同，导致靶面各单元电阻值就不一样。与较亮像素对应的靶面单元阻值较小，与较暗像素对应的靶面单元阻值较大，即一幅图像上各像素的不同亮度，转变为靶面上各单元的不同电阻值。

(4) 从摄像管的阴极发射出来的电子，在摄像管各电极间形成的电场和偏转线圈形成的磁场的共同作用下，按一定规律高速扫过靶面各单元，如图 2-9(b) 所示，当电子束接触到靶面某单元时，就使阴极、信号电极、负载、电源构成一个回路，在负载 R_L 中就有电流流过，而电流的大小取决于光电靶面上对应单元的电阻值大小。

综上所述，可得如下结论：当组成被摄景像的某像素很亮时，在光电靶上对应成像的单元所呈现的电阻值就很小，电子束扫到该单元时出现的对应电流 i 就很大，这样，摄像机输出的图像信号电压就很小；反之，如果组成被摄景像的某像素很暗，在光电靶上对应成像的单元所呈现的电阻值就很大，电子束扫到该单元时出现的对应电流 i 就很小，这样，摄像机输出的图像信号电压就很大。如果认为摄像管的光电转换是线性的，则当有电子束扫描一幅图像时，就依次可以得到与图像上各像素亮度相对应的电信号，从而完成把一幅图像分解成为像素，以及把各像素的亮度转变成为相应电信号的光电转换过程。

上述摄取的图像信号 (电信号) 符合像素越亮，则对应的输出电压越低，像素越暗，则

对应的输出信号电压越高的光电转换规律，称之为负极性图像信号；反之，如果图像输出电压与对应像素亮度成正比，则称之为正极性图像信号。

2. 图像的重现

图像的重现是依靠 CRT、LCD、PDP 等显示器件来完成的。它们的任务是将图像电信号转换为图像光信号，完成电到光的转换。下面以 CRT 显像管为例，来说明图像重现的过程。

显像管是利用荧光效应原理制成的。所谓荧光效应是指某些化合物在受到高速电子轰击时表面能够发光，并且轰击的电子数量越多、速度越高，则发光越强。

显像管主要由电子枪及荧光屏等几部分组成。当把具有荧光效应的荧光粉涂附在显像管正面的内壁时，就构成了电视屏幕。当显像管内电子枪发出的高速电子轰击到电视屏幕上后，荧光粉就会发光。如果让电子枪发射电子束的能力受发送端图像信号强弱的控制，那么荧光粉发光的亮度也就与图像信号强弱相对应，从而呈现和发送端相同的图像，达到图像重现的目的。

2.4.3 电子扫描

在显示技术中，所谓扫描，就是电子束在摄像管或显像管的屏面上按一定规律作周期性的运动。摄像管利用电子束的扫描，在传送图像时，将像素自上而下、自左而右一行一行地传送，直至最后一行。这如同看书一样，自左到右先看第一行，然后下移再回头自左而右看第二行，一直继续下去。显像管也是利用电子束扫描，在接收图像时，将像素自上而下、自左而右依次恢复到原来的位置上，从而重现图像。

1. 行扫描和场扫描

显像管中的电子扫描是这样实现的：在显像管的管颈上装有两种偏转线圈，一种叫行偏转线圈，另一种叫场偏转线圈。前者产生垂直方向的磁场，后者产生水平方向的磁场。当偏转线圈通以线性变化的电流时，产生的磁场也是线性变化的。显像管电子枪的阴极电子束在通过偏转线圈时，在行偏转线圈所产生的垂直磁场的作用下，按左手定则规律，沿着水平方向作有规律的运动，叫做行扫描；阴极电子束在场偏转线圈所产生的水平磁场的作用下，沿着垂直方向作有规律的运动，叫做场扫描。

设在行偏转线圈里通过的锯齿波电流如图 2-10(a)所示，此电流的幅度随所选用的显像管和偏转线圈而异。从图 2-10(a)、(b)可以看出：当通过行偏转线圈的电流线性增长时$(t_1 \sim t_2)$，电子束在偏转磁场的作用下，开始从左向右作匀速运动，这段运动过程所对应的时间叫做行扫描的正程，用 T_{SH} 表示(需要的时间约为 52 μs)。正程结束时(t_2 时刻)，电子束已扫描到屏幕的最右边。接着偏转电流又很快地线性减小($t_2 \sim t_3$)，电子束就相应地从右向左运动。经过大约 12 μs 后，又回到屏幕的最左边。电子束从屏幕最右边回到最左边的这段运动过程所对应的时间叫做行扫描的逆程，用 T_{RH} 表示。按照我国电视标准的规定，行扫描的正程与逆程时间之和，即行扫描周期 T_H 为 64 μs。因此行扫描锯齿波电流的重复频率 $f_H = 1/T_H = 15\ 625$ Hz。假定只在行偏转线圈里通过锯齿波电流，而不在场偏转线圈里通过锯齿波电流，即电子束只有行扫描而没有场扫描，那么荧光屏上将只呈现一条水平亮线，如图 2-10(b)所示。

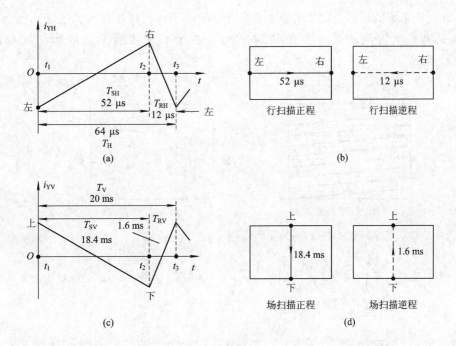

图 2 - 10　行扫描和场扫描示意图

　　设在显像管的场偏转线圈里通过的锯齿波电流如图 2 - 10(c)所示,那么电子束在水平偏转磁场的作用下将产生自上而下($t_1 \sim t_2$)、再自下而上($t_2 \sim t_3$)的运动。电子束自上而下的运动过程叫做场扫描的正程,用 T_{SV} 表示。电子束自下而上的运动过程叫做场扫描的逆程,用 T_{RV} 表示。场扫描的周期 T_V 等于正程扫描时间(T_{SV})和逆程时间(T_{RV})之和。假定只在场偏转线圈里通过锯齿波电流,而不在行偏转线圈里通过锯齿波电流,那么荧光屏上将只呈现出一条垂直的亮线,如图 2 - 10(d)所示。

　　电子束在扫描的正程时间内传送和重现图像,而在扫描的逆程时间内不传送图像内容,只为下次扫描的正程做准备。因此,电子束扫描的正程时间长,逆程时间短,并且扫描的逆程时间内不能在荧光屏上出现扫描线(回扫线),要设法消隐掉。

　　当行、场偏转线圈中同时通过锯齿波电流时,将同时产生垂直和水平的偏转磁场,在这两个磁场的共同作用下,电子束既作水平方向的偏转,也作垂直方向的偏转,其结果就形成了电视中的扫描光栅。

　　由于传送和接收图像是电子束以行为单位扫描完成的,因此就存在着扫描的方式问题。在电视技术中,常用的扫描方式有逐行扫描和隔行扫描。

2. 逐行扫描

　　所谓逐行扫描,就是电子束自上而下逐行依次进行扫描的方式。这种扫描的规律为:电子束从第一行左上角开始扫描,从左到右扫完第一行,然后从右回到左边,再扫描第二行、第三行……直至扫完一幅(帧)完整的图像为止。接着电子束从最下面一行又向上移动到第一行开始的位置,又从左上角开始扫描第二幅(帧)图像,一直重复下去。

　　在电视技术中,电子束的行扫描和场扫描实际上是同时进行工作的,电子束在水平扫描的同时也要进行垂直扫描,即电子束在水平偏转磁场和垂直偏转磁场的合成磁场作用下，一方面作水平的运动，同时还作垂直的运动。由于行扫描速度远大于场扫描速度，因此在电视屏幕上看到的是一条条稍向下倾斜的水平亮线所形成的均匀光栅，如图 2-11(a)所示。

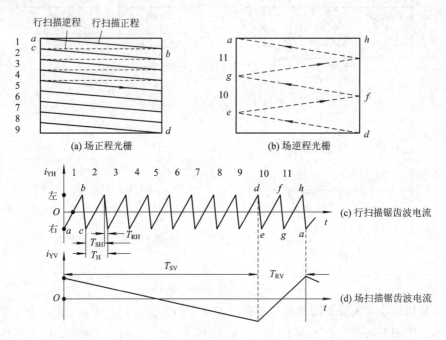

图 2-11 逐行扫描示意图

图 2-11 是一种逐行扫描方式光栅形成的示意图（用 11 行扫描线简化示意）。从图 2-11(a)、(b)中可以看出，电子束在场扫描的正程有 9 行扫描，在场扫描的逆程有 2 行扫描。电子束从第 1 行最左边的 a 开始顺序向下扫描，一直扫描到第 9 行最右边的 d 点，这就形成了场扫描的正程。

以上分析了逐行扫描中正程扫描光栅的形成。在电视系统中，为了得到连续完整的图像，场扫描必须是一场紧接一场连续进行。为了开始第二场扫描，在第一场正程扫描结束后电子束必须重新回到屏幕左边最上方，这就是场逆程扫描。从图 2-11(a)、(b)中可以看出，电子束从屏幕右边最下方的 d 点开始快速往上扫描，经过最后第 10、11 行的时间间隔，又回到了第一场开始时的位置（即第 1 行最左边的 a 点），这就形成了场扫描的逆程。至此，第一场扫描结束，等待第二场扫描的开始。图 2-11(c)、(d)分别给出了行、场扫描的锯齿波电流。

以上所述是利用逐行扫描方式来传送一帧图像的情况。只要每帧图像的扫描行数在 500 行以上，就能保证足够的清晰度。如果只传送一帧静止图像，就像幻灯片一样，那么情况就比较简单。而实际上图像是活动的，如何来传送活动的图像呢？我们知道，电影胶带上内容相关的每幅画面是不动的，但若以每秒 24 幅的速度播放，由于人眼的视觉惰性，就会感到屏幕上的图像是连续活动的。受电影技术的启发，在电视技术中也采用类似的方式，每秒钟传送 25 帧图像就可以达到传送活动图像的目的，即帧频 $f_z = 25$ Hz。但是逐行扫描方式存在一个问题：如果每秒传送 25 帧图像，人眼看上去还是很不舒服，有着闪烁的感觉（因为临界闪烁频率约为 45.8 Hz）；如果每秒传送 50 帧图像，虽然可以克服闪烁感，却又会使电视信号所占用的频带太宽，其结果导致电视设备复杂，并使有限的电视波段范围内可容纳的电视台数量减少。因此，目前广播电视系统一般不采用这种逐行扫描方式。

怎样既能保证图像有足够的清晰度，又不占用太宽的频带，并且还不产生闪烁现象呢？目前世界各国都是采用隔行扫描方式来解决这个问题的。

3. 隔行扫描

隔行扫描就是把一帧图像分成两场来扫描。第一场扫描 1、3、5、……奇数行，形成奇数场图像，然后进行第二场扫描时，才插进 2、4、6、……偶数行，形成偶数场图像。奇数场和偶数场快速均匀地相嵌在一起，利用人眼的视觉暂留特性，人们看到的仍是一幅完整的图像。

隔行扫描的行结构要比逐行扫描的复杂一些。下面以每帧 9 行扫描线($Z=9$)为例来说明隔行扫描光栅的形成过程。为简化起见，行、场逆程扫描时间均忽略不计，如图 2 - 12 所示。

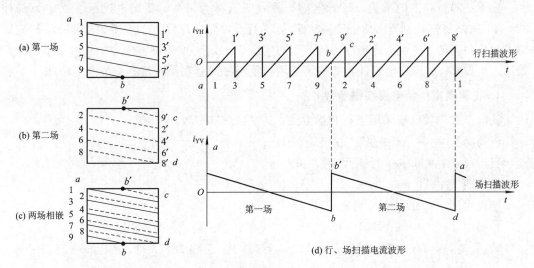

图 2 - 12　隔行扫描示意图

从图 2 - 12 中可以看出，一帧的扫描行数为 9 行($Z=9$)，若分两场来完成一帧图像扫描的话，则每场必须扫描 4.5 行。第一场(奇数场)先扫描第 1、3、5、7 行及第 9 行的前半行，即电子束从屏幕左上方 a 点开始扫描，当扫描到第 9 行的一半(b 点)时，第一行正程结束，行扫描正好扫完 4.5 行。此时，电子束已移动到光栅底部的中点(b 点)，从而完成第一场图像的扫描，形成了奇数场的扫描光栅，如图 2 - 12(a)所示。

由于场逆程时间为零，电子束将立即从 b 点跳到 b' 点，从而开始第二场(偶数场)扫描。第二场首先扫描第 9 行的后半行，接着扫描第 2、4、6、8 行。电子束从屏幕最上方 b' 点开始行扫描，当扫描到第 8 行最右边的 d 点时，第二场扫描正程就结束了，行扫描也正好扫完 4.5 行。此时，电子束已到达屏幕的右下角(即 d 点)，从而完成了第二场图像的扫描，形成了偶数场的扫描光栅，如图 2 - 12(b)所示。

奇、偶两场扫描完毕，恰好是一帧图像的扫描行数，两场光栅均匀相嵌，就形成了一幅隔行扫描的复合光栅，如图 2 - 12(c)所示。

以上分析了隔行扫描方式中一帧图像的光栅形成过程。由于行、场扫描电流是连续的，因此，当扫描完第一帧的两场光栅后，接着就会进行第二帧(三、四场)、第三帧(五、六场)……的扫描。行、场扫描电流的波形如图 2-12(d)所示。

隔行扫描技术的实现主要是受电影技术的启发。在电影技术中每秒传送 24 幅画面，为了不引起人眼的闪烁感，而又不增加每秒传送画面的幅数，通常采用遮光的方法将每幅画面连放两次，这样屏幕上画面实际上变化 48 次，从而消除了闪烁现象。在电视技术中，采用隔行扫描，每秒仍传送 25 帧图像，但每帧图像分两场传送，即场扫描频率 $f_V = 50$ Hz，这时电视屏幕每秒变化 50 次，从而也消除了人眼的闪烁感。

我国现行的广播电视标准规定：帧频为 25 Hz，一帧图像分 625 行传送，所以行扫描频率为 $f_H = 25 \times 625 = 15625$ Hz。隔行扫描方式的帧频较低，电子束扫描图像时所占的频带宽度较窄(约 6 MHz)，对电视设备要求不高，因此，它是目前电视技术中广泛采用的方法。

隔行扫描的关键是要保证偶数场正好嵌套在奇数场中间，否则会降低图像清晰度。

要保证隔行扫描的准确，每场扫描行数一般选择为奇数。我国电视标准规定为每帧 625 行，国外每帧分别有 405 行、525 行、819 行等，都为奇数。这样就要求第一场扫描结束于最后一行的一半处，此场结束后必须回到图 2-12(b)所示屏幕上方中央的 b' 点，再开始第二场扫描。这样才能保证相邻的第二场扫描刚好嵌套在第一场各扫描线的中间。

4. 我国模拟广播电视扫描参数

我国模拟广播电视采用隔行扫描方式，其主要扫描参数如下：

行周期 $T_H = 64$ μs；行频 $f_H = 15625$ Hz；

行正程 $T_{SH} = 52$ μs；行逆程 $T_{RH} = 12$ μs；

场周期 $T_V = 20$ ms；场频 $f_V = 50$ Hz；

场正程 $T_{SV} = 18.4$ ms；场逆程 $T_{RV} = 1.6$ ms；

帧周期 $T_Z = 40$ ms；每帧行数 $Z = 625$ 行(其中：正程 575 行，逆程 50 行)；

帧频 $f_Z = 25$ Hz；每场行数 $Z_V^T = 312.5$ 行(其中：正程 287.5 行，逆程 25 行)。

2.4.4 彩色图像的分解与合成

1. 彩色图像的分解

电视图像是通过摄像管把图像的光信号变成电信号的。但由于一幅图像细节变化很多，因此不能将整幅图像直接变成电信号，而是先将一幅彩色平面图像分解成许许多多彩色的像素，每一像素均可用亮度、色调和色饱和度这三个要素来表征；再将每一像素顺序转变成电信号。对于活动图像而言，每一像素的三要素都是时间的函数。根据三基色原理，首先，用分色系统把彩色图像分解成红、绿、蓝三幅基色光，同时送到对应的红、绿、蓝摄像管的光敏靶上，三基色摄像管在扫描电路的作用下进行光电转换，然后进行预失真 γ 校正，以补偿光电转换系统的非线性。经过光电转换，三基色光就变成了三个电信号 E_R、E_G、G_B。这样就完成了图像的分解，如图 2-13 上部所示。

近几年又出现了单管式彩色摄像机，由于它使用了光调制器，所以可以用一只摄像管摄取三基色图像；若把摄取的信号再经过光解调器，便可获得三基色信号。单管式彩色摄像机有频率分离式、相位分离式及三电极式等多种。

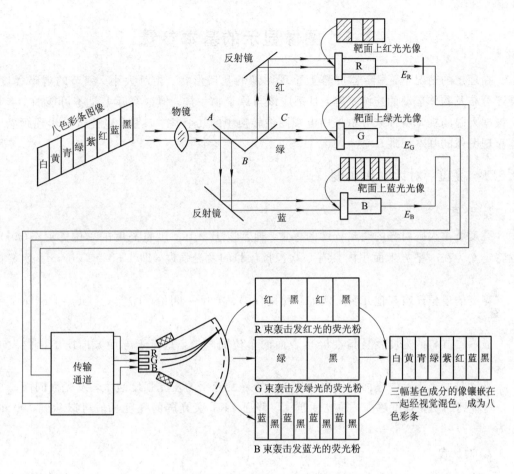

图 2-13　彩色图像的分解与合成过程

2. 彩色图像的重现

要设计一个彩色电视系统，使重现图像的彩色与原景物彩色的光谱分布完全相同，以达到原景物彩色的理想重现，这不仅在技术上难以实现，而且也没有必要。因为根据三基色原理，用红、绿、蓝这三种基色混合就可以模拟出自然界的绝大部分彩色，而且视觉效果相同。在发送端，用摄像管取得了代表红、绿、蓝三基色的电信号，相应的在接收端就可以把这三个基色的电信号再转换成按比例混合的彩色光，这样就正确地重现了景物的彩色图像。其具体工作过程如下：

在接收端，如图 2-13 下部所示，经过传输通道，图像信号又被解码器分解为三个基色信号去控制彩色显像管的三条电子束。在彩色显像管屏幕上涂敷着按一定规律紧密排列的红、绿、蓝三色荧光粉，显像管的三条电子束在扫描过程中各自轰击相应的荧光粉。加到显像管三个阴极上的三基色信号 E_R、E_G、E_B 分别控制 R、G、B 三条电子束的强弱，彩色显像管屏幕上就呈现出三幅基色图像，由于三色荧光粉依空间位置紧密镶嵌在一起，人眼所感觉到的则是它们混合构成的彩色图像。所以，彩色显像管是利用空间混合法重现彩色图像的。

2.5　图像显示的基本参量

在理想的情况下,显示器屏幕上重现图像的几何形状、相对大小、细节的清晰程度、亮度分布及物体运动的连续感等,且都应该与原景物一样,但这实际上是不可能的。本节将根据人眼的视觉特性来分析黑白电视图像转换中的几个基本参量,以便进一步理解显示器重现图像的基本原理。

2.5.1　亮度、对比度和灰度

1. 亮度

亮度就是人眼对光的明暗程度的感觉,通常以 B 表示。度量亮度的单位为尼特(nit)。尼特定义为在一平方米面积内具有一坎德拉(cd)的发光强度,即 $1\ nit = 1\ cd/m^2$。坎德拉又叫烛光。

亮度的单位还有其他几种,例如:熙提(sb)、英尺一朗伯(fL)等。$1\ sb = 1\ cd/cm^2 = 10^4\ nit$。

显示器屏幕的亮度就是指在屏幕表面的单位面积上,垂直于屏面方向所给出的发光强度。

亮度是用来表示发光面的明亮程度的。如果发光面的发光强度越大,发光面的面积越小,则看到的明亮程度越高,即亮度越大。普通 CRT 荧光屏的亮度一般可以达到 100 nit 左右。

2. 对比度

客观景物的最大亮度与最小亮度之比称为对比度(Contrast),通常以 C 表示。对比度指的是一幅图像中明暗区域最亮的白和最暗的黑之间的不同亮度层级的测量,差异范围越大代表对比度越大,差异范围越小代表对比度越小。当显示器屏幕上的对比度达到 100∶1 时就容易显示生动、丰富的色彩。

对于重现的显示图像而言,其对比度不仅与显像管的最大亮度 B_{max} 和最小亮度 B_{min} 有关,还与周围的环境亮度 B_D 有关。对比度 C 的计算公式为

$$C = \frac{B_{max} + B_D}{B_{min} + B_D} \approx \frac{B_{max}}{B_{min} + B_D}$$

显然,周围环境越亮,显示图像的对比度就越低。

人眼对周围环境有很强的适应性,在不同的背景亮度时,人眼对亮度的主观感觉和视觉范围是不一样的。例如:晚上,某人从一间 15 W 普通白炽灯照明的房间突然进入另一间 100 W 普通白炽灯照明的同等房间时,人的第一感觉是"好亮啊";但如果从一间 500 W 灯泡照明的同等房间立刻进入上述 100 W 灯泡照明的房间时,人的第一感觉是"好暗啊"。这个例子说明在适应了一定的环境亮度后,人眼对明暗有一定的视觉范围,环境亮度不同,视觉范围也不同,人眼的主观感觉也会随时之改变,即人眼的明亮感觉是相对的。

目前,普通 CRT 显像管的最大发光亮度可以做到上百尼特的数量级,而所摄取客观景物的实际最大亮度可高达上万尼特,两者差别很大,CRT 显像管重现的图像是无法达到

客观景物的实际亮度的。但由于人眼对背景有很强的适应性，只要保持重现图像的对比度与客观景物相等，就可以获得与客观景物一样的明暗感觉，也就是说，显像管重现的图像没有必要（也不可能）达到客观景物的实际亮度，而只要反映出它的对比度即可。正因为如此，并不反映景物实际亮度的电影和电视图像，却能给人以真实的亮度感觉。通常，电视接收机的对比度达到 30～40 就可以获得比较满意的收看效果。显示器重现图像的对比度越大，图像的黑白层次就越丰富，人眼的感觉也就越细腻、越柔和。

例如，当从电视接收机屏幕上观看实况转播时，虽然实际现场亮度范围可达 200～20000 nit，而电视屏幕上的亮度范围仅为 2～200 nit（设环境亮度为 30 nit），但人眼仍有真实的主观亮度感觉，因为它们的对比度相同，都为 100（当然还应保持适当的亮度层次）。

3. 灰度

所谓灰度色，就是指纯白、纯黑以及两者中的一系列从黑到白的过渡色。我们平常所说的黑白照片、黑白电视，实际上都应该称为灰度照片、灰度电视才确切。灰度色中不包含任何色相，即不存在红色、黄色等这样的颜色。

灰度使用黑白色调来表示物体。灰度的通常表示方法是百分比，范围为 0%～100%。每个灰度对象都具有从 0%（白色）到 100%（黑色）的亮度值。注意这个百分比是以纯黑为基准的百分比。百分比越高颜色越偏黑，百分比越低颜色越偏白。灰度最高相当于最高的黑，就是纯黑。灰度最低相当于最低的黑，也就是“没有黑”，那就是纯白。自然界中的大部分物体平均灰度约为 20%。图像从黑色到白色之间的过渡色统称为灰色。灰度就是将这一灰色划分成能加以区别的层次数。例如，为了鉴别电视机所能恢复原图像明暗层次的程度，电视台发送一个十级灰度信号。电视机经调整后在图像中能区分的从黑到白的层次数称为该电视接收机具有相应的灰度等级。我国电视标准规定，甲级电视接收机应能达到八级灰度等级，乙级电视接收机应能达到七级灰度等级。实际上，电视机只要能达到六级灰度等级，就能收看到明暗层次较佳的图像了。

2.5.2　图像的尺寸与几何形状

1. 图像的尺寸

根据人眼的特性，视觉最清楚的范围约为垂直夹角 15°、水平夹角 20°的矩形面积。因此，目前世界各国显示器屏幕都采用矩形，画面的宽高比为 4:3 或 5:4。随着显示技术的进步，幅型比（即宽高比）向大屏幕方向发展，目前世界上已出现宽高比为 5:3、5:3.3、16:9、16:10 等尺寸。

显示器屏幕的大小常用矩形对角线尺寸来衡量，一般家用中小型显示器屏幕对角线长度为 35～86 cm 不等。人们习惯用英寸表示，如 14 英寸、18 英寸、21 英寸、25 英寸、29 英寸、34 英寸和 40 英寸等，它们的对角线分别为 35 cm、47 cm、53 cm、64 cm、74 cm、86 cm 和 100 cm 等。

2. 图像的几何相似性

显示器重现图像要与实际景象形状相似，比例要一致。这种几何上的相似性很重要，尽管看电视时并没有实际景象与图像相对照，重现图像有一定的失真也不易感觉出来，但是对于观众熟悉的人物或器具，若失真稍大一些就容易觉察出来，故图像失真应限制在一定的范围内。图像失真通常分为非线性失真和几何失真两种。

（1）非线性失真。这是由行、场锯齿波电流非线性失真引起的。

设系统传送的是标准方格信号，则扫描锯齿波电流及对应的几何图像如图 2-14 所示。图 2-14(a)是当行、场扫描电流均为线性时的理想情况，此时重现图像与原图像相似，没有非线性失真。当行、场扫描电流非线性时，其重现的方格宽度、高度就会不均匀而呈现非线性失真，如图 2-14(b)、(c)所示。

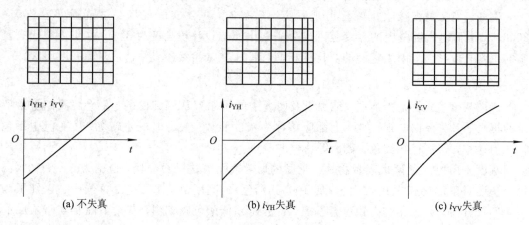

(a) 不失真 (b) i_{YH} 失真 (c) i_{YV} 失真

图 2-14 显示图像的非线性失真

（2）几何失真。由于偏转线圈绕制和安装不当，导致磁场方向不规则、不均匀及行场、磁场彼此不垂直等，则扫描光栅将分别产生枕形、桶形及平行四边形等几何失真。图 2-15 给出了枕形、桶形和平行四边形等几何失真的情况。

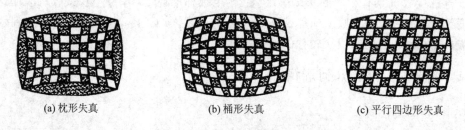

(a) 枕形失真 (b) 桶形失真 (c) 平行四边形失真

图 2-15 电视图像的几何失真

图 2-15(a)表示偏转线圈中心磁场弱、边缘磁场强，重现图像产生四个边缘向内凹陷的枕形失真。图 2-15(b)表示偏转线圈中心磁场强、边缘磁场弱，重现图像四个边缘向外凸出的桶形失真。图 2-15(c)表示行、场两偏转线圈产生的磁场并不垂直而造成的平行四边形失真。

2.5.3 电视图像清晰度与电视系统分解力

电视图像清晰度是指人眼主观感觉到图像细节的清晰程度。电视系统本身传送图像细节的能力，称为系统的分解力。主观图像清晰度与客观系统分解力有关。显示系统的每场扫描行数愈多，景物被分解的像素数就愈多，重现图像的细节也就愈清晰，因而人眼主观感觉图像的清晰度也就愈高。由于像素数的多少很大程度上取决于扫描行数，故通常用能分辨的黑白相间的扫描线数来表征显示系统的分解力，并称之为标称分解力。例如，设某电视系统的分解力为 480 线，这表示该系统在对应的方向上所能分辨的黑白扫描线数各为 240 条。显示系统的分解力又分为垂直分解力和水平分解力。

1. 垂直分解力

垂直分解力是指显示系统沿着图像的垂直方向所能够分辨出的像素的数目。显然它受每帧屏幕显示行数 Z'（或者总行数 Z）的限制。在最佳的情况下，垂直分解力 M 就等于显示行数 Z'。在一般情况下，并非每一屏幕显示行数都代表垂直分解力，而取决于图像的状况以及图像与扫描线相对位置的各种情况。

对于逐行扫描而言，考虑到图像内容的随机性，则有效垂直分解力 M 可由下式估算出：

$$M = K_e Z' = K_e (1 - \beta) Z$$

式中，K_e 称为克尔(Kell)系数，K_e 取值为 0.76，β 为场扫描逆程系数，Z 为每帧显示总行数。

与逐行扫描相比，隔行扫描系统的有效垂直分解力还会下降，因此在实际计算时还要考虑到隔行效应。在 2∶1 隔行扫描系统中，有效垂直分解力 M 可由下式算出：

$$M = K_g K_e Z' = K_g K_e (1 - \beta) Z$$

式中，K_g 称为隔行因子，一般取值为 0.7。

2. 水平分解力

水平分解力是指显示系统沿图像水平方向能分解的像素的数目，用 N 表示。水平分解力取决于电子束模截面大小，也就是说，水平分解力与电子束直径相对于图像细节宽度的大小有关。

电子束在水平方向扫描与垂直方向扫描完全不同。垂直方向一定要一行一行地扫描，相邻行之间的扫描线不重叠；水平方向则是连续地扫描过去的。以摄像管为例，尽管电子束可以聚焦得很细，但总有一定的截面积（接近于像素），因此它在水平方向扫描时将使黑白像素界线模糊，转换成的图像信号电压不能突变，存在一个过渡期。如果图像细节比电子束更小，这时则根本反映不出这种细节的变化了，即扫描电子束存在一定的截面积使电视系统水平分解力下降，这种现象称为孔阑效应。

实际上，在显像管电光转换中也存在上述的孔阑效应，但因摄像管光电靶的面积远小于显像管电视屏幕，因而摄像管的孔阑效应是主要的。为了克服孔阑效应，在电视发送端采用了专用电路进行校正。

从减小孔阑效应提高水平分解力考虑，需要减小电子束直径。但电子束直径太细，则在保持每帧扫描行数不变的前提下，将在行与行之间产生明显空隙，画面被扫描到的部分将减少，从而降低了传输效率。因此应合理选择电子束直径，以等于扫描行间距为宜。

逐行扫描系统的实验测试已经证明，在同等长度条件下，当水平分解力等于垂直分解力时图像质量最佳。故此时的有效水平分解力由下式算出：

$$N = KM = KK_e Z' = KK_e (1 - \beta) Z$$

式中，K 称为幅型比，即宽高比。

2.5.4　图像信号的频带宽度

图像信号的频带宽度是设计视频放大器的主要依据，也是确定辐射电磁波需要多少频带宽度的主要依据。为了讨论图像信号的带宽，需要讨论它的最高频率和最低频率。图像信号的频率决定于图像的内容，细节越细，其信号的频率就越高。假定屏幕上的图像仅是两根黑白竖条，则该图像信号的波形是周期为行扫描周期（64 μs）的一个方波，它的基频就是 15 625 Hz。若黑白竖条数增加一倍，则频率也增加一倍。可见最高频率决定于屏幕上的图像可以划分得细到什么程度。假定图像是由许多极小的黑白相间的正方形方格组成，如果方格的宽度等于像素的大小即一根行扫描线的垂直宽度，显然这应该是能够划分得最细的密度。因此，视频信号的频带宽度与一帧图像的像素个数有关。

1. 一帧图像的像素

图像信号的频带宽度与一帧图像的像素个数和每秒扫描的帧数有关，下面以我国的广播电视系统为例进行分析。我国的电视扫描总行数 $Z=625$ 行，其中正程 $Z'=575$ 行，逆程为 50 行。因此，一帧图像的有效扫描行数为 575 行，即垂直方向由 575 行像素组成。一般电视机屏幕的宽高比为 4:3，因此一帧图像的总像素个数约为

$$\frac{4}{3} \times 575 \times 575 \approx 44（万个）$$

2. 图像信号的频带宽度

图像信号包括直流成分和交流成分。其中直流成分反映图像的背景亮度，它的频率为零，反映了图像的最低频率。交流成分反映图像的内容，图像越复杂，细节变化越细，黑白电平变化越快，其传送信号频率就越高。显然图像信号频带宽度等于其最高频率。如果播送一幅左右相邻像素为黑白交替的脉冲信号画面，显然这是一幅变化最快的图像，每两个像素为一个脉冲信号变化周期，若某电视系统规定一秒种传送 25 帧画面，则该系统图像信号的最高频率就为

$$\frac{44 万}{2} \times 25 \approx 5.5（MHz）$$

在逐行扫描情况下，图像信号的最高频率 f_{max} 可用下面的公式进行计算：

$$f_{max} = \frac{1}{2} K K_e \frac{1-\beta}{1-\alpha} f_Z Z^2$$

式中，K 为幅型比（即宽高比），K_e 称为克尔系数，α 为行扫描逆程系数，β 为场扫描逆程系数，f_Z 为帧频，Z 为每帧扫描总行数。

在 2:1 隔行扫描情况下，图像信号的最高频率 f_{max} 可用下面的公式进行计算：

$$f_{max} = \frac{1}{4} K K_e \frac{1-\beta}{1-\alpha} f_V Z^2$$

式中，f_V 为场频。

以我国电视广播系统为例，其幅型比 $K=4/3$，克尔系数 $K_e=0.76$，行扫描逆程系数 $\alpha=$ 行逆程/行周期 $=T_{RH}/T_H = 12$ μs/64 μs $\approx 18\%$，场扫描逆程系数 $\beta = T_{RV}/T_V = 1.6$ ms/20 ms$=8\%$，帧频 f_Z 为 25 Hz（即场频 f_V 为 50 Hz），每帧扫描总行数 $Z=625$ 行，则可计算出图像信号的最高频率约为 5.5 MHz。考虑留有余量，可以认为图像信号的最高频率为 6 MHz，而图像信号的最低频率为 0 Hz，因此我国电视广播系统标准规定的图像信号的频带宽度为 0~6 MHz。

2.5.5　每帧图像扫描行数的确定

前面已经讨论过，为了获得图像的连续感，克服闪烁效应并使图像信号的频带不会过宽，我国电视标准规定帧频为 25 Hz，采用隔行扫描，场频为 50 Hz。这样的场频恰好等于电网频率，还可以克服当电源滤波不良时图像的蠕动现象。

由于扫描行数决定了电视系统的分解力，从而决定了图像的清晰度，因此在电视标准中确定扫描行数是一个极为重要的问题。我国规定每帧图像的扫描行数为 625 行。

在帧频一定时，每场扫描行数愈多，电视系统反映图像细节的能力就愈强，但同时图像信号占用的频带也相应加宽。事实上，由于人眼在一定距离内分辨图像细节能力有一定限度，因此没有必要过分提高每场扫描行数。于是，可依据人眼的这一视觉特性来确定每帧图像扫描行数。

人眼的分辨角，是在一定距离 L 时，人眼恰能分辨的两个黑点之间的夹角，用 θ 表示。显然 θ 越小，表示人眼的分辨力越强；反之则越弱。因此可以定义人眼的分辨力为分辨角的倒数。由前述人眼的分辨力知识可知：正常人眼睛的分辨角为 $\theta = 3438d/L$，式中 θ 以角度分为单位，d 为两个黑点之间距离，即行距。设显示器屏幕高度为 h，屏幕有效显示行数为 Z'，则有

$$Z' = \frac{h}{d} = \frac{3438h}{\theta L}$$

正常人眼睛的分辨角 θ 在 $1' \sim 1.5'$ 之间，通常取 $\theta = 1.5'$；观看电视的最佳距离为 $L \approx 4h$（由人的视觉清楚的区域 $\varphi \approx 15°$ 得出），将此二值代入上式，即可算出相应的屏幕显示行数 $Z' = 573$ 行。我国模拟电视标准规定屏幕显示行数为 575 行，再考虑每帧逆程的 50 行，即确定了每帧总行数为 $Z = 625$ 行。

2.6　视　频　信　号

2.6.1　黑白视频信号

视频信号是指光图像经扫描、光电转换过程后变成的电信号。本小节主要以黑白全电视信号为例来讨论黑白视频信号的特性。黑白全电视信号包括图像信号、复合消隐信号以及复合同步信号三大类。图像信号反映了电视系统所传送图像的信息，是电视信号中的主体，它是在场扫描正程期的行扫描正程期内传送的。其他几种信号则是为了保证图像质量而设的辅助信号。其中，复合消隐信号是为了消除回扫线从而使图像清晰；而复合同步信号的作用主要是使重现图像与摄取图像确实同步，正确重现图像并使之稳定。这些辅助信号都是在行、场扫描逆程期间传送的。

1. 图像信号

图像信号由发送端的摄像管产生，通过摄像管内的靶电极，把明暗不同的景像转换为相应的电信号，然后经信号通道传送处理，从而形成图像信号，图 2-16 为两行图像信号的波形。

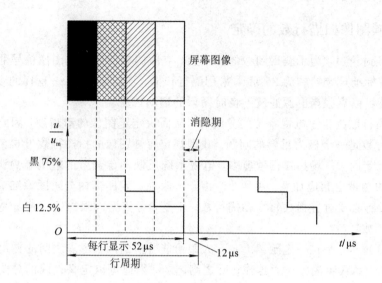

图 2-16　图像信号

图像信号的幅度范围在全电视信号辐射电平相对幅度的 12.5%～75%之间，其中幅度为 12.5%的电平称为白电平，幅度为 75%的电平称为黑电平，幅度在 12.5%～75%之间的电平则称为灰色电平。图像信号是以 64 μs 为周期的周期性信号，其中每行显示 52 μs，消隐期为 12 μs。

2. 复合消隐信号

复合消隐信号包括行消隐和场消隐两种信号，如图 2-17 所示。

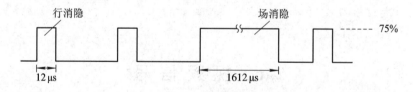

图 2-17　复合消隐信号

行消隐信号用来确保在行扫描逆程期间显像管阴极的扫描电子束截止，不传送图像信息；场消隐信号是使场扫描逆程期间扫描电子束截止，停止传送图像信息。因此在行、场回扫期间，电视屏幕上不出现干扰亮线（即回扫线）。

行、场消隐脉冲的相对电平为 75%，相当于图像信号黑电平。行消隐脉宽为 12 μs，周期为 64 μs；场消隐脉宽为 1612 μs，周期为 20 ms。

3. 复合同步信号

复合同步信号是由行同步信号、场同步信号、槽脉冲和前后均衡脉冲组成的。

1）同步的重要性

电视图像的发送与接收是靠电子扫描对图像的分解与合成实现的。要想使接收机重现发送端的景象，必须严格保证发送端与接收端的电子扫描步调完全一致，也称为同步；否则重现的图像就不正常。

2）行、场同步信号

电视信号发送端为了使接收端的行扫描规律与其同步，特在行扫描正程结束后，向接收机发出一个脉冲信号，表示这一行已经结束。接收机收到这一脉冲信号后应该立即响应并与之同步。这个脉冲信号被称为行同步信号。

由于行同步信号是为了正确重现图像的辅助信号，它不应在屏幕上显示，所以将它安排在行消隐期间发送，并且为了便于行同步信号的分离，特使它的电平高于消隐电平 25%，即位于 75%～100% 之间，其宽度为 4.7 μs，行同步脉冲前沿滞后行消隐脉冲前沿约为 1.3 μs，行同步信号的周期为 64 μs，如图 2-18 所示。

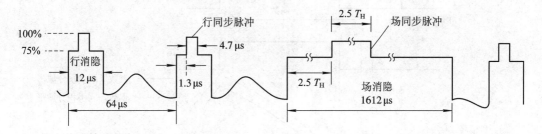

图 2-18　行、场同步信号

场同步信号为了保证电视接收机每场扫描均与发送端保持同步，特在电视发送端的每场扫描正程结束后的场消隐期间发送一个场同步信号。其电平与行同步电平一致，脉宽为 2.5 个行周期，场同步脉冲前沿滞后场消隐脉冲前沿 2.5 个行周期，即 160 μs，场同步信号周期为 20 ms，如图 2-18 所示。

3）槽脉冲与前后均衡脉冲

由于场同步脉冲持续 2.5 个行周期，如果不采取措施就会丢失 2～3 个行同步脉冲，使行扫描失去同步，直到场同步脉冲过后，再经过几个行周期，行扫描才会逐渐同步，从而造成图像上边起始部分出现扭曲现象。为了避免上述情况发生，电视发送端特在场同步脉冲期间开几个小槽来延续行同步脉冲的传递，这就是槽脉冲。

通常奇场、偶场的开始位置是以场同步脉冲的前沿（上升沿）为基准的。隔行扫描方式决定了奇场开始于完整行，结束于半行；而偶场开始于半行，结束于完整行。在场同步脉冲期间实际开槽时，考虑到相邻奇、偶两场同步脉冲开槽位置不同（相对于场同步脉冲的上升沿而言），为同时兼顾奇、偶场，就把开槽脉冲数目都设成 5 个，即每隔半行开一个槽，以延续行同步脉冲的传递。因此，在实际工作时，奇场只有 2 个槽（第 2、4 个槽）在起作用；而偶场也只有 3 个槽（第 1、3、5 个槽）在起作用。这样，在技术上比较容易实现。

槽脉冲宽度与行同步脉冲相同，槽脉冲的后沿与行同步脉冲前沿（上升沿）相位一致。这样，在场同步脉冲期间，槽脉冲起行同步脉冲的作用，从而消除了图像上部的不同步现象。

由于电视信号的传送采用隔行扫描，即一帧图像分两场传送，一帧图像的扫描行数为奇数，所以当奇数场的场同步脉冲出现时，就开始奇数场的扫描。当奇数场扫描到屏幕最后一行的一半（$T_H/2$）时，偶数场的场同步脉冲就到来了，这时就开始进入偶数场的扫描。偶数场先开始逆程回扫，回扫结束后，就进入正程扫描，此时电子束正位于屏幕最上一行的中间。再扫描半行后，就出现了行同步脉冲，这时就开始了偶数场下一行的扫描，直至扫完最后一个完整行。随后，奇数场的场同步信号到来，于是又开始了奇数场的扫描，重复上述过程，如图 2-19 所示。为了便于比较，图中将两场同步脉冲对齐。由图 2-19 可知，奇数场和偶数场的复合同步脉冲的形状是不同的，奇数场和偶数场的最后一个行同步脉冲与下一场场同步脉冲的间隔相差半行（$T_H/2$）。

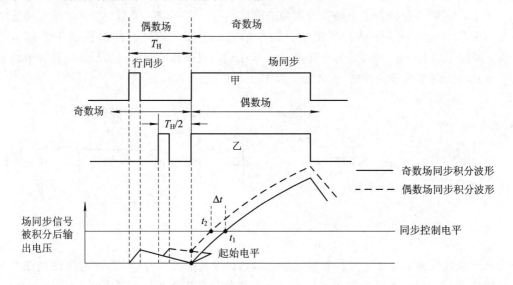

图 2-19　复合同步信号及其分离

全电视信号中的复合同步信号在接收电路中，要经积分电路将场同步信号分离出来，以保证行、场同步脉冲分别控制行、场扫描电路与发送端同步工作。由于两场复合同步信号形状不同，经积分电路后场同步脉冲输出的波形就不重合，如图 2-19 所示。由于积分后的场同步脉冲达到一定电平要去同步控制场扫描电路的工作，因此上述积分输出的结果就会造成两场同步控制电平出现的时间有一偏差 Δt。Δt 的存在将影响场扫描的准确性。

隔行扫描要求两场的场扫描时间必须相等，才能保证偶数场的各扫描行准确地嵌套在奇数场各扫描行之间。如果两场扫描时间不相等，就不能保证隔行扫描的准确，时间偏差严重时将会产生并行现象，使垂直清晰度下降。

要解决上述问题，就必须要求积分后两场的场同步积分起始电平相同。为此，电视台在发送场同步信号时，在场同步信号的左、右各加 5 个脉冲，其重复周期为 $T_H/2$，脉冲宽度为 2.35 μs。场同步脉冲之前的 5 个脉冲叫前均衡脉冲，场同步脉冲之后的 5 个脉冲叫后均衡脉冲。场同步信号加入前、后均衡脉冲后，保证了奇、偶两场场同步信号在开始位置时的波形相同。这样经积分电路后，两场的同步控制电平就会在相同的时刻出现，从而保证了场扫描电路同步工作的准确。

　　4）黑白全电视信号

黑白全电视信号的波形如图 2-20 所示。它由图像信号及六种辅助信号（行同步、场同步、行消隐、场消隐、槽脉冲与均衡脉冲）组成。

由图 2-20 可知，黑白全电视信号的图像信号在两个消隐信号中间传送。在消隐期间，只传送同步信号，不传送图像信号，即图像信号在扫描正程传送，消隐和同步信号在扫描逆程传送。我国电视标准规定，全电视信号采用负极性信号，信号幅度越高，显像管显示亮度越暗，即图像信号电平高低与图像的亮暗成反比。采用负极性信号的优点是，消隐信

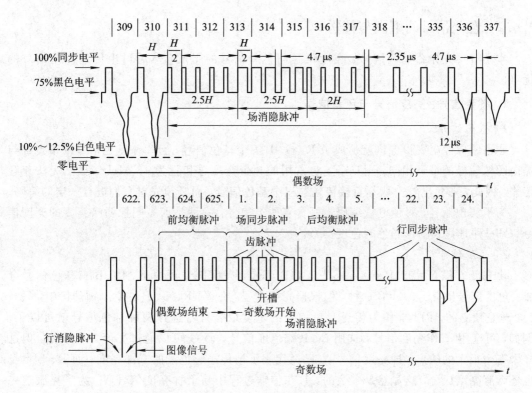

图 2 - 20　黑白全电视信号

号处于全电视信号辐射电平相对幅度的 75％附近，属于黑电平区域，此期间的电视屏幕不发光；同步信号处于全电视信号辐射电平相对幅度的 75％～100％之间，属于超黑色，此期间的电视屏幕也不会发光。由于同步信号幅度最大，从而便于接收机电路取出同步信号。图像信号处于白电平和黑电平之间的低幅区，便于降低发射功率；对于超过同步信号的大幅度外界干扰脉冲信号，在电视屏幕上表现为暗点，不易觉察。

　　黑白全电视信号有如下三个特点：

　　（1）脉冲性。全电视信号由图像信号、同步信号、消隐信号等多种信号组合而成。虽然图像信号是随机的，既可以是连续渐变的，也可以是脉冲跳变的，但辅助信号均为脉冲性质，这使全电视信号成为非正弦的脉冲信号。

　　（2）周期性。由于采用了周期性扫描方法，使全电视信号成为以行频或场频周期性重复的脉冲信号。因此，无论对静止还是活动图像，其全电视信号的主频谱仍为线状离散谱性质，各主频谱处在行频及其各次谐波频率上。对静止图像而言，其主频谱两侧将出现以帧频为间隔的副频谱线，构成谱线簇；对活动图像而言，主谱线两边将出现连续频谱带，它们的主要能量均集中在 nf_{H} 附近，并非均匀分布，使每个谱线簇之间存在一些空隙。

　　（3）单极性。黑白全电视信号包含有图像信号、复合同步信号及复合消隐信号，它们的数值总是在零值以上或以下的一定电平范围内变化的，而不会同时跨越零值上、下两个区域，这称为单极性。全电视信号有正极性与负极性之分，图 2 - 20 所示的即为负极性黑白全电视信号波形图。

2.6.2 色差信号的组成与传送

本小节首先介绍基色信号、亮度信号与色差信号的组成，然后讨论传送色差信号的优点。

1. 基色信号、亮度信号与色差信号

1) 基色信号

彩色图像经电视摄像机就形成了 R、G、B 三个基色信号，且每一基色信号的带宽都与黑白图像信号的带宽相同，则三个基色占用的频带宽度总和就为 18 MHz，显然无法兼容传输。因此，彩色电视一般不直接传送这三个基色信号，而必须先对它们进行一定的编码。

为了实现兼容，彩色电视编码最好含有两类信号：一种是代表图像明暗程度的亮度信号；另一种是代表图像彩色的色度信号。

2) 亮度信号

由亮度方程 $Y=0.3R+0.59G+0.11B$ 可知，亮度信号可由 R、G、B 三基色信号合成。色度信号虽有 R、G、B 三种，但根据亮度方程，在 Y、R、G、B 这 4 个物理量中，只有 3 个量是独立的。因此，作为传送彩色信息的色度信号只需选择两种基色信号就可以了。例如，可选用 Y 作亮度信号，选用 R、B 作色度信号，而 G 可以通过亮度方程求得。但这样做有个很大的缺点，即亮度信号 Y 已经代表了被传送彩色光的全部亮度；而 R、B 本身也还含有亮度成分，这显然是多余的，且在传输过程中易干扰亮度信号 Y。为了克服这一缺点，彩色电视系统一般不选用基色本身作为色度信号，而选用的是色差信号。

3) 色差信号

用基色信号减去亮度信号就得到色差信号。R－Y、B－Y、G－Y 就是三种基色信号分别减去亮度信号 Y 而形成的，它们分别叫做红色差信号、蓝色差信号和绿色差信号。

由亮度方程可得出三种色差信号的幅值：

由于 G－Y 信号幅值较小，对改善信噪比不利，并且 G－Y 又可由 R－Y 和 B－Y 通过简单的电阻矩阵合成产生，所以电视系统通常只传送 Y、R－Y 和 B－Y 这三种信号，而不传送 G－Y 信号，其中 Y 仅代表亮度信息，而 R－Y、B－Y 代表色度信息。显然，这给兼容制电视系统提供了方便与可能。

图 2-21 给出了由 R、G、B 这三种基色信号通过编码合成的亮度信号 Y 与色差信号 R－Y、B－Y 的示意图。

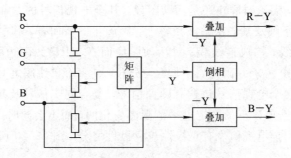

图 2-21　由 R、G、B 合成的亮度信号 Y 与色差信号 R－Y、B－Y 的示意图

2. 传送色差信号的优点

(1) 兼容效果好。当选用 Y、R−Y、B−Y 三种信号时，Y 仅代表被传送景物的亮度，而不含色度。而且，当所传送的图像为黑白图片时，色差信号均为零，因为任何黑白图片仅有亮度明暗的层次变化，因此它们的三基色信号总是相等的。例如，传送一灰色时，其三基色信号为 R＝G＝B＝0.4 V，它们合成的亮度信号 Y＝0.4 V，所以色差信号 R−Y、B−Y 也为零。因此，色差信号只表示色度，不表示亮度。而且三色差信号对亮度的贡献为零。这个道理不难证明，只要将亮度方程的左边项移到右边，并加以整理便可以得到

$$0 = 0.3(R−Y) + 0.59(G−Y) + 0.11(B−Y)$$

因此，色差信号的失真不会影响亮度。因此，黑白电视机只接收彩色电视台中的 Y 信号，其效果与收看黑白电视台的节目一样，既不受色差信号的干扰，又能正常重现原图像的亮度，所以，其兼容效果好。

(2) 能够实现恒定亮度原理。所谓恒定亮度原理，是指被摄景物的亮度在传输系统是线性的前提下均应保持恒定，即与色差信号失真与否无关，只与亮度信号本身的大小有关。下面举一例来说明：假设某一时刻为一种偏紫的红色，其三基色信号为 R＝0.7 V，G＝0.4 V，B＝0.5 V，由亮度方程，合成的 Y≈0.5，根据色差定义，可用矩阵电路合成得到红色差信号和蓝色差信号为

$$R−Y = 0.7−0.5 = 0.2 \text{ V}$$
$$B−Y = 0.5−0.5 = 0 \text{ V}$$

如果我们选用 Y、B−Y、B−Y 三种独立信号代表彩色信息，并将它们送至接收端，再利用矩阵电路同样可以将以上三信号相加获得 R、B 基色信号为 0.7 V、0.5 V，同时，也可合成绿色差信号：

$$G−Y = −0.51(R−Y) − 0.19(B−Y) = −0.11 \text{V}$$

然后与亮度信号 Y 相加，得到的绿基色信号为 0.39 V，所恢复的三基色信号重现的亮度仍是 0.5 V。

在传输过程中，假若 Y 信号无失真，仍为 0.5 V，而色差信号受干扰，R−Y 由 0.2 V 变为 0.3 V，B−Y 由 0 V 变为 0.2 V，则它们合成的 $G−Y = −0.51×0.3 − 0.19×0.2 = −0.191$ V，在接收端已失真的色差信号与未失真的亮度信号合成形成的三基色信号为

$$R' = (R−Y)' + Y = 0.3 + 0.5 = 0.8 \text{ V}$$
$$G' = (G−Y)' + Y = −0.191 \text{ V} + 0.5 = 0.309 \text{ V}$$
$$B' = 0.2 + 0.5 = 0.7 \text{ V}$$
$$Y' = 0.3×0.8 + 0.59×0.309 + 0.11×0.7 = 0.5 \text{ V}$$

显然，色调有失真，红色变得更加偏紫了，但它们合成的亮度信号 Y' 仍然是 0.5 V，即此时所显示的亮度仍然与失真前的相同；这就进一步说明色度通道的杂波干扰不影响图像亮度，使图像的质量得到了保证。

(3) 有利于高频混合。由于传送亮度信号占有全部视频带宽的 0～6 MHz，而传送色度信号只利用较窄的频带 0～1.3 MHz。因此，电视接收机所恢复的三个基色信号就只包含较低的的频率成分，反映在画面上，只表示出大面积的彩色轮廓；而图像彩色的细节，即高频成分则由亮度信号来补充。这就是说，由亮度信号显示出一幅高清晰度的黑白图像，再由色度信号在这个黑白图像上进行大面积的低清晰度着色。此时人眼感觉到的就是一幅

高质量的彩色图像画面。这就是所谓的大面积着色原理，又叫做高频混合原理。

选用色差信号是有利于高频混合的。为了在接收端能够得到带宽为 $0\sim6$ MHz 的三个基色信号。只要将 $0\sim1.3$ MHz 窄带的色差信号混入一个 $0\sim6$ MHz 全带宽的亮度信号中，就可以达到高频混合的目的。用亮度信号中的高频分量代替基色信号中未被传送的高频分量可用如下公式表示：

$$(R-Y)_{0\sim1.3\,MHz} + Y_{0\sim6\,MHz} = R_{0\sim1.3\,MHz} + Y_{1.3\sim6\,MHz}$$

$$(G-Y)_{0\sim1.3\,MHz} + Y_{0\sim6\,MHz} = G_{0\sim1.3\,MHz} + Y_{1.3\sim6\,MHz}$$

$$(B-Y)_{0\sim1.3\,MHz} + Y_{0\sim6\,MHz} = B_{0\sim1.3\,MHz} + Y_{1.3\sim6\,MHz}$$

可见，重现彩色图像的三基色只包含 $0\sim1.3$ MHz 的频率分量；而 $1.3\sim6$ MHz 范围内的频率分量则用亮度信号来补充。即显示出粗线条（大面积）的图像色彩，再附加黑白亮度信号的细节，这正好与人眼的视觉特性相适应。

另外，在进行高频混合时，亮度信号中 1.3 MHz 以下低频成分不再重复出现，不会造成色度失真，也有利于接收机中滤波器的设计。如果直接用 R、B 基色传送，则在高频混合时，低频分量的亮度会重复出现，不仅会造成彩色失真，而且也使接收机的滤波器难以设计。

2.6.3 标准彩条测试信号

标准彩条测试信号是由彩条信号发生器产生的一种测试信号，常用来对图像显示器进行测试和调整。这里以标准彩条测试信号为例，给出了亮度信号和色差信号的具体数据和波形。

构成图 2-22(a)标准彩条测试信号的 R、G、B 三基色信号波形，分别如图 2-22(b)、(c)、(d)所示。它们是由脉冲电路产生的三组不同脉宽、相同幅度的方波。将这三种方波信号加至彩色显像管，分别控制彩色显像管的三根电子束，并相应射到红、绿、蓝色荧光粉上，利用人眼空间混色作用，在屏幕上依次显示白、黄、青、绿、紫、红、蓝、黑共 8 种竖条。如果是黑白电视接收机，则只能收看到 8 种灰度等级不同的竖条。

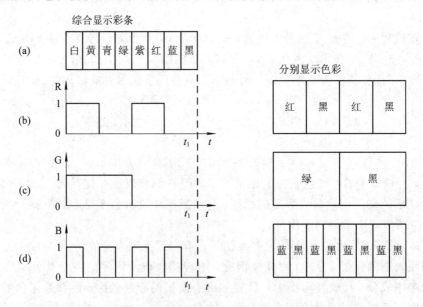

图 2-22　三基色信号波形及其对应的彩条图形

由图 2-22 还可知，显示中的白色，是由于 R＝G＝B＝1，即等量的红、绿、蓝光同时出现，混合为白光；R＝G＝1，而 B＝0，即等量的红、绿光混合为黄色光，所示显示黄条，对于显示的绿色是 R＝0，G＝1，B＝0，显像管 G 电子枪的电子束打在显示屏的绿色荧光粉上，使屏幕发出绿光，此时，红、蓝两电子束截止而不发光。同理，可依次推出其他显示的彩条图形。由于把三基色信号与白条对应的电平定为 1，与黑条对应的电平定为 0，所以，它们是正极性的基色信号。

上述的彩条信号是用电的方法产生、模拟和代替彩色摄像机的光—色转换信号，利用该彩条信号可以对整个电视系统的工作做出定量的分析，特别是对电视接收机的性能指标做出准确的鉴定。所以，它是彩色电视中经常使用的一种测试信号，以利于彩色电视系统调整和测试。

图 2-22 中，与白条对应的各基色信号的电平为 1，是基色的最大值；与黑色对应的各基色信号的电平为 0，是基色的最小值。因此，三基色信号的电平非 0 即 1，由它们配出来的彩条，没有掺白，幅度最大，所以称之为 100％饱和度和 100％幅度的标准彩条，它可用四个数码表示为 100/0/100/0 彩条信号。100/0/100/0 的具体含义为：第一个"100"表示构成白色的各基色的最大值为 100％相对电平值；第一个"0"表示构成黑色的各基色的最小值为 0％相对电平值；第二个"100"表示构成彩色的各基色的最大值为 100％相对电平值；第二个"0"表示构成彩色的各基色的最小值为 0％相对电平值。由于这种彩条信号波形简单，便于使用，因此被广泛用于彩色电视设备的生产和科研中。在后面研究色差、色度信号时，我们就以这种规格的彩条信号作为标准信号。

由于电视台送出的彩色信号是两个色差信号和一个亮度信号，所以可根据以上 100/0/100/0 标准彩条信号的规定，利用亮度方程算出各种色调彩条信号的 Y、R－Y、B－Y 电平值。例如：在彩条中，黄色彩条对应的数据 R＝G＝1，B＝0，算得

$$Y = 0.30 \times 1 + 0.59 \times 1 + 0.11 \times 0 = 0.89$$
$$R - Y = 0.11$$
$$B - Y = -0.89$$

同理，可算出彩条中其余各色调的亮度、色差与色度电平值，计算结果列入表 2-3 中。

表 2-3　100/0/100/0 标准彩条信号

	U_R	U_G	U_B	U_{R-Y}	U_{B-Y}	U_Y
白	1	1	1	0	0	1
黄	1	1	0	0.11	−0.89	0.89
青	0	1	1	−0.70	0.30	0.70
绿	0	1	0	−0.59	−0.59	0.59
紫	1	0	1	0.59	0.59	0.41
红	1	0	0	0.70	−0.30	0.30
蓝	0	0	1	−0.11	0.89	0.11
黑	0	0	0	0	0	0

根据表 2-3 可画出相应的亮度信号与色差信号波形图，如图 2-23 所示。

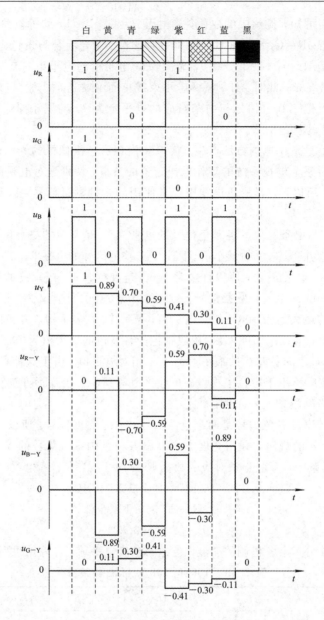

图 2-23　亮度信号与色差信号波形

　　由图 2-23 可见，彩条信号的亮度级别是递减的，但非等级差，它是一个含有直流分量的正极性亮度信号，而色差信号却是交流信号。

2.6.4　色度信号的编码

　　本小节主要讨论色差信号的频带压缩以及频谱间置等内容。

1. 频带压缩

　　选用亮度信号 Y 和两色差信号 R－Y、B－Y 作为彩色电视信号传送，如果不加任何限制和处理的话，则彩色电视信号总的频带依然过宽，技术上还是难以实现，所以必须压缩彩色电视信号的频带宽度。彩色电视的图像清晰度是由亮度信号的带宽来保证的，且为了达到兼容，此亮度信号必须与黑白电视信号保持一致的带宽（即 0～6 MHz），所以彩色电视信号中的亮度信号不能压缩，必须保持原有的 6 MHz 带宽。

实验表明，人眼对彩色的分辨能力比对亮度的分辨能力低得多。若人眼对与其相隔一定距离的黑白相间的条纹刚能分辨出黑白差别，则把黑白相间条纹换成不同颜色相间的条纹后，就不易分辨出来了。因此，彩色电视系统在传送彩色图像时，细节部分可以只传送黑白图像，而不传送彩色信息，这就是压缩色度信号并节省传输频带的依据。

根据人眼对彩色细节的分辨能力远比对亮度细节的分辨能力低得多的这一特点，可将彩色信号的频带加以压缩，不必传送色度信号的高频分量。色度信号的高频分量可由亮度信号来代替，重现的彩色图像效果能够满足人眼的视觉要求。我国彩色电视系统在传送彩色图像时规定：将色度信号带宽由 0～6 MHz 压缩到 0～1.3 MHz。

2. 频谱间置

1）亮度信号的频谱分析

亮度信号本来是非周期性的，但由于电视图像信号采用了周期性扫描，使得视频信号具有一定的周期性。

实际上，电视传送的图像亮度信号是各种各样的，波形也各不相同，可用图 2-24 画出的活动图像信号的频谱来表示。这些谱线群也可用 $mf_H \pm nf_V$ 表示，这里的 m 和 n 为包括零在内的正整数。

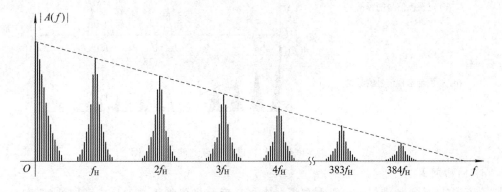

图 2-24　活动图像信号的频谱

由图 2-24 可知，各主谱线簇间存在很大空隙，间隔为 $f_H = 15.625$ kHz。研究表明，由于图像在垂直方向变化较慢，因此，主谱线两侧的边频数 n 一般不超过 20，如以 $n = 20$，$f_V = 50$ Hz 来计算，则每组谱线所占频宽约为 $2\Delta f = 2 \times 20 \times 50 = 2$ kHz，其空隙达主谱线间距的 $(15625 - 2000)/15625 = 87.2\%$，而且随着主谱波次数越高，幅度衰减越快，所以空隙也越大。对于动作快的图像，空隙要小一些，但在整个频谱中还有很大区域是没有图像信息的。图像信号频谱实际上是呈梳齿状的离散谱，在相邻两组谱线间存在相当大的空隙，所以我们可以将色度信号安插在这些空隙之间。m 的取值由电视传输系统的视频带宽所决定，例如，按我国的电视标准，m 的最大取值为 6 MHz/15625 Hz = 384。

严格来讲，在隔行扫描的情况下，若考虑到奇、偶两场信号的差异，则图像信号的重复频率就为帧频。因此，离散谱线将以帧频为间隔。

总之，从电视图像亮度信号的频谱分析来看，其能量主要分布在以行频及其各次谐波频率为中心的较窄范围内，余下较大的空隙可用来传送彩色信息。这就为在不扩展传输频带的情况下实现彩色电视信号的传送提供了理论依据。

2）色差信号的频谱分析

由于色差信号和亮度信号一样都是由三基色信号产生，并按同一扫描方式进行传送的，因此色差信号具有和亮度信号相同的频谱结构，只不过色差信号的频带宽度已被压缩到 1.3 MHz 以下而已。色差信号的频谱也可用 $mf_H \pm nf_V$ 表示，按我国的电视标准，则 m 的最大取值为 1.3 MHz/15625 Hz＝83，如图 2-25(a) 所示。

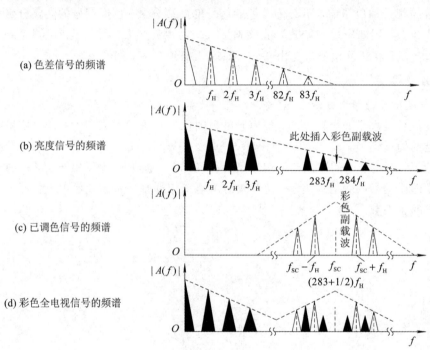

(a) 色差信号的频谱

(b) 亮度信号的频谱

(c) 已调色信号的频谱

(d) 彩色全电视信号的频谱

图 2-25　亮度信号与色度信号频谱间置示意图

3）频谱间置

色差信号虽经频带压缩，但它在频域中与亮度信号仍是重叠的，若不加处理而直接混合传送的话，接收端是无法将它们分开的。解决问题的办法之一是移频，即通过调制的方法将色差信号的频谱移到亮度信号的频谱中间，实现色差信号的频谱与亮度信号的频谱交错。

亮度信号的频谱显示，其能量一般集中在低频段附近。为了减少色度信号对亮度信号的影响，可借助副载波频率 f_{SC} 把色度信号安插在亮度信号的频谱的高频段，并把 f_{SC} 选择在亮度信号主谱线的空隙中间，也就是 $f_{SC}=(2n-1)f_H/2$，即半行频的奇数倍。图 2-25(c) 中的副载波频率 f_{SC} 正好是行频 f_H 的 283.5 倍。因此，正好通过幅度调制，将色差信号的频谱搬到亮度频谱间隔的中央（当然，这并非唯一选择，只要将已调的色差信号频谱安插在亮度主谱线间隙中间即可）。这样就实现了色差信号的频谱与亮度信号的频谱间置，就好像农作物的间种法一样，互相错开排列，使色度信号频谱与亮度信号频谱互不干扰，且在频带内各占有一定的能量，这就是频谱间置原理。图 2-25(d) 画出了色度信号与亮度信号叠加形成的频谱间置示意图。采用频谱间置的方法，既达到了兼容制的目的，也便于接收机根据其频谱分量的不同，分别取出各自所需的信号。

3. 彩色电视制式

前面我们已介绍过的频谱间置概念，仅是对一个色差信号进行调制的情况，而实际上有两个色差信号要同时传送，才能构成完整的彩色视频信号。怎样实现两个色差信号的频谱间置？于是，世界各国和地区就产生了十几种不同的实现方法，最著名的就是 NTSC、PAL 和 SECAM 三大彩色电视广播制式。

NTSC、PAL 和 SECAM 这三种制式，都是把图像信号编码成一个亮度信号 Y 和两个色差信号 B−Y、R−Y 来传送，它们的主要区别在于两个色差信号对色副载波的调制方式不同。

NTSC 制最早是由美国在 20 世纪 50 年代采用的一种正交平衡调幅制。我国目前使用的 PAL 制就是在 NTSC 制的基础上作了改进形成的一种制式。法国、东欧和前苏联使用的 SECAM 也是针对 NTSC 制的不足而改进形成的又一制式，它采用调频的方式。

下面，仅讨论 NTSC 制的正交平衡调制原理。

NTSC 制色差信号的正交平衡调幅制的方框图如图 2−26 所示。它是由两个平衡调幅器、副载波 90°移相器和线性相加器等部分组成的。

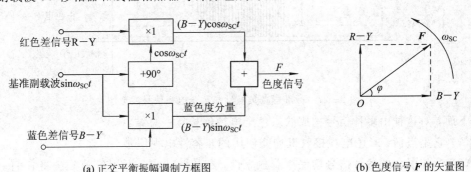

(a) 正交平衡振幅调制方框图　　　　　　　　(b) 色度信号 F 的矢量图

图 2−26　正交平衡调制原理

由图 2−26(a)可知，两个调制器分别输出的信号是红色度分量 $(R−Y)\cos\omega_{sc}t$ 与蓝色度分量 $(B−Y)\sin\omega_{sc}t$，它们相互正交，相加后的信号称作色度信号 F，显然色度信号是两个已调色差信号即两个色度分量的矢量和。图 2−26(b)画出了色度信号 F 的矢量图，图中对角线的长度代表色度信号 F 的幅值，而 φ 是 F 的相角，其矢量式为

$$F=(R−Y)+(B−Y)=|\,F\,|\angle\varphi$$
$$|\,F\,|=\sqrt{(R−Y)^2+(B−Y)^2}$$
$$\varphi=\arctan\frac{R−Y}{B−Y}$$

由上式可知，彩色图像的色度信息全部包含在色度信号的振幅与相角之中，因为振幅 $|F|$ 取决于色度信号的幅值，因此，它决定了所传送彩色的饱和度，而相角 φ 取决于色差信号的相对比值，因而它决定了彩色的色调，这就是说，色度信号既是一个调幅波，又是一个调相波，色饱和度是利用已调副载波的幅值来传送的。

4. 彩色视频信号波形实例

彩色全电视信号是一种典型的彩色视频信号，它除含有与黑白电视相同的亮度、复合同步、复合消隐及均衡脉冲外，还含有彩色信号的色度信号与保证彩色稳定的色同步信号。为了实现兼容，我国彩色电视制式中规定，负极性亮度信号仍以扫描同步电平最高，为 100%，黑色电平即消隐电平为 72.5%～77.5%，白色电平为 10%～12.5%。色度信号电平叠加在亮度信号电平上，它们叠加后的复合信号波形，与扫描所需的行、场同步信号，色同步信号以及消隐信号共同构成了彩色全电视信号（即 FBAS）。图 2-27 给出了由 100/0/100/0 标准彩条的负极性亮度信号与已压缩的色度信号叠加构成的彩色全电视信号波形图。

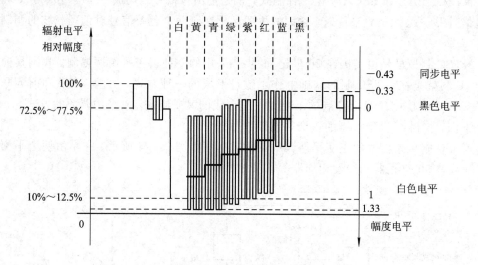

图 2-27 标准彩条负极性彩色全电视信号波形图

下面，对这种由多种信号构成的彩色全电视信号作一总结：

（1）它是黑白、彩色电视接收机均能使用的兼容性电视信号。

（2）参与混合的各种信号均保持着独立性，在接收机中，可用各种方法将它们一一分离。因为，色度与亮度信号在时域重叠而在频域交错，色度与色同步在频域重叠而在时域交错；扫描用的同步与消隐信号在频域、时域均重叠，但在所处电平高低上有所区别，它们与图像信号在频域交错，互不干扰。

（3）对静止图像而言，其电视信号以帧为重复周期，其场间、行间相关性也较大；对活动图像而言，则可说是帧间、行间相关性较大的非周期信号，但其同步与消隐信号仍是周期的。

（4）它是视频单极性信号，其总频带宽度为 0～6 MHz。

习　题　2

一、填空题

1. 波长在_____ nm 范围内的电磁波能够使人眼产生颜色感觉，称为_____。

2. 人眼最敏感的光波长为_____ nm，颜色是_____。

3. 光通量是按人眼的光感觉来度量的辐射功率，用符号_____表示。其单位名称为_____。

4. 光照度 E，单位为_____，符号为_____。

5. 人眼的亮度感觉总是_____于实际亮度的，这一特性称为_____。

6. 视力正常的人视觉暂留时间约为_____s。

7. 不引起闪烁感觉的最低重复频率称为_____。

8. PAL 制彩色电视的白光标准光源是温度达_____的 D_{65} 光源。

9. 当两种颜色混合得到白色时，这两种颜色称为_____。

10. 在水平偏转线圈所产生的_____磁场作用下，电子束沿着_____方向扫描，叫做行扫描。

11. 色饱和度和色调合称为_____。

12. 饱和度与彩色光中的_____比例有关，_____比例越大，饱和度越低。

13. 黑白视频信号的幅度按标准规定是：同步信号电平为 100%，黑电平为_____，白电平为_____。

二、选择题

1. NTSC 亮度方程的公式是（　　）。

A. Y=0.3R+0.59G+0.11B　　　　B. Y=0.59R+0.3G+0.11B

C. Y=0.59R+0.11G+0.3B　　　　D. Y = R+G+B

2. 彩色三要素是（　　）。

A. 红、绿、蓝　　　　　　　　　B. 亮度、色调和饱和度

C. 色调、色度和色温　　　　　　D. Y、R−Y、G−Y

3. 两种颜色互为补色的是（　　）。

A. 红、绿　　　　B. 紫、青　　　　C. 黄、蓝　　　　D. 黑、白

4. 下列波长的电磁波不能够使人眼产生颜色感觉的是（　　）。

A. 480 nm　　　　B. 550 nm　　　　C. 680 nm　　　　D. 940 nm

5. 光源的色温单位是（　　）。

A. 勒克斯　　　　B. 华氏度　　　　C. 开氏度　　　　D. 摄氏度

6. 光照度为 10^{-1} 勒相当于（　　）。

A. 晴天　　　　　B. 多云　　　　　C. 月光　　　　　D. 黑夜

7. 我国电视标准规定，行扫描频率 f_H 是（　　）。

A. 625 Hz　　　　B. 15 625 Hz　　　C. 50 Hz　　　　D. 31 250 Hz

8. 我国电视标准规定，场同步脉冲的周期是（　　）。

A. 2 ms　　　　　B. 10 ms　　　　C. 20 ms　　　　D. 64 μs

9. 保证场同步期间行扫描稳定的是（　　）。

A. 场同步脉冲　　　B. 行同步脉冲　　　C. 开槽脉冲　　　D. 消隐脉冲

10. 在彩色电视中，选用的三基色是（　　）。

A. 红、绿、蓝　　　B. 紫、青、黄　　　C. 紫、绿、蓝　　　D. 红、绿、黄

三、判断题

1. 当光谱的波长由 380 nm 向 780 nm 变化时，人眼的颜色感觉依次是红、橙、黄、绿、青、蓝、紫 7 色。　　　　　　　　　　　　　　　　　　　　　　　（　　）

2. 任一种基色都可以由其他两种基色混合得到。 （   ）

3. E 光源是一种假想光源，实际并不存在。 （   ）

4. 临界闪烁频率只与光脉冲亮度有关，与其他因素无关。 （   ）

5. 分辨力的定义是眼睛对被观察物上相邻两点之间能分辨的最小距离所对应的视角 θ 的倒数。 （   ）

6. 宇航员杨利伟在绕地球飞行的卫星上可以用肉眼看见长城。 （   ）

7. 红、绿、蓝三色相加得到白色，所以它们是互补色。 （   ）

8. 信号电平与图像亮度成反比的图像信号称为负极性图像信号。 （   ）

9. γ 失真是由 CRT 显像管特性决定的，几乎所有的 CRT 显像管都存在。 （   ）

10. 色温并非光源本身的实际温度，而是用来表征其光谱特性的参量。 （   ）

11. 绝对黑体(也称全辐射体)是既不反射也不透射而完全吸收入射辐射的物体。 （   ）

12. 隔行扫描要求每帧的扫描行数必须是偶数。 （   ）

四、问答题

1. 人眼所看到的物体的颜色与哪些因素有关？当标准白光源照射某物体，人们看它呈黄色；若改用纯蓝光照射，它呈何色？

2. 当用红光源照明时，白纸、红纸、绿纸各呈什么颜色？戴上绿色眼镜再看呢？

3. 三基色原理的主要内容是什么？

4. 隔行扫描是如何进行扫描的？采用隔行扫描有什么优点？我国广播电视扫描参数有哪些？

5. 黑白视频信号由哪些信号组成？各有什么作用？规定的参数值是多少？

6. 何谓电视系统图像分解力？垂直分解力与水平分解力分别取决于什么？

7. 亮度、色差与基色三种信号之间有何种关系？为什么彩色电视系统中不选用基色信号而选用色差信号作为传输信号？

8. 亮度方程式中，各符号前的系数各表示什么意义？

9. 什么是大面积着色原理？什么叫频谱间置原理？

10. 什么是空间频率？

五、计算题

1. 已知三基色信号 R、G、B 的相对电平分别为 1、0.5、0.4，试求出混合后亮度信号的相对电平值。

2. 已知某像素的亮度信号 Y = 0.7 V，其色差信号 R−Y = −0.7 V，B−Y = 0.3 V，试求出其三基色信号电平值，并大致判明该像素的色调和饱和度。

3. 试用代入法证明：色差信号 R−Y、B−Y、G−Y 中有一个不是独立的。

4. 某电视系统的幅型比为 16∶9，每帧扫描行数为 819 行，采用 2∶1 隔行扫描，场频为 60 Hz，$\alpha=20\%$，$\beta=10\%$。试求：

(1) 该系统的垂直分解力 M；

(2) 水平分解力 N；

(3) 视频信号频带宽度 B_w。

第 3 章　阴极射线管显示技术

阴极射线管(CRT)显示技术,是实现最早、应用最为广泛的一种显示技术。它具有技术成熟、图像色彩丰富、还原性好、彩色全、清晰度高、成本较低和丰富的几何失真调整能力等优点,主要应用于电视、计算机显示器、工业监视器、投影仪等终端显示设备。

本章首先介绍阴极射线管的结构,然后介绍 CRT 光栅显示器的组成特点,最后分析阴极射线管显示器的驱动控制电路。

3.1　阴　极　射　线　管

阴极射线管(Cathode Ray Tube,CRT)的各项性能对整机的结构及电路的影响是很大的。简单地说,阴极射线管即显像管的大小决定了显示器整机的体积和重量。例如,扫描光栅的组成、通道增益、偏转电流和显示器的功率消耗等,都是根据显像管的要求而定的。还有,显像管的质量好坏也影响着显示图像质量(清晰度、对比度、亮度等)的高低。本节主要介绍阴极射线管的结构及其典型控制电路。

3.1.1　黑白 CRT

1. 黑白 CRT 的结构

黑白显像管由三部分组成,即玻璃外壳、电子枪和荧光屏。它是电真空器件,能承受高压并防爆裂。黑白显像管的具体结构如图 3-1 所示。

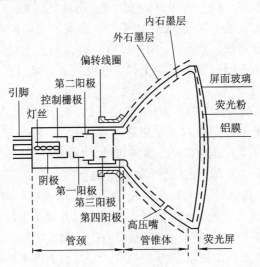

图 3-1　黑白显像管结构示意图

1）玻璃外壳

玻璃外壳包括管颈、管锥体和屏面玻璃三部分。

在显像管玻璃外壳管锥体部分的内外壁上分别涂有石墨导电层，从而形成一个以玻璃为介质，以内外壁石墨层为两个极片的电容器（电容量约为 1000 pF）。这个电容器可作为第二、四高压阳极的滤波电容，因而在高压供电电路中不必另接高压滤波电容。

在管锥体部分装有高压嘴，它与显像管的内部高压阳极相连，作为高压供电端。内壁石墨层与高压阳极相连，形成一个等电位空间，以保证电子束流高速运动。外壁石墨层通过金属隔离皮与电视机中的地相接，以防止管外电磁场的干扰。管颈直径应适宜。

2）电子枪

电子枪通常由灯丝与阴极、控制栅极、加速阳极、聚焦阳极和高压阳极等组成高压阳极插座安装在管锥体上，其余各电极均在管颈末端用金属引脚引出。

电子枪用来发射密度可调的电子流，通过聚焦和加速，形成截面积很小、速度很高的电子束，该电子束在偏转线圈形成的行、场偏转磁场作用下实现全屏幕的扫描光栅，所以，电子枪是显像管的心脏。显像管电气性能的好坏，即形成的光栅和图像的好坏主要取决于电子枪的好坏。

（1）阴极。阴极（用字母 K 表示）的外形是一个圆筒，顶部涂有能发射电子的氧化物，圆筒里面装有加热用的灯丝（用字母 F 表示）。当灯丝通电后，阴极就被加热，向外发射电子，称为热电子发射。要调整好灯丝的电压和电流，使阴极在可靠的状态下工作。通常灯丝电压为交流 6.3 V（或直流 12 V，对小尺寸的显像管而言），电流 0.6 A（或 85 mA），其电压变化应小于 10%。如电压过高，会使显像管在使用一段时间后受到损坏，亮度急剧下降；如电压过低，灯丝热度不够，会导致阴极中毒，即阴极发射的电子数量不足使阴极长期处于疲劳状态。

（2）控制栅极。阴极外面有一个中心开有小孔的金属圆筒，就是控制栅极（用字母 G 或 M 表示）。改变控制栅极与阴极间的电压，便可以控制电子束流的大小。对阴极而言，栅极上加有直流负压，一般在 $-80 \sim -20$ V 左右。栅、阴负压越大，对电子束的阻碍就越大，则电子束流就越小；反之，电子束流就越大。这样，在荧光屏上的对应光点就会发生暗明变化。如果将视频信号加至栅、阴极间，则扫描电子束流的大小就随图像电平的起伏而变化，从而在屏幕上显示出不同灰度层次的图像。电视机通常通过固定栅极（即栅极接地）、改变阴极电位来调节亮度。

（3）加速阳极。加速阳极也叫第一阳极（用字母 A_1 表示）。其外形像中间开孔的圆盘。对栅极而言，加有一个正 100 V 左右甚至更高的直流电压，在与阴极形成的电场作用下，把电子从阴极表面吸出来，向屏幕方向作加速运动。有两种情况要注意：电压过高会造成亮度失调（即亮度调不暗），并产生回扫线；电压过低会使显像管不能发光。

（4）高压阳极。第二阳极（A_2）和第四阳极（A_4）相接形成高压阳极，为金属圆筒形。该阳极将进一步加速电子轰击荧光屏，而且与管锥体内壁石墨导电层相连，形成一个均匀的等电位空间，保证电子束进入管锥体空间后能径直地飞向荧光屏，不会产生杂乱的偏离或散焦。一般黑白显像管的高压阳极电压为 $9 \sim 16$ kV。阳极高压不能偏低，否则电子束轰击荧光屏的速度将减慢，光栅亮度会变暗。另外，由于电子束的偏转角与高压成反比，在同样的偏转磁场作用下，阳极高压偏低，电子束的偏转将加大，从而出现光栅变大、中心变暗等现象。

（5）聚焦阳极。聚焦阳极也叫第三阳极（用字母 A_3 表示），处在第二阳极和第四阳极之间，为金属圆筒形。在显像管中，因电子枪各阳极电压不同而形成的电子透镜完成聚焦作用。由第二阳极和第三阳极形成预聚焦透镜，由第三阳极和第四阳极形成聚焦透镜，从而使电子束流会聚成一点。改变聚焦电极上的电压，使电子束的聚焦点正好落在荧光屏上，从而得到最清晰的图像。黑白电视机中常用一个电位器来调整聚焦电压，其范围为 $0\sim400$ V。由此可知，阳极高压对聚焦透镜的形成起着关键作用，如果阳极高压偏低，就会使电子透镜聚焦能力降低，出现散焦（图像模糊）。采用四阳极电子枪的显像管具有良好的聚焦，且聚焦电压较宽，因此常用固定电压聚焦，不需要调整。

3）荧光屏

荧光屏由屏面玻璃、荧光粉层和铝膜三部分组成。

在显像管屏幕内的玻璃表面上，沉积了一层厚度约为 10 μm 的荧光粉。荧光粉层外面又蒸镀了一层厚度约为 1 μm 的铝膜。铝膜与内石墨层相连，加有高压。铝膜可以加速电子束，又可以保护荧光粉，使其不受离子冲击而损伤形成离子斑（离子因质量大、速度慢而穿不过铝膜）。此外，铝膜还可以将荧光粉发出的光线向管外反射，有利于提高屏幕的高度。

荧光屏的发光亮度除了与荧光粉材料有关外，还与电子束流的大小和速度有关，而栅负压和高压的大小对电子束流的大小和速度有很大影响。通常黑白电视机是通过改变栅阴电压的方法来调节亮度的。一般显像管要求把电子束流限制在 150 μA 以下。如果电子束流太大，有可能使荧光屏上的荧光粉局部过热而降低发光能力。

2. 黑白显像管的调制特性

在前面介绍显像管各部分的过程中大致涉及了显像管的成像过程。我们知道，当灯丝发热时，阴极发射电子束流，此时如在栅、阴极间叠加图像信号，那么电子束流的大小就随图像信号电压的变化而变化，通过加速、聚焦，并在行、场偏转线圈的作用下，高速打在整个荧光屏上，这样屏上各点就呈现不同的灰度，从而重现原来的图像。

可以看出，荧光屏上形成图像的各点的灰度由栅阴电流的大小决定，而阴极电流的变化受栅阴电压的调制。我们把栅阴电压 u_{gk} 对阴极电流 i_k 的控制关系称为显像管的调制特性。对调制特性的讨论，会使我们对显像管的工作过程有更进一步的认识，并对显像管的工作原理有更深的理解。下面讨论显像管的调制特性。

1）调制特性曲线

图 3-2 所示为栅阴电压 u_{gk} 和阴极电流 i_k 的关系曲线，叫做调制特性曲线。该特性曲线可由下式给出：

$$i_k = k(u_{gk} - u_{gk0})\gamma$$

式中：k 是比例系数，与电极的特性和构造等因素有关；γ 是非线性系数，其数值大小因管子而异，取值为 $2\sim3$；u_{gk0} 是栅极截止电压，即显像管阴极电流 $i_k=0$ 时的栅极负压。

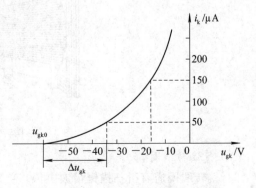

图 3-2　黑白显像管调制特性曲线

2）最大调制量的概念

最大调制量的定义：显像管荧光屏上从不发光(阴极电流为零)到出现标准亮度的光栅(阴极电流为 50 μA)时栅阴电压的变化量，用公式表示为

$$\Delta u_{gk} = |\, u_{gk0}\, | - |\, u_{gk50}\, |$$

式中，u_{gk50} 为 $i_k = 50$ μA 时的栅阴电压值。如果 Δu_{gk} 值小，说明 u_{gk} 只有一个较小的变化，或显像管阴极输入一个幅度较小的视频信号，便能在荧光屏上获得较大的亮度或对比度的变化。这就是说 i_k 能较快地从 0 μA 升至 50 μA，表明显像管的灵敏度高。所以，最大调制量越小，显像管灵敏度越高，反之则越低。

从调制特性曲线图形上看，栅阴电压越负，阴极电流就越小，则荧光屏亮度越暗，反之，亮度越高。当负极性图像信号从阴极输入时，原图像较暗部分对应的较高图像信号电平就会抬高阴极电平使得栅阴电压越负，这样，显像管重现的图像是正确的。另外，阴极电流 i_k 不应超过 150 μA(负电压约为 -20 V)，否则，阴极电流过大，会烧坏荧光粉层。

3）γ 失真

一般来说，显像亮度与阴极电流呈线性关系，然而非线性的调制特性曲线会使重现的图像明暗失调，引起灰度失真，也称 γ 失真。γ 失真是由显像管特性决定的，几乎所有的显像管都存在。所以，系统都必须对 γ 失真进行校正。

3. 偏转线圈

偏转线圈是扫描输出电路的负载，由它控制电子束偏转完成扫描。偏转线圈套在显像管管颈与锥体相接处。

1）偏转线圈的构造

偏转线圈主要由磁环、一组场偏转线圈、一组行偏转线圈和一个中心位置调节器等四部分组成。其结构示意图如图 3-3 所示。其中，场、行偏转线圈各自由两个线包串联或并联相接而成；两组偏转线圈互相垂直放置，以产生水平与垂直偏转磁场；场偏转用环形线圈，行偏转用马鞍形(或称喇叭形)线圈。

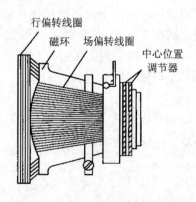

图 3-3 偏转线圈结构示意图

2）行偏转线圈

行偏转线圈通有行扫描锯齿波电流，产生在垂直方向的线性变化磁场，使电子束作水平方向扫描，如图 3-4 所示。

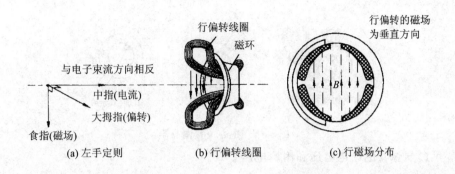

图 3-4　行偏转线圈及其所产生的磁场

电子束的偏转方向由左手定则规定：将左手的大姆指、食指、中指互相垂直。若使中指指向电流方向（与电子束流的方向相反），食指指向磁场方向，这时大姆指就指向电子束的偏转方向。

磁场的方向由右手螺旋定则规定：将右手的大姆指与其他四指互相垂直，用四指握住螺旋管（即偏转线圈），四指顺着电流方向，那么大姆指所指即为磁场方向。

3）场偏转线圈

场偏转线圈通有场扫描锯齿波电流，产生在水平方向线性变化的磁场，使电子束作垂直方向扫描，如图 3-5 所示。其电子束的偏转方向也用左手定则规定。

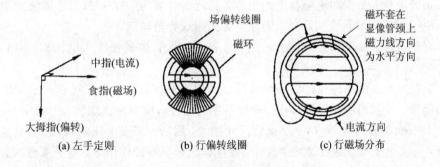

图 3-5　场偏转线圈及其所产生的磁场

显然，流过偏转线圈的电流越大，电子束流偏转的角度也越大，光栅幅度就越大。在行、场扫描共同作用下，荧火屏呈现一幅矩形光栅。

4）中心位置调节器

当偏转线圈不加电流时，电子束不受偏转，应落在屏幕的中心点上，但是由于客观原因（电子枪的构造、安装误差等），电子枪的轴线与管颈轴线会不完全重合；偏转线圈在管颈上位置不合适，也会使电子束不打在荧光屏的正中心，造成光栅偏移。为了克服这个缺点，就在偏转线圈后边加了两个带磁性的中心位置调节片，其构造如图 3-6 所示。

从图 3-6 中的磁场分布可以看出，当改变两磁性圈片之间的夹角时，可改变附加固定磁场的强弱和方向，从而使光栅中心在一定范围内上、下、左、右移动，达到中心位置调节的目的。中心位置调节器实际上是加了一个可以调节大小与方向的静磁场，在这一磁场作用下，使电子束产生固定的偏转，直至使光栅中心与荧光屏中心点重合。

附加磁场任意　　　　　附加磁场最大　　　　　附加磁场=0

图 3-6　中心位置调节器

4. 黑白显像管的馈电电压和附属电路

黑白显像管的馈电电路是使显像管能产生光栅并能正常显示图像的基本电路，附属电路是能改善显像管图像显示质量的辅助电路。

1）黑白显像管的馈电电压

为使显像管正常工作，出现扫描光栅，就必须由外围电路给显像管各电极提供符合各自参数要求的电压。除栅极接地外，其他各电极都须加上额定工作电压，可分为灯丝电压、阴栅电压、加速电压、聚焦电压和阳极高压。

（1）灯丝电压：交流 6.3 V 或直流 12 V，其作用是加热阴极，使之发射出自由电子。

（2）阴栅电压：当栅极接地时，阴极上所加的电压。在无视频信号输入时，加上约 50 V 电压就可使显像管显现出相当亮度的光栅；改变阴栅电压值，就会改变光栅亮度。如再叠加上视频信号，则可控制电子束流的强弱，从而显示出图像。

（3）加速电压：加在加速阳极上的电压，其范围一般为 100～500 V。若无此电压或电压不足，电子束流将截止或变小，从而导致无光栅或光栅暗淡。

（4）聚焦电压：加在聚焦阳极上的电压。各个显像管的最佳聚焦电压都不相同，一般为 0～400 V。

（5）阳极高压：由高压包提供经半波整流的阳极高压，通过高压嘴送入显像管内的第二、第四阳极，并利用显像管锥体内、外壁石墨层的分布电容来实现滤波。对 16 英寸的显像管而言，阳极高压约需 14 kV。显像管尺寸越大，则所需阳极电压越高。阳极高压不能过低，否则，会使电子束流速度减慢，这样，在同样偏转磁场的作用下，电子束流的偏转角度将增加，会使图像尺寸扩大，同时亮度也会变暗。

2）黑白显像管的附属电路

黑白显像管的附属电路有亮度调节电路、对比度调节电路和关机亮点消除电路等。

（1）亮度调节电路和对比度调节电路。黑白显像管的亮度调节是通过调节栅阴电压来实现的。由前面黑白显像管的调制特性曲线分析得知，改变栅阴电压也就改变了亮度的大小，所以，黑白显像管的亮度决定于栅极和阴极的电位差。

一般情况下，都是将栅极接地。亮度调节电路实际上是通过调节加在阴极的直流电压，以改变电子束流的大小来进行亮度调节的。

如图 3-7 所示，视频信号通过隔直电容 C_3 接到显像管阴极，栅极接地固定为零电位，则阴极对栅极的正电位是从直流 100 V 经 R_4、R_{W2}、R_5 分压取得的。调节电位器 R_{W2}，可使阴极电压发生变化，相应地，电子束电流也发生变化，就能控制显像管的亮度。例如，R_{W2} 中心点向左移动时，A 点电位降低，B 点电位降低，阴极电位降低，使得栅阴电位差 $|U_{gk}|$ 下降，根据显像管的调制特性曲线，电子束电流 i_k 增大，亮度增加。

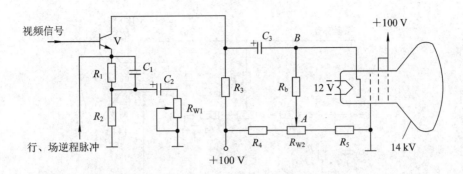

图 3-7　亮度调节电路和对比度调节电路

在图 3-7 中还看到，视放管 V 的发射极设置有对比度调节电路，R_{W1} 是进行对比度调节的电位器。调整对比度就是调整视放管 V 对图像信号电压的放大倍数，即图像信号电压的幅度。在黑白电视机中，一般是通过调整视放级对视频信号电压的交流负反馈量，以改变视放管增益来实现对比度调节的。在电路中，C_2 容值较大，对交流信号可视为短路，R_3 是视放管 V 的集电极负载电阻，其视放电路的电压增益 $A_u \approx R_3/R_e$，而 $R_e = R_1 // X_{C_1} + R_2 // R_{W1}$。所以调节 R_{W1} 大小，可改变 R_e 大小，从而改变 A_u 大小，达到对比度调节的目的。其中 C_2 起到隔直作用，以保证在调整对比度时不改变视放管的直流工作点。

（2）关机亮点消除电路。当电视机关机时，其瞬间在荧光屏中心产生一个亮点，经过几秒甚至几十秒才逐渐消失。若亮点长时间在屏幕中心停留，将会使屏幕中心的荧光粉过热损坏而形成黑斑，影响正常观看。

产生关机亮点的原因是，关机后，由于灯丝的热惰性，阴极温度不能骤降，仍然会继续发射电子。而关机后阴极电压降低，栅阴电位差减小，则栅负压不足以截止电子束流向荧光屏运动。此时，显像管锥体内、外壁石墨层形成的高压滤波电容上充的阳极高压还存在，因此，还能对电子束流产生加速作用，使其向荧光屏运动。行、场扫描电路关机后立即停止工作，致使无偏转的电子束流持续轰击荧光屏中心。

为此，需设置关机亮点消除电路，通过消除上述产生关机亮点的原因来达到免除荧光屏受损的目的。常用的关机亮点消除电路有两类：电子束流截止型和高压泄放型。下面仅分析电子束流截止型关机亮点消除电路。

电子束流截止型电路的工作原理是，在关机后，保留一个较高的栅阴电压 $|U_{gk}|$，使电子束流截止，即在栅极接地的情况下，阴极保持一定时间的高电位，直到阴极冷却为止。这样，关机后荧光屏上就不会出现亮点。

电子束流截止型关机亮点消除电路如图 3-8 所示。R_1、R_W、R_2、R_3 组成亮度控制电路。C_1、R_4、V_D 组成的就是电子束流截止型关机亮点消除电路，其中 C_1 为消亮点电容，R_4 为 V_D 的限流电阻，阻值较大，为 1 MΩ 以上，V_D 为消亮点二极管，开机时导通，关机时截止。

开机后，显像管附属电路正常工作，+100 V 电压经 R_4 使 V_D 正偏导通，栅极近似为地电位。同时，+100 V 电压通过 V_D 使电容 C_1 充电到接近+100 V，给亮度调节电路提供正电压。电视机关机后，+100 V 电压立即消失，二极管 V_D 截止，但 C_1 两端电压不能突变，则 C_1 通过放电回路放电，即 $C_1 \rightarrow R_1 \rightarrow R_W \rightarrow R_3 \rightarrow$ 阴极 → 栅极 → C_1 负极。C_1 对阴、栅极放电，而使阴、栅之间保持较高的栅阴电压 $|U_{gk}|$，约 1 分钟后才消失，就消除了关机亮点。

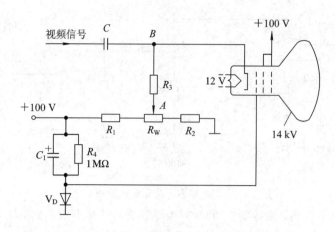

图 3-8 电子束流截止型关机亮点消除电路

电子束流截止型电路因简单且性能较好而获得广泛应用，但阳极高压残留时间较长，使得维护人员须谨防电击造成伤害。其防护办法是用绝缘良好的螺丝刀将高压帽连接高压嘴的金属片簧对地短路放电，再动手检修。

3.1.2 彩色 CRT

彩色 CRT 与黑白 CRT 的工作原理基本相同，但在结构上有很大的差异，主要区别是彩色显像管有 3 个阴极和 3 个栅极，它们的阴栅电压分别受 3 种控制信号控制，且由 3 个阴极分别发出的三束电子流轰击相应的 3 种不同的荧光粉，根据空间混色原理呈现出彩色图像。若从一束电子流轰击屏幕的过程观察彩色显像管，则它与黑白显像管就没有多大区别，仅呈现出单基色图像。因此可以这么想象，彩色显像管可看做是由 3 个黑白显像管组合而成的。本小节将简要讨论彩色显像管的结构特点及其附属电路。

1. 彩色显像管的分类及特点

彩色显像管是重现彩色图像的关键器件。随着显示技术的发展，彩色显像管也由过去的普通彩色显像管、平面直角彩色显像管发展到大屏幕彩电普遍使用的超平超黑彩色显像管以及纯平彩色显像管。彩色显像管的种类较多，从结构上划分，主要有三枪三束荫罩管、单枪三束栅网管和自会聚管 3 种类型。三枪三束荫罩管是 20 世纪 50 年代发明的第一代彩色显像管，其图像显示效果较好，但结构很复杂，制造精度要求很高，会聚调整相当繁琐，除了在少数高清晰度电视和彩色监视器上还使用外，一般的彩电已不使用这种显像管了。单枪三束栅网管是 20 世纪 60 年代研制出的电子束一字形排列的第二代彩色显像管，其特点是简化了会聚电路，动会聚调节器由原来的 13 个减少为 3 个，但仍然较复杂，生产与维修都不太方便。自会聚管是 1972 年由美国 RCA 公司在单枪三束管基础上研制成功的新一代彩色显像管，它对显像管内部电极作了改造，并将特殊设计的偏转线圈与显像管固定在一起，在实现电子束偏转的同时，自动实现会聚。这种显像管大大简化了会聚的调整，方便了生产和维修。截至 2010 年，几乎所有 CRT 显示器都采用自会聚彩色显像管。

1）三枪三束荫罩管

三枪三束荫罩管的管颈部装有 3 个独立的电子枪，沿显像管轴线排成"品"字形，彼此相隔 120°。同时为了使电子束能在显像管荧光屏上会聚，3 个电子枪均与管轴倾斜约 1.5°

的角度。3 个电子枪产生的电子束强弱分别受基色信号控制，且用同一组行、场偏转系统来使它们偏转。

显像管屏上的荧光粉点由红、绿、蓝 3 种荧光粉质点组成，按红、绿、蓝 3 个一组呈"品"字形排列，每一组构成一个像素。整个屏幕大约有 44 万个像素，因此共需要 132 万个荧光粉质点，它们很小且相互紧靠。这样，人们在一定距离观看时就将每组荧光粉点看成一种与组成该像素三基色信号比例有关的色调，即产生空间混色效果，从而在荧光屏上看到绚丽多彩的图像画面。

要正确地重现彩色图像，3 个电子枪发射的电子束必须只击中各自对应的荧光粉点，为此在荧光屏前面约 1 cm 处安装了称为荫罩板的金属网孔板荫罩，板上约有 44 万个小圆孔，每一个小圆孔准确地对应一组三色点。3 个电子枪射出的电子束正好在荫罩板上的小圆孔中相交，并同时穿过小圆孔后分别轰击在各自对应的荧光粉点上，如图 3-9 所示。

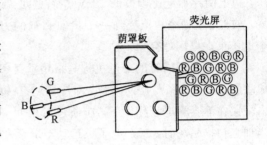

图 3-9　荫罩管示意图

3 个电子束在扫描时，也应严格地打在对应的荧光粉点上，就要求 3 个电子枪产生的电子束在任何位置都必须聚集通过同一荫罩孔，这就是电子束的会聚。由于三枪三束荫罩管的电子枪是按"品"字形排列的，不处于同一平面，同时显像管屏面也不是球面，因此造成该类彩管的会聚调整相当复杂。

三枪三束荫罩管的特点是：有 3 个独立的电子枪，每个电子枪都有单独的灯丝、阴极、控制栅极和加速极，而聚焦极和阳极高压则是公用的。

2）单枪三束栅网管

单枪三束栅网管由一支电子枪来产生 3 个电子束，其结构如图 3-10 所示。它具有 3

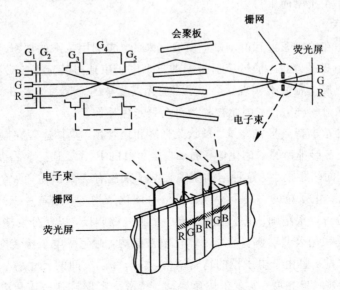

图 3-10　单枪三束栅网管工作原理

个独立的阴极，而其余各电极都是公用的。3 个阴极呈"一"字形直线排列，一般产生绿电子束的阴极居中，产生红、蓝电子束的阴极位于两侧。控制栅极 G_1 也排成一条直线，有 3 个孔，分别位于 3 个阴极发射表面；同时，加速极 G_2 上也有相应的 3 个小孔，以便让电子束通过。控制栅极 G_1 一般接地，基色信号加在 3 个阴极上去控制电子束，阴栅间截止电压为 80～120 V。加速极 G_2 上加有 400 V 左右的电压，G_3 和阳极 G_5 接在一起加阳极高压，聚焦极 G_4 加 0～500 V 电压，调节 G_4 极电压，可调节电子束聚焦。

阳极高压后面有一组静会聚板，它由 4 片金属片组成。中间两片加上与阳极相同的电压，边上两片加上比阳极低 1 kV 左右的可调节的电压。这样在左右会聚板之间产生静电场，使红、蓝两个边束受到一个指向管轴的力，向中间绿束靠近，调节静会聚电压可使 3 个电子束在栅网处会聚。

单枪三束栅网管的分色机构是采用垂直条缝的栅网，荧光屏上的三基色荧光粉也是涂成垂直条状，粉条与栅网平行，对应栅缝有一组红、绿、蓝粉条。在没加扫描磁场时，3 个电子束在静会聚电场作用下，应通过最中间一条栅缝，分别打在最中间一组荧光粉条上。当加上扫描磁场时，三个电子束运动至屏幕左右两侧，仍需加动会聚调节，才能使三个电子束会聚通过同一栅缝打在相应的荧光粉条上。

单枪三束栅网管与三枪三束荫罩管相比，具有这样几个优点：

（1）电子束直径大。在显像管管颈直径一样的情况下，单枪三束栅网管的电子枪直径比三枪三束荫罩管大两倍以上，大口径电子枪构成的电子透镜几何光学成像误差小些，从而改善了聚焦质量，提高了图像的清晰度。

（2）电子透射率高。单枪三束栅网管采用条状栅网代替了小圆孔荫罩板，使其电子透射率较荫罩管提高了 30%，从而大大提高了屏幕亮度。

（3）动会聚校正简单。由于单枪三束栅网管的电子枪产生的三个电子束在水平面上呈"一"字形排列，且中心电子束与显像管轴线重合，因此垂直方向的光栅几乎无动态误差，因而动会聚误差校正就简单得多。

3）自会聚管

自会聚管是在单枪三束管的基础上发展起来的。它利用特殊的精密环形偏转线圈配合以显像管内部电极的改进，使一字形排列的三个电子束通过特定形式分布的偏转磁场后，便能在整个荧光屏上很好地实现动会聚，因而无需复杂的会聚系统及其调整，其安装使用几乎与黑白显像管一样方便，因此被称为自会聚彩色显像管。

自会聚管的基本特点是自会聚、条状荧光屏和短管颈，具体体现在以下几点：

（1）精密一字形排列的一体化电子枪。自会聚管的 R、G、B 三个阴极在水平方向呈一字形排列，彼此的间距很小。这种结构使中心电子束没有会聚误差，两个边束的会聚误差也比较容易校正。电子枪的另一个特点是三枪一体化结构，采用单片三孔栅极，使三个电子束之间的定位可以很精确。电子枪除了有 3 个独立的阴极，以便分别输入三基色信号外，其他各电极都是采用公共引脚。这种一体化精密结构，避免了电子枪装配过程中工艺误差对会聚的不利影响，且由于电子枪的精密结构，灯丝和阴极间的尺寸缩小了，因此加热快，一般 5 s 内就能显示出亮度，实现了快速启动。精密一字形排列一体化电子枪的结构如图 3-11(a)所示。

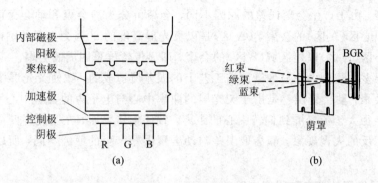

图 3-11　自会聚管的精密一字形排列一体化电子枪结构

（2）槽孔状荫罩板与条状荧光屏。为了克服单枪三束管栅网结构不牢固的缺点，采用了开槽式荫罩板，增加了机械强度和抗热变形性能。荫罩板中的长形小槽孔是品字形错开排列的，荧光屏上的三基色荧光粉也是做成与小槽相同的形状且与小槽相对应平行排列着，如图 3-11(b)所示。

（3）黑底技术。为了提高彩色显像管的对比度，自会聚管都做成黑底管，即在荧光粉没有涂布的空隙处涂上黑色材料，吸收管内或管外射入的杂散光，以提高图像的对比度。采用黑底技术后，电子束截面积可以大于荧光粉的截面积，这样荧罩槽孔可开大些，从而增加了电子流透过率，这样比非黑底管增加了 30% 的图像亮度。

（4）不需要会聚电路。显像管的会聚误差完全是各电子束相对于管轴的几何位置不同而造成的。为减少会聚误差，自会聚管在设计时应尽量缩减 3 个电子束与管轴之间的距离，让最有影响的一个电子束与管轴重合。由于一字形排列使两个边束的会聚误差分布规律比较简单，这就给省去会聚电路奠定了良好的基础。另外还采取了如下措施：一是采用精密绕制的动会聚校正型偏转线圈，它的垂直偏转磁场为桶形，水平偏转磁场为枕形；二是在电子枪上增设了磁增强器和磁分路器磁片，以调整中束和边束的电子偏转灵敏度，这样，就可以省去复杂的会聚电路和繁琐的调节过程。

2. 彩色显像管的色纯度与会聚

1）色纯度的概念

色纯度是指单色光栅纯净的程度，就是要求红、绿、蓝三支电子束只分别激发与其对应的红、绿、蓝三种荧光粉，而不触及其他荧光粉。也就是说，当绿束和蓝束截止时，要求只出现纯红色的光栅；当红束和绿束截止时，要求只出现纯蓝色光栅；当红束和蓝束截止时，则只出现纯绿色光栅，否则，就叫做色纯度不良。造成色纯度不良的原因，有显像管在制造过程中的工艺误差，也有生产彩色电视机时作业要求不严格，致使色纯度调整工作的精度不够，或生产过程中受到杂散磁场的影响，当然彩色显像管还会受地球磁场的影响等等。

对杂散磁场所造成的色纯度不良，可利用人工消磁法去掉残磁。对于显像管生产过程中工艺误差造成的色纯度不良，通常是依靠转动色纯度环（又称色纯度磁铁）获得校正。

2）会聚的概念

将三个电子束会合在一起，使它们分别同时击中荧光屏上任何同一组三基色荧光粉的方法称为会聚。由于产生会聚误差的原因不同，会聚可分为静会聚和动会聚两种。静会聚是指荧光屏中心区（A 区）的会聚，（A 区）是以荧光屏高度的 80％为直径的圆内面积；动会聚指屏幕中心区（A 区）以外区域（B 区）的会聚，即显像管屏幕四周的会聚。

静会聚误差往往是由于显像管制造工艺上的误差所造成的，致使荧光屏中心区域无法获得良好的会聚；动会聚误差是由于荧光屏的曲率中心与电子束的偏转中心不重合，即荧光屏的曲率半径大于荧光屏到偏转中心的距离，致使偏转之后，在荧光屏四周边缘出现与电子枪排列相反的失聚现象。静会聚误差与动会聚误差产生的原因不同，所以校正的方法也不相同。

3. 彩色显像管的馈电和附属电路

为了保证彩色显像管能够正常工作，在电视机中设有显像管馈电电路和附属电路。显像管馈电电路是保证显像管能够产生光栅并完成显示图像的基本电路；显像管附属电路则是为提高显像管图像质量的辅助电路。

1）彩色显像管馈电电路

彩色显像管是电真空器件，为使其正常工作，出现扫描光栅，必须由外围电路给其各电极提供额定工作电压。彩色显像管各电极所需电压的大小和种类基本相似，一般可分为灯丝电压、阴栅电压、加速极电压、聚焦极电压及阳极高压等，以上电压均由行输出变压器经整流提供。图 3-12 给出了彩色显像管馈电电路的示意图。

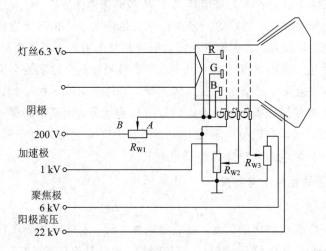

图 3-12　彩色显像管馈电电路示意图

图 3-12 中，彩色显像管的栅极 G_1 接地，灯丝电压为 6.3 V，三个阴栅电压分别为 U_{krg}、U_{kbg}、U_{kgg}，G_2 为加速极，G_3 为聚焦极。

要使彩色显像管屏幕能正常发亮，出现光栅，外围馈电电路必须向彩色显像管提供四组电压：第一组，6.3 V 灯丝电压。彩色电视机的灯丝电压与黑白电视机一样，也是为阴极表面发射电子提供热源。该电压是取自行输出变压器的某一绕组，由于电压频率为行频 15 625 Hz，所以用普通万用表所测得的数值误差很大。业余条件下只要能观察到显像管灯丝的暗红光，即可认为灯丝电压基本正常。若无灯丝电压或灯丝电压过低，则荧光屏是不会发光的。第二组，加速极 G_2 电压。对于不同类型的彩色显像管，其加速极电压值略有差异，其电压值一般为 300～800 V。必须注意的是，在典型的工作条件下，加速极电压升高，荧光屏变亮；加速极电压降低，荧光屏变暗。加速极电压过高时，还会出现回扫线，造成对图像的干扰；而加速极电压过低时，荧光屏将变黑，造成无光栅。图中加速极 G_2 可通过 R_{W2} 电位器进行调整。第三组，阴栅电压 U_{kg}。彩色显像管有 3 个阴极，它们分别接上红、绿、蓝 3 个基色信号，通过调节阴栅电压，实现对电子束轰击荧光屏强弱的控制。一般彩色显像管阴栅电压 U_{kg} 的正常工作范围为 90～170 V，当 U_{kg} 电压变高时，阴极发射的电子束射至荧光屏的电子数量少，荧光屏暗；反之，U_{kg} 电压变低时，荧光屏亮。图中 R_{W1} 滑至 B 点附近时，荧光屏暗；滑向 A 点时，荧光屏亮。第四组，阳极高压。一般彩色显像管所需的阳极高压在 22～28 kV 之间，大屏幕彩电甚至可达 30 kV 以上，业余条件下一般无法对它进行直接定量测量，但可以间接估测，估测对象有灯丝电压、加速极电压、视放级工作电压等。由于它们都是取自同一个变压器——行输出变压器，因此，只要上述电压是正常的，则基本上可判断阳极高压也是正常的。

图 3-12 中，显像管的聚焦极 G_3 通常在 3000～8000 V 之间，调节电位器 R_{W3}，可使电子束轰击屏幕的孔径最小，这时对应的 R_{W3} 所调整的电压为最佳聚焦电压。显像管聚焦极电压通常只影响图像的清晰度，一般不会影响荧光屏的亮暗。

2）自动消磁电路

在彩色显像管内部，电子束的运动轨迹是经过精确设计的。但是显像管在工作时，电子束运动轨迹常常由于杂散磁场（如地磁场等）的影响而受到干扰，产生失聚和出现杂色现象。为了防止地磁场和显像管内外的杂散磁场对显像管内电子束的偏转产生影响，从而使会聚和色纯度不良，通常彩色显像管在锥体的外部设有磁屏蔽罩。但是这个磁屏蔽罩本身和电视机外部的防爆环及内部的一些铁制构件（如荫罩、栅网等），在使用中也会由于外部和内部磁场的作用，产生剩磁并积累增加，这同样会严重影响显像管的会聚和色纯度，因此，必须对显像管及其周围的铁制构件进行消磁。

图 3-13(a) 是一种自动消磁电路（ADC），它是由消磁线圈 L 和具有正温度系数的热敏电阻 R_1 组成的。刚开机时，由于热敏电阻 R_1 在冷态时电阻很小，所以消磁线圈中的交变电流很大，从而产生一个很大的磁场。同时，这个很大的交变电流在电阻 R_1 上产生焦耳热，使 R_1 的电阻急剧上升，导致消磁线圈 L 中的电流相应减小，最后趋向于零，从而达到消磁的目的。

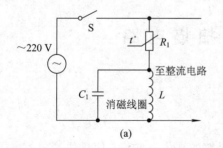
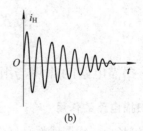

图 3-13　自动消磁电路

通过消磁线圈的电流 i_H 如图 3-13(b) 所示，它将产生一个迅速衰减的交变磁场，使荫罩板沿着由大到小的磁滞回线反复磁化。经过若干个周期后，随着磁场强度逐渐减为零，其剩磁也为零。

3.2　光栅显示器的组成

CRT 光栅显示器主要由行扫描电路、场扫描电路、视频放大器等电路以及 CRT(偏转线圈)组成。图 3-14 给出了 CRT 光栅显示器的组成方框图。

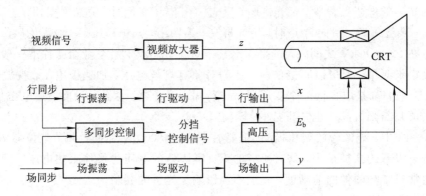

图 3-14　CRT 光栅显示器的组成方框图

行扫描电路由行振荡、行驱动和行输出三部分组成;场扫描电路也包括场振荡、场驱动和场输出三部分。它们分别接收显示控制器送来的行、场同步信号。行、场振荡器在同步信号控制下产生各自的扫描信号,经驱动级放大和输出级进一步功率放大后,推动偏转线圈产生水平、垂直扫描磁场,从而驱使电子束作偏转扫描运动。

在低、中档监视器中通常利用行扫描逆程脉冲产生高压供 CRT 加速阳极使用;同时也产生中压,供聚焦电极、第一加速阳极(或称为预加速极)和调制极(也叫控制极)使用;有的设备中 CRT 的灯丝电压也从这里取得。高档监视器为了使高压更加稳定,往往采用独立高压电源,一般情况下是利用行扫描频率将低压直流电源逆变成高频交流电源,然后再升压、整流以获取高压和各种中压。

输入的视频信号经视频放大器加到 CRT 的阴栅之间,用来控制电子束的强弱。行、场同步信号是用来保证行、场扫描电路稳定可靠工作的。

下面几节将分别对图 3-14 中光栅显示器的各单元电路进行分析。

3.3　场 扫 描 电 路

3.3.1　场扫描电路的作用与组成

1. 场扫描电路的作用

(1) 供给场偏转线圈线性良好、幅度足够的锯齿波电流,使显像管中的电子束在垂直方向作匀速扫描。

(2) 提供场消隐信号给显像管,以消除逆程时电子束回扫时产生的回扫线。

2. 场扫描电路的组成

场扫描电路包含场振荡级、场驱动级和场输出级(场线性补偿)三大部分,如图 3-15

所示。

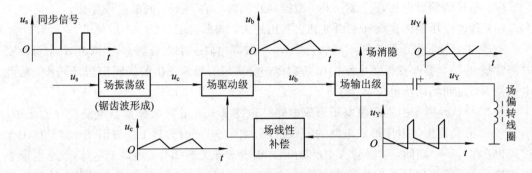

图 3 - 15　场扫描电路的组成

　　场振荡级包含矩形脉冲波振荡器和锯齿波形成两部分电路。场振荡级产生一个脉宽和周期符合场扫描要求的矩形脉冲波，这个矩形脉冲波再通过 RC 积分电路后形成场锯齿波。

　　场驱动级主要用来对场振荡器输出的锯齿波进行放大，它位于场振荡级与场输出级之间，还起缓冲隔离作用。

　　场输出级是锯齿波的功率放大级，它给场偏转线圈提供线性良好、幅度足够的锯齿波电流。为保证场扫描线性良好，应给场输出级和锯齿波形成之间引入场线性补偿电路。

3.3.2　场振荡级与场驱动级

1. 场振荡级

　　现代的 CRT 显示器场扫描电路普遍采用集成电路多谐振荡器产生 50 Hz 左右的场频脉冲信号，这里主要从原理角度介绍由分立元件组成的场振荡器。分立元件场振荡器多采用如图 3 - 16 所示的间歇振荡器，它包括场振荡管，脉冲变压器，基极偏置电阻 R_{b1}、R_{b2}、R_W，基极电容 C_b，保护二极管 V_D 和发射极电阻 R_e，电容 C_e。其中 R_e、C_e 也是锯齿波形成电路，R_W 是场频电位器。由于工作频率较低，脉冲变压器铁芯可采用坡莫合

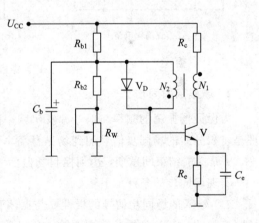

图 3 - 16　间歇振荡器

金或高硅钢片组成，N_1 与 N_2 为初、次级线圈匝数，其匝数比在 1∶2 或 1∶3 之间。图上变压器线圈的黑点为初、次级的同名端。

　　间歇振荡器产生的矩形脉冲振荡周期分为脉冲前沿、平顶、脉冲后沿与间歇四个阶段。由于变压器耦合形成正反馈，前沿与后沿的时间很短，可以忽略；在场扫描电路中，平顶阶段是场扫描的逆程时间，约为 1 ms，间歇阶段是场扫描正程时间，约为 19 ms，因此场振荡的周期基本上决定于间歇时间。

　　决定场振荡周期的因素有：

　　(1) 基极电路 R_b、C_b 的时间常数。间歇时间基本上由 R_b、C_b 的放电快慢来决定。R_b、

C_b 越少，间歇时间越短，故 R_b、C_b 又称为振荡电路的定时元件。

(2) 基极的偏置电压 U_b。对 NPN 型振荡管而言，U_b 越高，间歇阶段越短。

(3) 脉冲变压器的次级和初级变比。变比越大，间歇阶段越长。

上述三个因素中前两个影响较大，故 R_b 一般都串联一个电位器 R_w。调节 R_w，可改变时间常数和 U_b，即改变振荡电路的振荡频率，使其与信号源发出的场同步信号同步，故此电位器 R_w 也叫场同步电位器。

图 3-17(a) 所示的锯齿波电压形成电路是由图 3-16 的间歇振荡器电路简化而来的。图 3-17(b) 是锯齿波电压形成电路的等效电路，图 3-16(c) 为其工作波形图。其具体工作过程为：在 $t_1 \sim t_2$ 期间，三极管 V 饱和导通，相当于开关 S 闭合，电源 U_{CC} 对 C_e 充电形成锯齿波的上升沿，这是场扫描的逆程阶段；$t_2 \sim t_3$ 期间，三极管 V 截止，相当于开关 S 断开，C_e 向 R_e 放电，形成锯齿波的下降沿，这是场扫描的正程阶段。由于在场扫描的正程阶段，其锯齿波电压是下降的，故形成的锯齿波为负向锯齿波。

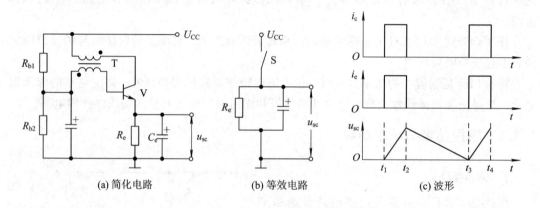

(a) 简化电路　　　　　　　(b) 等效电路　　　　　　　(c) 波形

图 3-17　锯齿波电压形成电路

2. 场振荡的同步

为保证场振荡的频率与信号源发出频率同步，必须引入场同步信号。实现场同步的原理是将积分后的场同步信号加到场振荡管 V 的基极，让振荡管基极电压提前到达导通电平，从而提前结束间歇期，达到控制场振荡频率的目的。

实现场同步的条件如下：

(1) 输入的场同步信号的极性要与振荡管类型相匹配。NPN 型振荡管要输入正极性的场同步脉冲，PNP 型振荡管则要输入负极性的场同步脉冲。

(2) 场振荡管的周期 T_0 要大于场同步信号的周期 T_V。如果场振荡周期短于场同步信号的周期，则在场同步信号尚未到来时，振荡管已结束了间歇阶段，场同步信号不能改变其振荡状态，这时画面将不断向下滚动，只有人工调节场同步电位器降低振荡频率，才能实现场同步信号同步。

(3) 场同步信号的幅度要足够大，如幅度过小，也不能实现同步。

3. 场驱动级

场驱动级的作用是把锯齿波适当放大，以满足场输出级对输入信号幅度的要求。同时场驱动级还起着一个中间隔离的作用(缓冲作用)。如果把锯齿波形成电路直接与场输出级相接，由于场输出级的输入电阻不高，它将使锯齿波形成级的放电时间常数缩短，影响锯齿波波形。对振荡级来说，如果它直接向场输出级供给信号，则它的振荡就易受场输出端的影响而造成振荡的不稳定。因此，通常用一级驱动级插在场振荡级和场输出级中间。场驱动级的电路与普通的低频放大器相同，这里就不作详细介绍了。

3.3.3　场输出级

场输出级的作用是向场偏转线圈提供线性良好、幅度足够的锯齿波电流。电流的幅度由偏转线圈要求决定，通常在零点几安培(30 cm/12 英寸)至几安培(59 cm/22 英寸)之间。它的输入来自场驱动级，也是锯齿波。因此，场输出级是一个低频功率放大器，它的电流、电压幅度都比较大。14 英寸以下小屏幕的显示器场输出级多采用扼流圈耦合的甲类放大电路，而大屏幕 CRT 显示器则多采用 OTL 场输出放大电路。图 3 - 18 就是一种典型的 OTL 场输出放大电路。

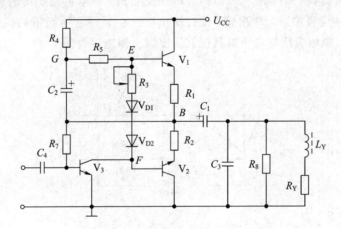

图 3 - 18　OTL 场输出放大电路

在图 3 - 18 的电路中，V_1、V_2 是一对互补对称管，工作于甲乙类状态。静态时，$U_B = U_{CC}/2$。C_2 为自举电容，使 G 和 E 点的电位跟随 B 点变化，以增大 V_1 的动态范围，防止大信号输入时可能产生的非线性失真。C_3 用来旁路可能窜入的行脉冲信号，并与 R_8 一起消除可能产生的高频振荡。

由于 OTL 两管工作在甲乙类推挽工作状态，静态电流小，所以效率高；它可以不用扼流圈，使体积和成本都下降；逆程产生的感应电压相对较低，一般只有 $1.5U_{CC}$ 左右，管子的 BV_{ceo} 可小些，故该电路得到广泛的应用。和普通的音频功率放大 OTL 电路比较，场输出 OTL 电路中对输出管 V_1、V_2 的耐压要求还是要高得多，所以作为 OTL 场输出中用到的晶体管都是大功率的低频放大管。它们的线性和两管对称性也要考虑，通常都加一些反馈电路，以改善扫描电流的波形，并降低对 V_1、V_2 管在这方面的要求。

场扫描也可能产生非线性失真，其原因大致有这样几种情况：

(1) RC 电路形成锯齿波时产生失真。

(2) 场输出管非线性引起失真。

(3) 扼流线圈的分流引起失真。

(4) 耦合电容引起失真。

对于场扫描电路的非线性失真通常可以采用积分电路和负反馈电路来进行补偿。

3.4　行 扫 描 电 路

3.4.1　行扫描电路的作用与组成

1. 行扫描电路的作用

（1）供给行偏转线圈以线性良好、幅度足够的锯齿波电流，使电子束在水平方向作匀速扫描。行锯齿波电流的周期、频率应符合行扫描的要求，且能与信号源提供的行同步信号同步。下面以我国模拟电视系统为例进行说明。电视接收机理想的行锯齿波电流的周期 $T_H = 64~\mu s$，其中行正程时间 $T_s = 52~\mu s$，逆程时间 $T_r = 12~\mu s$，如图 3－19 所示。

（2）给显像管提供行消隐信号，以消除电子束回扫时产生的回扫线的影响。

（3）用行脉冲信号控制行输出管，使行输出级产生显像管所必需的供电电压，包括阳极高压，加速极、聚焦极所需电压以及视放输出级所需电源电压。

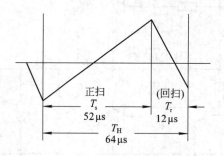

图 3－19　行锯齿波电流

2. 行扫描电路的组成

通常，行扫描电路由行 AFC（自动频率控制）、行振荡、行激励、行输出以及高、中压形成电路等几部分组成。其组成原理图如图 3－20 所示。

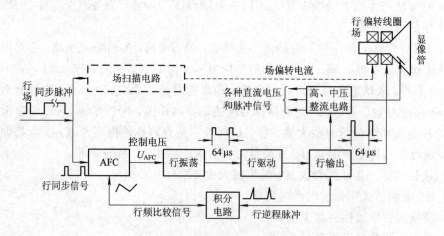

图 3－20　行扫描电路的组成原理图

行振荡级主要用来产生行输出级需要的矩形脉冲电压，行驱动级将此矩形脉冲放大。行输出级在行驱动输出的脉冲电压控制下，主要用来为行偏转线圈提供线性良好的行锯齿波电流，并在行逆程（回扫）期间为行输出变压器提供很高的反峰脉冲电压。行 AFC 电路是实现行扫描同步的电路。这里采用间接同步的方法，把行输出的信号与外来的同步信号相比较，由行 AFC 电路比较行输出信号与同步分离电路产生的行同步信号，根据两者的相位差输出一个误差信号电压，加到行振荡电路，间接地控制行振荡器的频率和相位，从而达到同步的目的，且能大大提高电路的抗干扰能力。

3.4.2　行振荡级与行驱动级

1. 行振荡级

行振荡级的任务是产生矩形脉冲波。这个脉冲波的周期、脉冲宽度以及幅度应满足一定的标准。行振荡器应是一种压控振荡器（VCO），其振荡频率和相位受 AFC 电路输出的控制电压的影响。行扫描电路普遍采用集成电路多谐振荡器产生行频脉冲信号，在这里我们主要从原理角度介绍由分立元件组成的行振荡器。在分立元件电路中，应用最多的是电感三点式行振荡电路，如图 3 - 21（a）所示，它属于一种变形的电感三点式间歇振荡器。

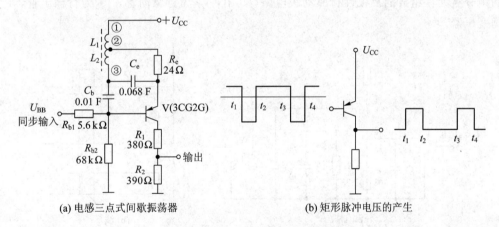

(a) 电感三点式间歇振荡器　　　　　(b) 矩形脉冲电压的产生

图 3 - 21　电感三点式行振荡电路

图 3 - 21（a）所示的行振荡电路由振荡管 V，自耦式振荡线圈和基极电阻 R_{b1}、R_{b2}，电容 C_b，发射极电阻 R_e，电容 C_e 及集电极负载 R_1、R_2 等组成。其中，振荡线圈绕在塑料骨架上，有两组线圈 L_1 与 L_2，L_1 与 L_2 的匝数比为 1 : 3 或 1 : 2，骨架中有一个铁淦氧磁芯，磁芯可调出或调入，以改变振荡频率。图 3 - 20（b）所示的是其波形图。

2. 行驱动级

行驱动级的作用是把水平振荡器送来的脉冲电压进行功率放大并整形，用以控制行输出级，使行输出管工作在开关状态。

行输出管导通时，要求工作于充分饱和状态，这就要求驱动级给输出管提供过激励基极电流 i_{b+}，一般设计为 $i_{b+} > \dfrac{2I_{CP}}{\beta}$（$I_{CP}$ 为流过行输出管集电极的最大电流）。采用过激励的原因是为了提高状态的转换速度，以便得到速度更快的脉冲响应。如果基极 i_b 不足，则行输出管将工作于浅饱和状态，使管耗增大，扫描线性变坏。

行输出管从饱和变为截止的下降时间应尽量短,要求在 1 ns 以下。这时即使 $i_b=0$,由于输出管饱和时晶体管的基极、集电极积累了过多的电荷,i_c 不会立即为零,而是按指数规律下降。当输出管一旦进入截止状态,就会在行偏转圈两端感应出很高的逆程反峰电压。为使输出管由饱和迅速转变为截止状态,即 i_c 迅速降为零,应使基极 i_b 反向,即在晶体管的发射结加上反偏压,且要求 $|i_b| \geqslant \dfrac{3I_{CP}}{\beta}$,反向电流越大,截止所需时间越短。但要注意,反偏压不能超过行输出管发射结的击穿电压值,否则将损坏输出管。

当行输出管导通时,如果输入激励电流不足,将会使逆程脉冲前沿变缓且变形,扫描锯齿波电流亦减少且失真。

行驱动管一般是按开关方式工作的,它对行输出管的激励方式有两种:同极性激励和反极性激励。在行输出管导通时,行驱动管也导通;行输出管截止时,行驱动管也截止。这种工作方式叫同极性激励。在这种工作方式中,当行驱动级的电流截止时,由于激励变压器的初、次级电路都开路,因此在激励变压器中将感应很高的反电动势,这个反电动势容易使输出管的发射结击穿。反极性激励方式在行输出管导通时,行驱动管截止;行输出管截止时,行驱动管导通。反极性激励方式的优点较多,应用比较广泛。图 3 - 22 就是一种典型的由分立元件组成的反极性行驱动级电路,其中,V_1 为行驱动管,V_2 为行输出管,T 为激励变压器。

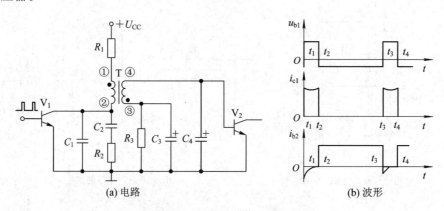

图 3 - 22　反极性行驱动级工作电路

3.4.3　行输出级

行输出级工作在高电压、大电流状态下,其功率消耗较大,甚至可达到整机功率消耗的一半。行输出级的作用是向行偏转线圈提供线性良好、幅度足够、周期符合扫描要求的锯齿波电流,使显像管中的电子束作水平扫描。

1. 行输出级典型电路

典型的阻尼式行输出管的原理电路如图 3 - 23(a)所示。由行驱动级送来的脉冲电压经激励变压器 T_1 送行输出管 V_1 的基极,行输出管 V_1 工作在开关状态,行偏转线圈 L_Y 及回扫变压器 T_2(又称为逆程变压器)均作为行输出级负载。C_S 是 S 形校正电容,C 为逆程电容。图中:V_{D2} 是高压整流管;V_{D1} 为阻尼二极管,是特制的专用管,不同于一般的普通二极管,它的开关特性好,反向击穿电压相当高,一般为 1000~1500 V,在电路中起开关作用,同时也对偏转线圈与逆程电容之间(因电磁场能交换所引起)的自由振荡起阻尼作用。由图 3-23(a)可见,电源 U_{cc} 对校正电容 C_s 充电,使 C_s 两端总保持有上正下负、数值为 U_{cc} 的电压。为分析方便起见,我们可将 C_s 等效成数值为 U_{cc} 的电源串入偏转支路,这对分析输出级工作原理并无影响;逆程变压器 T_2 的初级电感量远比行偏转线圈 L_Y 的电感量大,故其等效阻抗极大,分析时可不考虑它的影响;行输出管 V_1、阻尼二极管 V_{D1} 均工作在开关状态,可用开关 S_{V1}、$S_{V_{D1}}$ 等效之;由于行频较高,行偏转线圈的直流电阻与偏转线圈的感抗相比可以忽略不计,所以,偏转线圈可等效为一电感 L_Y。故我们可将图 3-23(a)中所示的电路等效为图 3-23(b)。

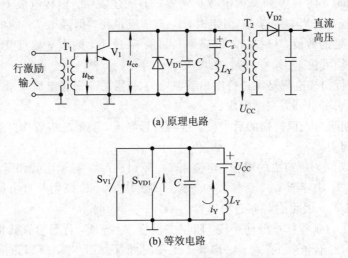

(a) 原理电路

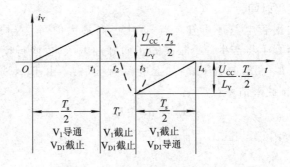

(b) 等效电路

图 3-23　阻尼式行输出级典型电路

行输出级在矩形脉冲的激励下,会在偏转线圈中产生锯齿波电流 i_Y,其波形如前图 3-19 所示。图 3-24 所示是一个周期的行输出级偏转电流波形。

图 3-24　行输出级偏转电流波形

由图 3-24 可知,锯齿波电流 i_Y 由三部分组成:

在 $0\sim t_1$ 期间,行输出管的导通电流形成扫描正程右半段,当忽略回路中的损耗(包括偏转线圈的损耗及 V_1 的导通内阻)时,锯齿波电流 i_Y 近似为线性增长,其大小为

$$i_Y \approx \frac{U_{CC}}{L_Y} \cdot t$$

在 $t_1\sim t_3$ 期间,行输出管 V_1 与阻尼二极管 V_{D1} 均截止,L_Y 与 C 发生电场能与磁场能交换,产生半周期自由振荡,形成了逆程期扫描电流。逆程时间 T_r 恰等于由 $L_Y C$ 组成的

自由振荡的 1/2 周期，改变自由振荡的周期，就可以改变逆程时间 T_r 的长短，使其符合扫描逆程时间宽度的要求。逆程时间 T_r 的具体计算公式为

$$T_r = \frac{T}{2} = \pi \sqrt{L_Y C}$$

式中，T 为自由振荡的周期。由上式可知，改变 L_Y 或 C 均可改变 T_r，一般改变 C 比较方便。调节 C 的大小可改变逆程时间的长短，故 C 称为逆程电容。实际上，公式中的 C 还包括电路中的分布电容、晶体管的输出电容等，但是它们的容量较小。

在 $t_3 \sim t_4$ 期间，阻尼二极管 V_{D1} 开始导通，形成扫描正程左半段。此时，L_Y 中储能通过阻尼二极管放电，使 i_Y 从负最大值减小到零。上式还表明，偏转电流 i_Y 与 U_{CC}、t 成正比，而与 L_Y 成反比。当 U_{CC} 与 L_Y 恒定时，i_Y 与 t 成正比，即通入 L_Y 的电流是线性增长的。i_Y 要达到一定的数值，行扫描才能满幅；如果 i_Y 过小，则水平幅度变窄。通常，增大 U_{CC} 或减小 L_Y，均可使 i_Y 增大，即行幅增大。

综上所述，行扫描电流是流过行输出管电流 i_C 和阻尼二极管电流 i_d 叠加所形成的，基本上是线性的。它可以分为三个阶段：

(1) $0 \sim t_1$ 期间为正程扫描的后半段。行输出管导通，阻尼二极管 V_{D1} 截止，$i_Y = i_c$，电流 i_Y 从零上升到 I_{Ym}。

(2) $t_1 \sim t_3$ 期间为行扫描的逆程，电流由 I_{Ym} 降到 $-I_{Ym}$，行输出管和阻尼二极管 V_{D1} 均截止。逆程时间 T_r 决定于 L_Y、C 参数的选择，即要求 L_Y、C 产生的自由振荡周期的一半等于行逆程时间 T_r，因此把 C 叫逆程电容。

(3) $t_3 \sim t_4$ 为行正程扫描的前半段。阻尼二极管 V_{D1} 导通，行输出管截止，$i_Y = i_d$，电流由 $-I_{Ym}$ 变为零。由于 $0 \sim t_1$ 或 $t_3 \sim t_4$ 均等于正程时间 T_s 的一半，所以正向或反向电流 i_Y 的最大值均为

$$I_{Ym} = \frac{U_{CC}}{L_Y} \cdot \frac{T_s}{2}$$

式中，T_s 为行扫描正程时间。

进一步分析行输出管电路还可知，当 i_Y 从正向最大值 I_{Ym} 很快下降到负向最大值 $-I_{Ym}$ 时，在逆程电容 C 上将产生一个很高的正向脉冲电压(也叫行反峰电压)U_C，这个脉冲电压等于偏转线圈 L_Y 两端的电压 u_Y 加上电源电压 U_{CC}。由于 u_Y 是由 L_Y、C 的自由振荡产生的，于是可以按此来估算：

$$U_C = u_Y + U_{CC}$$

其中，$u_Y = \omega L_Y I_{Ym}$ (其中 $\omega = \dfrac{1}{\sqrt{L_Y C}}$)。所以有

$$U_Y = L_Y I_{Ym} \frac{1}{\sqrt{L_Y C}}$$

将 $T_r = \pi \sqrt{L_Y C}$ 及公式 $I_{Ym} = \dfrac{U_{CC}}{L_Y} \cdot \dfrac{T_s}{2}$ 代入上式有

$$u_Y = U_{CC} \cdot \frac{\pi}{2} \cdot \frac{T_s}{T_r}$$

于是行输出管集电极电压(即行反峰电压)U_C 为

$$U_C = m_Y + U_{CC} = U_{CC} + U_{CC} \cdot \frac{\pi}{2} \cdot \frac{T_s}{T_r} = U_{CC}\left(1 + \frac{\pi}{2} \cdot \frac{T_s}{T_r}\right)$$

从上述行反峰电压 U_C 的公式可见，正程时间 T_s 越长，逆程时间 T_r 越短，电源电压 U_{CC} 越高，则行反峰电压 U_C 电压越高。下面以我国模拟电视系统为例做进一步分析。电视系统的行扫描标准周期为 64 μs，当 $T_r = 12\ \mu s$，$T_s = 52\ \mu s$ 时，行反峰电压 $U_C = 7.8 U_{CC}$。实际上，当不加外来行同步信号时，行扫描周期可能比 64 μs 长，这时，行反峰电压 U_C 可达 $(8 \sim 10) U_{CC}$。这就要求行输出管必须有足够的耐压性能。但另一方面，我们可以利用行反峰脉冲来产生显像管所需要的高压。值得注意的一个问题是，对行驱动脉冲宽度（即行振荡脉冲宽度）必须有要求，即要求行激励脉冲的负向最小宽度不能小于行逆程时间 T_r。如果小于 T_r，则当 u_b 变为正电压时，行输出管导通后因集电极有很高的电压而产生很大的电流，甚至损坏晶体管。为了安全起见，并考虑到可能因打火现象等异常情况而使行输出管过早导通，因此，一般要求行激励脉冲负向宽度为 18～24 μs（至少要大于 16 μs）。

2. 行扫描电路中的非线性失真及其补偿

为了使 CRT 显示器能够不失真地再现图像，要求显示器的行扫描电流为理想的锯齿波形。尤其在正程扫描期间，希望行偏转电流 i_Y 是线性增长的。实际上，行扫描电流的波形失真是不可避免的，因此应了解引起波形失真的原因，并且采取措施进行校正及补偿。

（1）电阻分量引起的波形失真及补偿。扫描电流的非线性在电阻分量上的反映是偏转线圈上的电阻、行输出管的导通电阻以及阻尼二极管导通电阻的存在，使扫描电流不会是理想的线性输出电流，而是按指数规律变化的输出电流。为了补偿这种失真，通常在行偏转线圈电路中串接一个行线性调整线圈 L_T（参见后图 3-26）。

（2）显像管荧光屏曲率引起的非线性失真及补偿。对于显像管荧光屏曲率所引起的非线性失真，可采用 S 校正。由于图像两边扩展相当于扫描线速度较快，因而可以通过减慢偏转电流在行扫描正程期始末两端的增长率来补偿。这时扫描电流呈 S 状曲线。

为了实现 S 形校正，可在行偏转线圈中串接一个电容器 C_s，由 L_Y 和 C_s 构成串联谐振电路，其谐振频率为 $\omega_s = \dfrac{1}{\sqrt{L_Y C_s}}$。由于自由振荡电流具有正弦波形状。若使其频率低于行频，并在行扫描正程内取正弦波的一部分，则偏转电流稍呈 S 波形。这样就能使整个荧光屏上扫描的线速度均匀一致。显然，ω_s 越高，波形变曲程度越大，S 形补偿效果就越显著。一般要根据扫描的失真程度来选择 C_s。例如 C_s 取 0.47～10 μF。

在现代大屏幕显示器中，显像管荧光屏曲率所引起的非线性失真更为突出，仅靠前面介绍的补偿方法已不理想，因此还需设专门的枕形校正电路。

3. 行输出级高压产生电路

由前述可知，在行输出级电路的输出端，可得到一个约 $(8 \sim 10) U_{CC}$ 的脉冲电压，即行逆程脉冲。行逆程脉冲电压的出现有利有弊，其弊是对行输出管、阻尼二极管、逆程电容的耐压值要求较高；其利是将此高压脉冲接到变压器的初级，经升压整流后可获得 CRT 显像管各电极所需的各种高压和中压。行输出级高压电路的关键器件是行输出变压器，又称逆程变压器。行输出变压器的初级称为低压包，专供升压整流用的次级称为高压包。以前，高压包、低压包是分开绕制的，低压、高压包分别绕制在 U 型锰锌铁氧体磁芯的两侧。但由于分布参数以及漏感的影响，会使显示器显示的质量下降，所以现在许多显示器都采用一种新型的逆程变压器，称为一体化多级一次升压式变压器。下面介绍一种一体化结构的三级一次升压式变压器(FBT)。

　　FBT 采用玻璃直接沉积在硅片 PN 结上，绕成玻璃封装高压整流二极管，它体积小、耐压高、热稳定性好，将几个整流二极管分别串行接入分段绕制的行输出变压器高压线圈中，完成多级一次升压功能，如图 3-25(a)所示。图 3-25(b) 是 FBT 的剖面结构图。其次级高压线圈分成 L_I、L_{II}、L_{III} 匝数均相等的三段，它们均为初级线圈数的几倍。高压整流二极管 $V_{D1} \sim V_{D3}$ 与分段次级线圈串接，C_1 为各绕组本身分布电容，C_2 为绕组对地分布电容，每个二极管可看作一个一般的整流二极管，C_1 和 C_2 作为整流后的滤波电容。当初级输入的交流反峰脉冲正脉冲的幅值为 U_i 时，L_I 两端感应的交流反峰脉冲正脉冲的幅值为 nU_i，V_{D1} 将 L_I 上的脉冲整流，由于供电负载较轻，可以认为 A 点整流后的直流电压近似为 nU_i。而 A 点因 C_2 的旁路作用，交流电位为零。同理，B 点直流电位在 A 点的基础上再加一个 nU_i 值，而交流电位仍为零。C 点直流电位为 A 点直流电位的 3 倍，交流电位仍为零。可见，这种升压电路对交流而言均可视为单独的整流器；对直流而言，它们整流后的直流电位相叠加，使最后获得的直流高压 U_H 为 $3nU_i$。如果采用四个整流管便可再升高一个 nU_i。

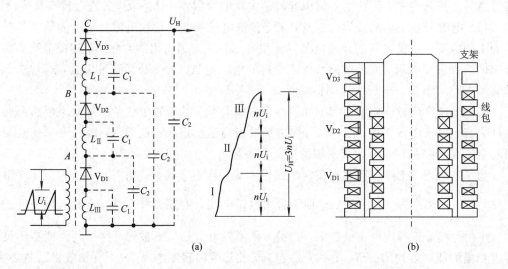

图 3-25　三级一次升压高压整流电路及 FBT 剖面结构图

　　这种整流器不专门加滤波器，由于它利用行频脉冲整流，而行频比市电频率高出 300 倍，因此滤波电容可大为减小，它利用分布电容及显像管内外管壁石墨层之间的电容，就可以满足滤波要求。另外，彩色显像管所需的聚焦电压也很高，约为 4~5 kV，可从变压器 A 或 B 点引出。通常把行输出变压器、多级一次升压变压器及聚焦电位器封装在一起，具有良好的绝缘性能，工作稳定、可靠。

4. 行输出电路实例

　　图 3-26 是一个完整的小屏幕 CRT 黑白显示器的行输出级电路。V 是行输出管，T 是行输出变压器，L_1、L_3、L_4 为低压线包，其中 L_3 绕组经 V_{D2}、V_{D3} 整流滤波后产生 400 V 和 100 V 电压，L_2 是高压包，V_{D1} 是高压硅堆。由于高、中压的输出电流都很小，采用半波整流即可达到要求。C_2、C_3 是滤波电容，由于要滤除的基波频率为行频，因此使用较小容量的电容，即可达到滤波的要求。高压不接滤波电容，它是利用显像管锥体的内、外层导

体形成的电容来滤波。由于高压包、硅堆内阻都很大，输出的电流很小，所以即使触上高压，由于可输出的能量有限，对人体的危害也较小，但也不能麻痹大意。

图 3-26 中，L_T、L_Y、C_s 是行偏转的通路。L_T 是行线性校正线圈，L_Y 是行偏转线圈，C_s 的作用有几个：一是 S 形校正；二是隔直流；三是在锯齿波电流形成过程中代替电源 U_{CC}，这是由于在电源接通后，U_{CC} 通过 L_T、L_Y 对它充电，极性是上"＋"下"－"，这个电压很快上升到电源电压 U_{CC}，即 $U_{cs} \approx U_{CC}$，而它的容量较大，在行输出级正常工作时，C_s 两端的电压变化不大。值得注意的是，图 3-25 中，L_1 是行逆程变压器的初级，要求它的电感 $L_1 \gg L_Y$，这样在它接入后，对原电路的性能影响小。

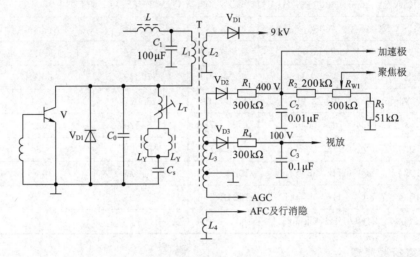

图 3-26　行输出级电路

大屏幕 CRT 黑白显示器阳极高压在 16 kV 以上，彩色显示器则在 22 kV 以上。产生这样高的电压，除增加高压包的圈数外，还需采用倍压整流，但这样会使结构庞大、绝缘困难、热塑性变差。如前所述，20 世纪 70 年代后期生产了一种多级一次升压一体化逆程变压器。这种变压器是把高压线圈分成若干段（如分成三段），每段和用玻璃沉积在 PN 结上构成的耐高温的高压整流二极管相串联，然后把这些元件和线圈总装在一起，用环氧树脂封罐成形。这样的行逆程变压器与用外电路多次倍压整流的相比，其重量减小了 70%，体积缩小了 80%，性能也显著提高了，故在大屏幕黑白显示器和彩色显示器中都得到了广泛的应用。

3.4.4　可变行频电路

1. 可变行频的必要性

通常，模拟电视图像的显示分辨率及其扫描频率比较低，例如，我国标准模拟电视的行扫描频率为 15.625 kHz，场扫描频率为 50 Hz。现代高性能显示处理系统（如 HDTV、计算机显示）的分辨率一般都高于标准模拟电视图像系统。表 3-1 列出了一些常见的计算机显示分辨率及其扫描频率。由此表可以看出，各种图形产品具有不同的分辨率和扫描频率；在同样的分辨率下扫描频率也不尽相同。垂直扫描频率的范围为 50~90 Hz，属于低频，范围也不大，在电路上容易实现。水平扫描频率的范围为 30~90 kHz，频率高而且范围大。如果显示器只能适应一种或几种扫描频率，那么显示分辨率改变后，必须更换显示器，否则不能同步，无法显示。于是人们追求一种可变行频的显示器(或者称之为多同步显示器)，以便自动跟踪行频的变化，最终能够稳定地显示图像信息。

表 3-1　常见计算机显示分辨率及其扫描频率

计算机视频	分辨率	水平频率/kHz	垂直频率/Hz
VGA640×400@70 Hz	640×400	31.47	70.9
VGA640×480@60 Hz	640×480	31.47	59.5
VESA VGA640×400@84 Hz	640×600	37.86	84.135
VESA VGA640×480@72 Hz	640×480	37.86	72.809
SVGA800×600@56 Hz	800×600	35.156	56.25
SVGA800×600@60 Hz	800×600	37.879	60.317
VESA800×600@72 Hz	800×600	48.077	72.187
8514A1024×768，隔行	1024×768	35.520	86.95
1024×768@60 Hz，非隔行	1024×768	48.363	60
1024×768@70 Hz，非隔行	1024×768	56.476	70.069
1024×768@72 Hz，非隔行	1024×768	57.803	71.627
1280×1024@76 Hz，非隔行	1280×1024	81	76

2. 可变行频原理

可变行频技术的关键在行输出级。水平扫描的峰值电流 I_{Ym} 直接决定行扫描的幅度，简称行幅。显然，行幅与行正程时间 T_s 成正比，即与行频紧密相关。

U_C 是行输出级的逆程脉冲电压峰值。CRT 的加速阳极高压可由 U_C 经逆程变压器升压，然后整流滤波获得，因此，由 U_C 决定加速阳极的高压。即使对于采用独立高压电源供电的高性能显示器，其高压电源，也是由行扫描频率来驱动的，也就是说，在由独立高压电源供电的高性能显示器中，其生成的阳极高压也与行频有关。

在行输出级中，如果偏转线圈 L_Y、逆程电容 C、电源电压 U_{CC} 等电路参数保持不变，则当行频升高时正程时间 T_s 必然减小，从而引起行幅(I_{Ym})缩小，高压(U_C)降低；反之，当行频降低时则行幅增大，高压升高。后一种情况应特别注意，因为过高的加速阳极电压会引起设备的损坏，并对人身造成危害。因此，为了实现行频自动跟踪，应随着行频的变化，相应地改变行输出级相关电路的参数以保证行幅、高压和行扫描电流的线性基本不变。

3. 几种可变行频电路

1) 小范围可变行频电路

如果显示器的分辨率变化不大，或者说行频变化范围不大，则逆程时间可以保持不变，这样，对行输出级的逆程脉冲电压峰值影响也不大，此时行幅电流的非线性失真及 S 失真也较小。并且，这些参数通常也处于可容许的范围内，或只在原电路上稍加调整即可。这样一来就只剩下行幅稳定的问题了，只要稳定了行幅电流 I_{Ym}，就可以保证行幅不变。由行幅的计算公式可知，在 T_s 变化后，为保证行幅电流 I_{Ym} 不变，必须相应调整电源电压 E_C 或者偏转线圈的电感量 L_Y 的值。显然，最方便的方法是调整电源电压 E_C。因此，可以将一个固定直流电源 E_{CC} 经调整电路后再供给行输出级作为实际的电源电压 E_C，从而补偿因 T_s 改变后而引起的 I_{Ym} 变化。

图 3-27 就是根据这一思路设计的行幅稳定电路，其工作过程为：

当小范围提高显示器的分辨率时，则行频升高，于是 T_s 减小，从而会使行幅电流 I_{Ym} 下降。这时，通过与偏转线圈 L_Y 串联的采样电路（如 $0.1\ \Omega$ 电阻），可检测出行幅电流 I_{Ym} 的变化，并变换成误差电压加到运算放大器的"－"输入端，再经误差放大后加到电源调整三极管 V_2 的基极，使三极管 V_2 的导通加强，即三极管 V_2 的 C、E 间的等效电阻下降，导致由固定直流电源 E_{CC} 经三极管 V_2 加到行输出级电路的实际电源电压 E_C 升高，从而维持行幅电流 I_{Ym} 恒定不变。

反之，当小范围减小显示器的分辨率时，则行频降低，于是 T_s 升高，从而会使行幅电流 I_{Ym} 上升。这时，采样电路将变化信息经误差放大后，使三极管 V_2 的导通减弱，即三极管 V_2 的 C、E 间的等效电阻增大，导致实际电源电压 E_C 降低，从而维持行幅电流 I_{Ym} 恒定不变。

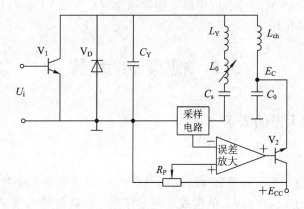

图 3-27　小范围可变行频的行幅稳定电路图

2）多点离散可变行频电路

当大幅度改变显示器的分辨率时，行频将会在较大范围变化。为了实现较大范围的行频自动跟踪，保证行幅、高压和线性基本不变，必须改变电路的各个元件的参数，尤其是偏转线圈 L_Y、逆程电容 C 和校正电容 C_s。

改变偏转线圈 L_Y 的电感量比较麻烦，因此，一般不采用这种方法来调节电路参数。对于逆程电容 C 和校正电容 C_s 的改变则要简单得多，只要进行适当的串、并联即可。图 3-28 就是根据这一思路设计的一种多点离散可变行频行幅稳定电路。

图 3-28 所示的是一个行频范围在 $80\sim135\ \text{kHz}$ 变化的行输出级电路。

图中 V_2 为行输出管，$V_{1\text{-}1}$、$V_{1\text{-}2}$ 组成 OCL 互补射随电路驱动行输出管。V_3 作为逆程电容 C_{Y2} 切换开关，当 A 点为高电平时，V_3 导通，此时逆程电容 $C=C_{Y1}+C_{Y2}$；当 A 点为低电平时，V_3 截止，此时逆程电容 $C=C_{Y1}$。

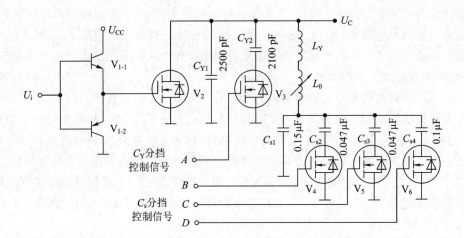

图 3-28　多点离散可变行频行幅稳定电路

图中 V_4、V_5、V_6 为校正电容 C_s 的切换开关，当 B、C、D 点分别为高电平时，V_4、V_5、V_6 分别导通，导致校正电容 C_s 的容量随之变化。

图中互补射随电路 V_{1-1}、V_{1-2} 的供电电源为低压 $U_{CC}=12$ V，而行输出管 V_2 的供电电源则为上百伏的较高电压。

3.5　视 频 放 大 器

3.5.1　对视频放大器的要求

1. 电压增益高

视频放大器的输入来自视频数/模转换器（DAC），在光栅显示器中按标准电视视频信号给出，其峰峰值为 $1\sim1.4$ V；单色或 8 色显示时，视频信号为数字逻辑电平。但激励 CRT 所需的视频信号电压根据 CRT 的型号不同而有所不同，其峰峰值大致在 $30\sim80$ V。因此视频放大器的增益应达数十倍，所使用的电源电压也较高，在 100 V 左右。相应地，放大器用晶体管的耐压要求也高，并要求在大范围内保持线性放大。视频放大器的负载是 CRT，其输入阻抗很大，故放大器消耗的功率并不大。所以视放末级主要考虑电压增益，而功率增益处在次要地位。

2. 频带要足够宽

关于视频放大器的带宽问题已在前面详细讨论了。但电压增益和频带宽度相互之间是矛盾的，往往增益升高会使带宽下降。而带宽和增益这两个指标又是必须满足的，实用中，由于功率要求容易达到，常常采用加大功率来提高电路的速度，也就扩展了带宽。

3. 失真小

失真包括相位失真和灰度失真两种。

人的听觉对相位失真不敏感，但人的视觉在观察波形或图像时对相位失真极易察觉，因此视频放大通道要考虑相位失真问题。相位特性不好将造成输出信号的平顶上升或下降，使得大面积黑部或白部亮度不均匀，逐渐由灰至白或由黑至灰。在彩色显示时相位失真将使彩色色调不纯。

灰度失真即信号幅度的失真，可用阶梯信号很容易检测到。灰度失真主要引起显示亮度不均匀。

此外，如果系统各级之间采用交流耦合，则视频信号会失去直流分量，也会使信号波形产生失真。例如，采用负极性信号显示黑底白条的画面时，经电容耦合，信号失去直流分量，而放大器的直流工作点固定，将会使白条信号下移，变成了灰底白条；反之白底黑条会变成灰底黑条。同时整个信号的变化范围增加，对放大器动态范围的要求也跟着增加，否则，部分信号将受到压缩或者切割。为此，在显示系统的某些部位需要加上钳位电路用以恢复直流分量。

4. 其他要求

（1）视频放大器的输出信号极性要正确。如输出驱动 CRT 的栅极应为正极性，驱动阴极时则应为负极性。

（2）视频电路中应包含亮度、对比度调节，且调节时不应引起频率特性变化或波形失真。

（3）视频电路中还应插入消隐控制脉冲，以便在水平、垂直回扫期间截止电子束。

（4）视频放大器与 CRT 相连时还要加入泄放电路，以避免在 CRT 打火时损坏电路元件。

3.5.2　视频放大器电路分析

视频放大器一般由预视放、末级电压放大和耦合电路三部分组成。在电路上分为有反馈型和无反馈型两种。当采用电容耦合方式或者无灰度等级要求时，使用无反馈型电路较为合适。直接耦合时都采用反馈型，因为使用反馈技术后可得到稳定度高、频带宽的优良特性，而且电路不容易受晶体管某些参量变化的影响。

小屏幕显示器的末级视放电路常为共射放大电路。这种电路具有结构简单的特点，但截止频率较低，不利于改善画面的质量，故大屏幕显示器一般不用这种电路，而使用共射-共基视放电路或者推挽式视放电路。下面给出了几种常见显示器的视频放大电路。

1. 共射-共基视放电路

图 3 - 29(a)所示是一个共射-共基视放电路原理图，图 3 - 29(b)所示是其等效电路。该电路的特点是：电压增益高、频带宽。

2. 推挽式视放电路

推挽式视放电路如图 3 - 30 所示(以红色 R 视放为例)，V_1 为前置级，V_2 和 V_3 构成推挽输出级。因推挽输出级的输出阻抗低，故能展宽电路的通频带。C_1 用于高频补偿，以提升图像细节。V_{D1} 和 V_{D2} 串联使用，能使 A、B 之间建立起 1.2 V 的电压差，从而使 V_2 和 V_3 在静态时处于微导通状态，以消除交越失真。由于末级视放电路工作在大信号状态，而在大信号状态下，交越失真往往可以忽略不计，故 V_{D1} 和 V_{D2} 可以省略不用，而将 A、B 两点直接短路。

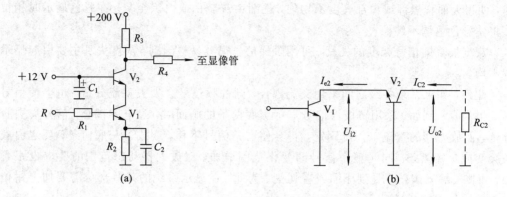

图 3-29 共射-共基视放电路

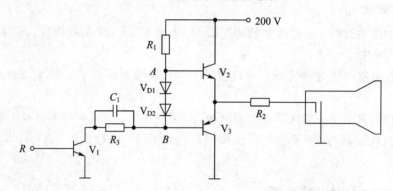

图 3-30 推挽式视放电路

3. 彩色 CRT 视放电路

一种实际的彩色 CRT 视放电路如图 3-31 所示。

通常，彩色显示器中的基色矩阵和末级视放电路是合为一体的，它们不仅将色差信号和亮度信号混合得出三个基色信号，而且还将三个基色信号进行放大，以满足激励显像管 R、G、B 阴极的幅度要求。视放电路的输入有亮度信号 Y 和三个色差信号（R－Y）、（G－Y）、（B－Y），视放电路的输出有 R、G、B 三个基色信号。

由图 3-31 可知，输入的三个色差信号（R－Y）、（G－Y）、（B－Y）分别加到三个末级视放管 V_{101}、V_{102} 和 V_{103} 的基极，来自亮度通道的亮度信号－Y 则经 $R_{107} \sim R_{111}$ 分三路加到视放管 V_{101}、V_{102} 和 V_{103} 的发射极。三个色差信号和亮度信号在它们各自的视放管基极和发射极之间实现下列转换：

$$U_{R-Y} - (-U_Y) = U_R$$
$$U_{G-Y} - (-U_Y) = U_G$$
$$U_{R-Y} - (-U_Y) = U_B$$

再经过这三个视放管放大并倒相后，分别在它们的集电极上分别输出负极性的三基色信号 $-KU_R$、$-KU_G$、$-KU_B$，其中 K 为视放管的电压放大倍数。

这三个基色信号分别通过高频补偿电感 L_{101}、L_{102}、L_{103} 和隔离电阻 R_{115}、R_{116}、R_{117} 加到显像管的三个阴极。由于彩色显像管要求的调制信号电压较大，所以三个末级视放管的集电极电源电压达＋190 V。加到基极的色差电压与发射极的亮度电压只有几伏，而输出

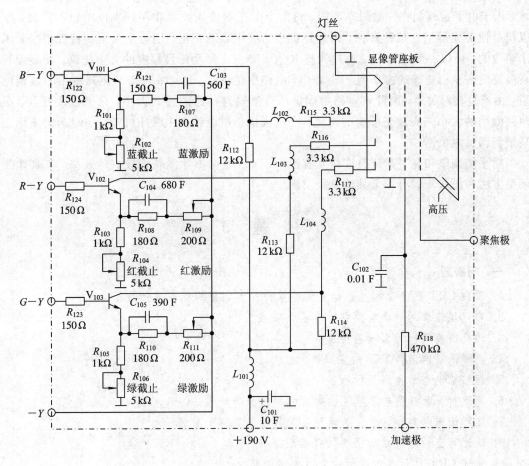

图 3-31　彩色 CRT 视放电路实例

电压高达百余伏，因此这一级的电压增益要求较高。

R_{102}、R_{104}、R_{106}、R_{109}、R_{111} 为白平衡调整电位器，其中 R_{102}、R_{104}、R_{106} 为暗平衡调整电位器，R_{109}、R_{111} 为亮平衡调整电位器。

所谓白平衡就是指彩色显示器在显示黑白图像信号，或接收彩色图像信号但关闭色饱和度时，尽管荧光屏上的三种基色荧光粉都在发光，但是其合成的光在任何对比度的情况下都无彩色，而只呈现出黑白图像。白平衡不好，荧光屏显示彩色图像时就会偏色，产生彩色失真。如果彩色显像管的三个电子束具有完全相同的截止点和调制特性，并且三种基色荧光粉的发光特性也一致，那么当输入显像管的三基色电压相等时，就能达到完全的白平衡。但事实上由于电子枪制造和安装工艺上有误差，三个电子束的特性是不可能一致的，而且三基色荧光粉由于材料差异，其发光特性也不相同，因此，实际彩色显示器中必须增设白平衡调整电路，通过调整有关电路的参数完成白平衡调整。

所谓白平衡调整，就是使三个电子束的截止点和调制特性接近于一致，三个电子束电流的比例接近于实际要求的比例。白平衡调整一般分两步，即暗平衡调整和亮平衡调整。暗平衡就是指低亮度条件下的白平衡。暗平衡调整主要是使显像管三基色电子束的截止点趋于一致。亮平衡是指在较高亮度条件下的白平衡。亮平衡调整是在暗平衡调整的基础上进行的。暗平衡调整的结果已使红、绿、蓝三个电子束的截止点趋于一致，但在高亮度区域，由于电子束调制特性的斜率不同，再加上荧光粉发光效率在不同亮度时也不一致，所以仍会使荧光屏带有某种彩色，因此还需进行亮平衡的调整。因电子束调制特性斜率是无法更改的，所以一般彩电都是通过调整 R、G、B 三个激励信号幅度的大小比例，使显像管在高亮度区获得正确的白平衡。图 3-31 电路中的 R_{109}、R_{111} 即为亮平衡调整用的微调电阻，由于是相对关系，因此该电路中固定了蓝激励这一路的输入大小，只通过改变红、绿两路激励的大小来实现亮平衡的调整。在电视机整机电路图中常用红激励、绿激励来标志亮平衡调整电位器。

暗平衡调整和亮平衡调整往往互有影响，须反复调整才能获得较好的效果。其具体的调整方法和操作步骤可参见其他有关书籍。

习　题　3

一、问答题

1. 黑白 CRT 显像管的电子枪有哪些电极？各电极的作用是什么？

2. 彩色显像管的种类有哪些？各有何特点？

3. 什么叫会聚？什么叫色纯度？

4. 自动消磁电路（ADC）的作用是什么？

5. 行扫描电路的作用是什么？

6. 简述行、场扫描电流非线性失真的原因及补偿方法。

7. 在行输出电路中，逆程电容开路对行输出管有何影响？

8. 简述可变行频电路的必要性及实现原理。

9. 简述 CRT 显示器对视频放大器电路的要求。

10. 什么叫白平衡？什么叫亮平衡？什么叫暗平衡？

二、计算题

1. 某典型 CRT 行输出电路的供电电源为 $U_{CC}=100$ V，若行逆程时间为 12 μs，行正程时间为 52 μs。此时，对于一个耐压为 1200 V 的行管是否会造成损坏？为什么？

2. 某典型 CRT 行输出电路的供电电源 $U_{CC}=20$ V，已知行逆程时间为 12 μs，行偏转线圈电感量为 380 μH，试估计逆程电容 C 的容量。

三、分析题

1. 画出典型 CRT 光栅显示器的组成框图，并简述各组成部分的作用。

2. 画出典型 CRT 行输出级的电路原理图，并简述各元件的名称及作用。

3. 本章中的图 3-27 为一种小范围可变行频的行幅稳定电路图。试：

(1) 简述 V_1、V_D、C_Y、L_Y、C_s、C_o 各元件的名称及作用。

(2) 简述该电路实现行幅稳定的工作过程。

第 4 章　液晶显示技术

CRT 显示器开创信息显示的先河，使电子技术进入了新时代，特别是在电视领域和计算机终端显示中得到广泛应用，但其技术结构原理限制了它的进一步发展，使人们开始对CRT 产生了遗憾，渴望一种显示品质如 CRT 一样，而体积又小、重量又轻、工作电压低、功耗小的新显示器件。液晶显示技术正是在这样的需求中发展起来并得到广泛应用的。

本章旨在通过认识液晶的基本概念和性质，介绍液晶显示技术的结构、特点、工作原理和发展趋势。

4.1　液晶的基本特征

1888 年，奥地利植物学家 F. Reinitzer 合成了一种奇怪的有机化合物，它有两个熔点。把它的固态晶体加热到 145℃时，便熔成液体，只不过是浑浊的，而一切纯净物质熔化时却是透明的。如果继续加热到 175℃，它似乎再次熔化，变为清澈透明的液体。后来，德国物理学家列曼把这种处于"中间地带"的浑浊液体叫做晶体，也就是我们现在所称的液晶。液晶自被发现后，人们并不知道它的性质，也不道它有何用途。

随着电子工业的快速发展，1963 年，RCA 公司的威利阿姆斯发现了用电刺激液晶时，其透光方式会发生改变。5 年后，同一公司的哈伊卢马以亚小组，发明了应用此性质的显示装置。这就是液晶显示屏（Liquid Crystal Display）的开端。而此时液晶作为显示屏的材料是很不稳定的，因此作为商业用途尚存在着许多问题。

1973 年，格雷教授（英国哈尔大学）发现了稳定的液晶材料（联苯系）。1976 年，由SHARP 公司在世界上首次将其应用于计算器（EL-8025）的显示屏中，此材料目前已成为LCD 材料的基础。

20 世纪 80 年代，STN-LCD（超扭曲向列）液晶显示器出现，同时 TFT-LCD（薄膜晶体管）液晶显示器技术被研发出来，但液晶技术仍未成熟，难以普及。

20 世纪 90 年代初，日本掌握了 STN-LCD 及 TFT-LCD 生产技术，LCD 工业开始高速发展。日系厂商夏普（SHARP）被称作液晶之父。

2001 年以后 LCD 技术开始走上成熟发展之路，但仍然生存在 CRT 显示器的阴影下，一直到 2005 年。

经过 2003 年 LCD 的大幅度降价，LCD 的价格与 CRT 显示器进一步接近了，尤其是大尺寸 LCD 的售价和同尺寸的 CRT 显示器相比，甚至有一些尺寸开始有一定的价格优势。LCD 开始慢慢地被人们所关注并接受，液晶显示器所具备的一些独特的优势也逐渐地发挥出来。从 2004 年开始 LCD 就开始慢慢取代 CRT 显示器而成为显示设备的主流产品。

本节主要介绍液晶的基本概念、种类和光电特性。

4.1.1　液晶的基本概念

液晶是一种高分子材料，是一种以碳为中心所构成的有机化合物。它具有特殊的物理、化学、光学特性，又对电磁场敏感，极具实用价值。

液晶实际上是物质的一种形态，也有人称其为物质的第四态。它是一种在一定温度范围内呈现既不同于固态、液态，又不同于气态的特殊物质态。它既具有各向异性的晶体所特有的双折射性，又具有液体的流动性，一般可分为热致液晶和溶致液晶两类。在显示应用领域，使用的是热致液晶。

综上所述，液晶是一种高分子材料，其定义为各向同性液体与完全有序晶体之间的一种中间态，它既有液体的流动性，又有晶体的各向异性特征，是一种取向有序的流体，其分子结构有棒状或盘状不对称性特征。

液晶显示材料主要用于电子表和各种显示板，它的显示原理是利用液晶的电光效应（液晶的电光效应是指它的干涉、散射、衍射、旋光、吸收等受电场调制的光学现象）把电信号转换成字符、图像等可见信号。液晶在正常情况下，其分子排列很有秩序，显得清澈透明，一旦加上直流电场，分子的排列被打乱，一部分液晶变得不透明，颜色加深，因而能显示数字和图像。

根据液晶会变色的特点，人们利用它来指示温度，进行毒气报警等。例如，随着温度的变化，液晶的颜色能从红变绿、变蓝，这样可以指示出某个实验中的温度。液晶遇上氯化氢、氢氰酸之类的有毒气体，也会变色。因此在化工厂，人们把液晶片挂在墙上，一旦有微量毒气漏出，液晶片中的液晶就会立即变色，提醒人们赶紧检查、补漏。

4.1.2　液晶的种类

液晶种类很多，通常按液晶分子的中心桥键和环的特征进行分类。目前已合成了1万多种液晶材料，其中常用的液晶显示材料有上千种，主要有联苯液晶、苯基环己烷液晶及酯类液晶等。

按分子量大小，液晶可分为低分子液晶和高分子液晶，一般原子数目小于1000的为低分子液晶，原子数目大于1000的为高分子液晶。

按液晶相的物理条件，可将液晶分为热致液晶和溶致液晶两种。热致液晶是由于温度变化而出现的液晶相，它只能在一定温度范围内存在，一般是单一组分或均匀混合物。目前液晶显示领域所用的液晶材料就是热致液晶。溶致液晶是由于溶液浓度发生变化而出现的液晶相，在一定浓度范围内存在，一般是由符合一定结构要求的化合物与溶剂组成的混合物。常见的溶致液晶是由水和双亲分子组成的。

按液晶分子排列结构，可将液晶分为向列相、胆甾相、近晶相三种，如图4-1所示。

1. 向列相液晶

向列相液晶(Nematic)，又称丝状液晶，其特点是其棒状分子保持着与分子轴方向平行的排列状态，分子的质心混乱无序，但分子（杆）的指向大体一致，使向列相物质的光学与电学性质（即折射系数与介电常数）沿着或垂直于这个有序排列的方向而不同。正是由于向列相液晶在光学上显示正的双折射性的单轴性与电学上的介电常数各向异性，故可用电来控制其光学性能，使液晶显示成为可能，因而得到广泛应用。目前液晶显示器，例如

向列相　　　　　　　胆甾相　　　　　　　近晶相

图 4－1　按液晶分子排列结构分类

TN、STN 等所用的液晶材料均属于向列相液晶材料。

2. 胆甾相液晶

胆甾醇经脂化或卤素取代后呈现的液晶相，称为胆甾相液晶(Cholestevic)，又称螺旋状液晶。这类液晶分子呈扁平形状，排列成层，层内分子相互平行。不同层的分子长轴方向稍有变化，沿层的法线方向排列成螺旋结构。当不同的分子长轴排列沿螺旋方向经历 360°的变化后，又回到初始取向。胆甾相液晶对温度很敏感，温度发生变化时，胆甾相液晶显现不同的颜色，因此用调配好的一系列胆甾相液晶就可以制作成液晶温度显示器。

3. 近晶相液晶

近晶相液晶(Smectic)，又称层状液晶，是由棒状或条状分子组成的，分子排列成层，层内分子长轴相互平行，其方向可以垂直于层面，或与层面成倾斜排列。因分子排列整齐，其规整性接近晶体，具有二维有序性。分子质心位置在层内无序，可以自由平移，从而有流动性，但黏滞系数很大。其分子可以前后、左右滑动，但不能在上下层之间移动。由于它的高度有序性，近晶相经常出现在较低的温度范围内。

4.1.3　液晶的光电特性

1. 液晶的异向性

从分子角度观察，液晶的分子一般都是刚性的棒状分子，而且根据形成液晶的条件可知，由于分子头尾、侧面所接的分子集团不同，液晶分子在长轴与短轴两个方向上具有不同性质，成为极性分子，由于分子力学作用，液晶分子集合在一起时，处于自然状态下的分子长轴总是互相平行，液晶分子结构上是非对称的。而分子重心则呈自由状态，从宏观上观察，液晶具有流动性和晶体的异向性，沿分子长轴有序方向和短轴有序方向上的宏观物理性质出现不同，如图 4－2 所示。

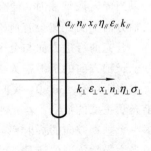

图 4－2　液晶的异向性

由于液晶分子的结构为异向性 (Anisotropic)，所以它引起的光电效应就会因为方向不同而有所差异，简单地说就是液晶分子在介电常数和折射率等光电特性上都具有异向性。下面讨论液晶与光学和电学相关的几个特性。

1) 介电常数 ε

液晶的介电常数(Dielectric Permittivity) 可分为 $\varepsilon_{//}$ 和 $\varepsilon_{\perp}$ 两个方向的分量，如图 4－3 所示，$\varepsilon_{//}$ 是与指向矢平行的分量，$\varepsilon_{\perp}$ 是与指向矢垂直的分量。当 $\varepsilon_{//} > \varepsilon_{\perp}$ 时，便称这类液晶是介电常数异向性为正型的液晶，可以用于平行配位，而当 $\varepsilon_{//} < \varepsilon_{\perp}$ 时，则称这类液晶是介

电常数异向性为负型的液晶，只可用于垂直配位才能有所需要的光电效应。当有外加电场时，液晶分子会因介电常数异向性是正或是负，来决定液晶分子的转向是平行或是垂直于电场，并决定光的穿透与否。现在 TFT-LCD 上常用的 TN 型液晶大多属于介电常数是正型的液晶。当介电常数异向性 $\Delta\varepsilon(=\varepsilon_{//}-\varepsilon_{\perp})$ 越大时，液晶的临界电压（Threshold Voltage）就会越小，这样液晶便可在较低的电压工作。

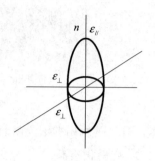

图 4-3　液晶介电常数的异向性

2）折射率

由于液晶分子大多由棒状或碟状分子所形成，因此与分子长轴平行或垂直的方向上的物理特性会有一些差异，所以液晶分子也被称做异向性晶体。与介电常数一样，折射率（Refractive Index）也可分为 $n_{//}(=n_e)$ 和 $n_{\perp}(=n_o)$ 两个方向的向量，如图 4-4 所示，$n_{//}$ 是与指向矢平行的分量，$n_{\perp}$ 是与指向矢垂直的分量。

此外，对单光轴（Uniaxial）的晶体来说，原本就有两个不同折射系数的定义。一个为寻常光（ordinary ray，又称平常光，简称 o 光）的折射率，简称 n_o，其光波的电场分量垂直于光轴。另一个则是异常光（extraordinary ray，又称非异常光，简称 e 光）的折射率，简称 n_e，其光波的电场分量是平行于光轴的，同时也定义了双折射率（Birefrigence）$\Delta n = n_e - n_o$ 为上述的两个折射率的差值。

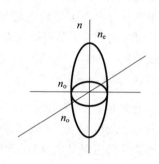

图 4-4　液晶折射系数的异向性

按照上面所述，对层状液晶、线状液晶及胆固醇液晶而言，由于液晶分子成棒状，所以其指向矢的方向与分子长轴平行。再参照单光轴晶体的折射率定义，它会有两个折射率，一个是垂直于液晶长轴方向的 $n_{\perp}(=n_e)$，另一个是平行于液晶长轴方向的 $n_{//}(=n_o)$。所以当光射入液晶时，便会受到两个折射率的影响，造成在垂直于液晶长轴与平行于液晶长轴方向上的光速会有所不同。

若光的行进方向与分子长轴平行时的速度小于垂直于分子长轴方向的速度，则平行于分子长轴方向的折射率大于垂直方向的折射率（因为折射率与光速成反比），即 $n_e - n_o > 0$，所以双折射率 $\Delta n > 0$，我们把它称做光学正型的液晶，而层状液晶与线状液晶几乎都是属于光学正型的液晶。若光的行进方向平行于长轴时的速度较快，则平行于长轴方向的折射率小于垂直方向的折射率，所以双折射率 $\Delta n < 0$，我们称它为光学负型的液晶。胆甾相液晶多为光学负型的液晶。

3）其他特性

液晶除了上述的介电常数和折射率两个重要特性之外，还有许多其他特性。如弹性常数（Elastic Constant），它包含了 κ_{11}、κ_{22}、κ_{33} 三个主要的常数，κ_{11} 指的是斜展（Splay）的弹性常数，κ_{22} 指的是扭曲（Twist）的弹性常数，κ_{33} 指的是弯曲（Bend）的弹性常数。还有黏性系数 η（Viscosity Coefficients），η 影响液晶分子的转动速度与反应时间（Response Time），其值越小越好，但是该特性受温度的影响最大。另外还有磁化率 χ（Magnetic Susceptibility），磁化率 χ 也因为液晶的异向性关系，分成 $\chi_{//}$ 与 $\chi_{\perp}$，而磁化率异向性则定义为 $\Delta\chi =$

$\chi_{//}-\chi_{\perp}$。此外还有电导系数(Conductivity)等光电特性。

液晶特性中最重要的就是液晶的介电系数与折射率。介电系数是液晶受电场的影响决定液晶分子转向的特性，而折射率则是光线穿透液晶时影响光线行进路线的重要参数。液晶显示器就是利用液晶本身的这些特性，通过电压来控制液晶分子的转动和影响光线的行进方向来形成不同的灰阶，从而显示图像的。

2. 液晶的电光效应(Electro-Optic Effect)

液晶的电光效应是指液晶在外电场下的分子的排列状态发生变化，从而引起液晶盒的光学性质也随之变化的一种电的光调制现象。因为液晶具有介电各向异性和电导各向异性，因此外加电场能使液晶分子排列发生变化，进行光调制，同时由于双折射性，可以显示出旋光性、光干涉和光散射现象的特殊的光学性质。

所谓电光效应实际上就是指在电的作用下，液晶分子的初始排列改变为其他的排列形式，从而使液晶盒的光学性质发生变化。也就是说，以"电"通过液晶对"光"进行了调制，不同的电光效应可制成不同的显示器件，因此液晶的电光效应在液晶显示器的设计中被广泛应用。目前发现的电光效应种类很多，如动态散射效应、宾主效应、电控双折射效应、相变效应、热光学效应、扭曲效应、超扭曲效应和铁电效应。液晶产生电光效应的机理也较为复杂，但就其本质来讲都是液晶分子在电场作用下分子排列改变或分子变形的结果。

4.1.4　液晶板的透光性

液晶板的透光性是指给液晶板中的液晶通电时，液晶的排列变得有秩序，使光线容易通过液晶板中的液晶；不给液晶板中的液晶通电时，液晶排列变得混乱，阻止光线通过。

液晶面板包含了两片相当精致的无钠玻璃素材，中间夹着一层液晶。大多数液晶都属于有机化合物，由长棒状的分子构成，在自然状态下，这些棒状分子的长轴大致平行。若将液晶倒入一个经精良加工的开槽平面，液晶分子会顺着槽排列，如果这些槽是平行的，则液晶各分子也是平行的。当光束通过这层液晶时，液晶本身会扭转呈不规则状或排排站立，从而阻隔或使光束顺利通过。

4.2　液晶显示器件

LCD(Liquid Crystal Display(Device))即液晶显示器件(板)，为平面超薄的显示设备，是基于液晶电光效应的显示器件。液晶显示器的工作原理是利用液晶的物理特性，在通电时导通，使液晶排列变得有秩序，使光线容易通过；不通电时，排列则变得混乱，阻止光线通过。

本节主要介绍液晶显示器件的分类、特点和显像原理。

4.2.1　液晶显示器件的分类

液晶显示器件有很多种分类方式，下面从几个不同的角度进行分类。

1. 按 LCD 所采用的材料构造和技术原理分类

按 LCD(液晶显示器)所采用的材料构造，LCD 分为 TN、STN、TFT 三大类。

按目前的技术原理，LCD 可分为 TN、STN、DSTN、PDLC、FSTN、CSTN、TFT 等几类。

(1) TN 型。"扭曲向列型液晶显示器件"（Twisted Nematic Liquid Crystal Display），简称 TN 型显示器。TN 型液晶显示器的液晶组件构造如图 4 - 5 所示。向列型液晶夹在两片玻璃中间，在玻璃的表面先镀有一层透明而导电的薄膜作导电电极。这种薄膜主要是一种铟（Indium）和锡（Tin）的氧化物（Oxide），简称 ITO。在有 ITO 的玻璃上镀上表面配向剂，使液晶顺着一个特定且

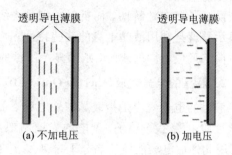

图 4 - 5　N 型液晶显示器中的液晶组件构造

平行于玻璃表面的方向排列。图 4 - 5 中左边玻璃使液晶排成上下方向，右边玻璃则使液晶排成垂直于玻璃表面的方向。在此组件之中，液晶的自然状态从左到右共有 90°的扭曲，这也是被称为扭曲型液晶显示器的原因。利用电场可使液晶旋转的原理，在两电极上加上电压则会使液晶偏振方向转向与电场方向平行，这是因为液晶的折射率随液晶的方向而改变，其结果是光经过 TN 型液晶盒以后其偏振方向会发生变化。选择适当的液晶盒厚度使光的偏振方向刚好改变 90°。这样光经过两个平行偏振片时就完全不能通过（如图 4 - 6 所示）。若在两电极上外加足够大的电压使得液晶方向转成与电场方向平行，光的偏振方向就不会改变，因此光可顺利通过第二个偏光片，于是就可利用电压的开关控制光的明暗。这样会形成透光时为白、不透光时为黑的效果，字符和图像就可以在屏幕上显示了。TN-LCD 是人们发现较早，也是应用范围最广、数量最多、价格最便宜的液晶显示器，目前主要用于电子表、计算器、游戏机等的显示屏。

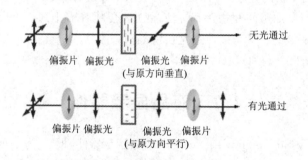

图 4 - 6　TN 型液晶显示器的工作原理

(2) STN 型。"超扭曲向列型液晶显示器件"（Super Twisted Nematic Liquid Crystal Display），简称 STN 型显示器。STN 型的显示原理与 TN 型类似，它们的区别是 TN 型的液晶分子是将入射光旋转 90°，而 STN 型的液晶分子将入射光旋转 180°～270°。

单纯的 TN 型液晶显示器本身只有明暗两种情形（或称黑白），并没有办法做到色彩的变化。而 STN 型液晶显示器由于液晶材料的关系，以及光线的干涉现象，因此显示的色调都以淡绿色与橘色为主。如果在传统单色 STN 型液晶显示器上加一彩色滤光片（Color Filter），并将单色显示矩阵的每一个像素（Pixel）分成三个子像素（Sub-Pixel），分别通过彩色滤光片显示红、黄、蓝三基色，再经过三基色比例的调和，就可以显示出全彩模式的色

彩。STN 型显示器主要用于各种仪器仪表、汉显机、记事本、笔记本电脑等。

(3) DSTN 型。"双超扭曲向列型液晶显示器件"(Dual Super Twisted Nematic Liquid Crystal Display),简称 DSTN 型显示器(即通常所说的微彩 LCD),也即通过双扫描方式来扫描扭曲向列型液晶显示屏,达到完成显示的目的。

DSTN 型显示器是由超扭曲向列型显示器(STN)发展而来的。由于 DSTN 型显示器采用双扫描技术,因此显示效果相对 STN 型显示器来说,有大幅度提高。笔记本电脑刚出现时主要是使用 STN 型显示器,后来逐渐被 DSTN 型显示器所取代。STN 型显示器和 DSTN 型显示器的反应时间都较慢,一般约为 300 ms,容易产生拖尾(余辉)现象,不适于高速全动图像、视频播放等应用,一般只用于文字、表格和静态图像的显示。由于 DSTN 型显示器结构简单、价格低廉、耗能较少,整机体积和重量也较小,因此,在少数笔记本电脑中仍采用它作为显示设备。目前,DSTN 型液晶显示屏仍然占有一定的市场份额。

DSTN-LCD 也不是真正的彩色显示器,它只能显示一定的颜色深度。与 CRT 的颜色显示特性相差较远,因而又称为"伪彩显"。DSTN 型显示器的工作特点是,扫描屏幕被分为上下两部分,CPU 同时并行对这两部分进行刷新(双扫描),其刷新频率要比单扫描(STN)重绘整个屏幕快一倍,不仅提高了占空率,还改善了显示效果。但它也存在一些缺陷,即当 DSTN 型显示器分上、下两屏同时扫描时,上下两部分就会出现刷新不同步的问题。所以当内部电子元件的性能不佳时,显示屏中央可能会出现一条模糊的水平亮线。不过,现在采用 DSTN-LCD 的电脑因 CPU 和 RAM 速率高且性能稳定,这种不同步现象已经很少出现了。另外,由于 DSTN 型显示屏上的像素信息是由屏幕左右两侧的一整行晶体管控制下的像素来显示的,而且每个像素点不能自身发光,都是无源像点,所以反应速度不快,屏幕刷新后可能留下幻影,其对比度和亮度也比较低,看到的图像要比 CRT 显示器里的暗得多。

HPA 被称为高性能定址或快速 DSTN 型显示器,它是 DSTN 型显示器的改良型,能提供比 DSTN 型显示器更快的反应时间、更高的对比度和更大的视角,再加上它具有与 DSTN 型显示器相近的成本,因此在低端笔记本电脑市场具有一定的优势。

(4) PDLC 型。"高分子散布型液晶显示器件"(Polymer Dispersed Liquid Crystal Display),简称 PDLC 型显示器。PDLC 型显示器的液晶组件构造如图 4 - 7 所示。高分子的单体(Monomer)与液晶混合后夹在两片玻璃中间,做成一液晶盒。在两片玻璃表面先镀上一层透明而导电的薄膜作电极,但是不需要在玻璃上镀表面配向剂。此时将液晶盒放在紫外灯下照射使单体连结成高分子聚合物。在高分子形成的同时,液晶与高分子分开而形

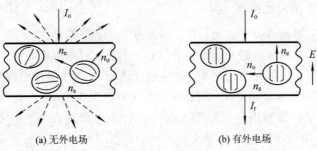

(a) 无外电场　　　　　　　　　　(b) 有外电场

图 4 - 7　PDLC 型显示器的液晶组件构造

成许多液晶小颗粒，这些小颗粒被高分子聚合物固定住。当光照射在此液晶盒上时，因折射率不同，而在颗粒表面处产生折射和反射；经过多次反射和折射，就产生了散射。此液晶盒就像牛奶一样呈现出不透明的乳白色。

在液晶盒两侧的玻璃上加足够大的电压，液晶顺着电场方向排列，每颗液晶的排列均相同。对正面入射光而言，这些液晶有着相同的折射率 n。如果选用的高分子材料的折射率与液晶的折射率 n 相同，对光而言这些液晶颗粒与高分子材料是相同的，因此在液晶盒内部没有任何折射或反射现象产生，此时的液晶盒就像透明的清水一样。

（5）FSTN 型。"薄膜超扭曲向列型液晶显示器件"（Film Super Twisted Nematic Liquid Crystal Display），简称 FSTN 型显示器。

（6）CSTN 型。"彩色超扭曲向列型液晶显示器件"（Colors Super Twisted Nematic Liquid Crystal Display），简称 CSTN 型显示器。CSTN 型显示器一般采用传送式（Transmissive）照明方式，传送式屏幕要使用外加光源照明，外加光源被称为背光（Backlight），照明光源要安装在 LCD 的背后。传送式 LCD 在正常光线及暗光线下，显示效果都很好，但在户外尤其在日光下，很难辨清显示内容。而背光需要用电源产生照明光线，要消耗一定的电功率。

（7）TFT 型。"薄片式晶体管液晶显示器件"（Thin Film Transistor Liquid Crystal Display），简称 TFT 型显示器。TFT-LCD（即通常所说的真彩 LCD）的每个液晶像素点都是由集成在像素点后面的薄膜晶体管来驱动的，从而可以高速度、高亮度、高对比度地显示屏幕信息。

TFT 型液晶显示器也采用了两夹层间填充液晶分子的设计。只不过是把左边夹层的电极改为了 FET（Field Effect Transistor）场效应管，而右边夹层的电极改为了公共电极。在光源设计上，TFT-LCD 采用"背透式"照射方式，具体的做法是在液晶的背部设置类似日光灯的光管，因此 TFT-LCD 的光源路径不是像 TN 液晶那样从左至右，而是从右向左，这样的光源照射时先通过右偏振片向左透出，再借助液晶分子来传导光线。由于左右夹层的电极改成 FET 电极和公共电极，在 FET 电极导通时，液晶分子的表现就像 TN 液晶一样，其排列状态会发生改变，也是通过遮光和透光来达到显示的目的的。但不同的是，由于 FET 管具有电容效应，能够保持电位状态，先前透光的液晶分子会一直保持这种状态，直到 FET 电极下一次再加电改变其排列方式为止。而 TN-LCD 就没有这个特性，液晶分子一旦没有被施压，立刻返回原始状态，这是 TFT 液晶显示原理和 TN 液晶显示原理的最大的区别。

2. 按 LCD 的显示方式分类

（1）正性显示：显示部分不透光，非显示部分透光，俗称亮底暗字。

（2）负性显示：显示部分透光，非显示部分不透光，俗称暗底亮字。

（3）透射型显示：底偏光是透射型，背照明光源通过器件使正面观察者能看见显示内容的产品。它适用于环境没有光源，需要外加背光源的工作场所。

（4）反射型显示：底偏光是反射型，观察者与外光源均在器件一侧的产品。只能用 LCD 正面的光，适用于环境有光源的场所。

（5）透反射型显示：该产品背后反射膜有网状孔隙，可以透过 30% 的背照明光。故白天可作反射型显示，夜间可作透射型显示。

（6）单色显示：黑底白字或白底黑字显示。

（7）彩色显示：又分单彩色和多彩色，而在多彩色中又分为伪彩色（即只能显示 8 至 32 色）和真彩色（即可显示 256 种颜色至几十万种颜色）。

3. 按 LCD 的显示性能分类

（1）常温显示：0℃～＋40℃为工作温度、−20℃～＋60℃为存储温度的产品。

（2）宽温显示：−20℃～＋70℃为工作温度、−35℃～＋80℃为存储温度的产品。

（3）段形显示：依靠长条形像素进行显示的产品，只能显示数字及个别字符。

（4）点阵显示：依靠矩形点像素进行显示的产品，可以显示任何字符、数字、图形。

（5）字符显示：只能显示分割开的字符的点阵式产品。

（6）图形显示：点阵数量多，且像素间距均等，可以显示任意图形的点阵式产品。

（7）图像显示：图形显示产品中的一种，由于其响应速度快，有可能显示视频速度活动图像的产品。

（8）非存储型显示：仅在施加电场时呈现显示状态，撤掉外电场后，显示内容消失。

（9）存储型显示：一个脉冲即可驱动显示。一经驱动显示，撤掉外加电压，显示内容照样保持不变。

4. 按 LCD 的驱动方式分类

（1）静态驱动显示：每个像素均有单独引出电极，驱动期间要持续施加电压的产品。

（2）动态驱动显示：像素电极排布呈矩阵或变形矩阵方式，需用时间分割扫描方式驱动的产品。

4.2.2　液晶显示器件的特点

LCD 能有今天的发展，这与它所具有的一系列优点是分不开的，与 CRT 相比较，其突出的优点如下：

1. 低压微功耗

传统的 CRT 显示器内部由许多电路组成，这些电路驱动着阴极射线显像管工作时，需要消耗很大的功率，而且随着体积的不断增大，其内部电路消耗的功率也会随之增大。相比而言，液晶显示器的功耗主要消耗在其内部的电极和驱动 IC 上，因而耗电量比传统显示器也要小得多。特别是反射式 LCD，它是目前所有各类显示器中单位面积功耗最低的器件，如 21 英寸的 TFT-LCD 的功耗还不到 15 W，而同样尺寸的 CRT 的功耗却是 69 W。LCD 一般用 CMOS 驱动，故工作电压很低，因此在很多情况下用电池供电也可长时间地工作，这为 LCD 的广泛使用创造了条件。

2. 平板型结构

传统的阴极射线管显示器，后面总是拖着一个笨重的射线管，通过电子枪发射电子束到屏幕，因而显像管的管颈不能做得很短，当屏幕增加时也必然增大整个显示器的体积。而液晶显示器通过显示屏上的电极控制液晶分子状态来达到显示目的，即使屏幕加大，它的体积也不会成正比地增加，而且在重量上比相同显示面积的传统显示器要轻得多。LCD 这一特点非常适用于便携式产品，并成为平板显示的重要技术之一。以 15 英寸的显示器来进行比较，CRT 显示器的深度一般接近 50 厘米，而液晶显示器的深度却不到 5 厘米。

3. 精确还原图像

CRT 显示器是靠偏转线圈产生电磁场来控制电子束在屏幕上周期性扫描来显示图像的。由于电子束的运动轨迹容易受到环境磁场和地磁的影响，无法做到电子束在屏幕上的绝对定位，所以 CRT 显示器很容易出现根本无法消除的画面的几何失真和线性失真现象。而液晶显示器采用的是直接数码寻址的显示方式，将视频信号经过 A/D 转换之后，根据信号电平中的"地址"，直接将视频信号一一对应并用屏幕上的液晶像素显示出来，因而不会出现任何的几何失真、线性失真。

4. 显示字符锐利，画面稳定不闪烁

传统的 CRT 显示器存在固有的会聚以及聚焦不良的弊病，而液晶显示独特的显示原理决定了其屏幕上各个像素发光均匀，且红、绿、蓝三基色像素紧密排列，视频信号直接送到像素背后来驱动像素发光，因此不会出现聚焦不良的弊病。所以，液晶显示器上的文本显示效果与传统 CRT 显示器的相比有着天壤之别。液晶显示器的字体非常锐利，完全没有 CRT 显示器显示文本时候出现的字体模糊、字体泛色等现象。液晶显示器通电之后就一直在发光，背光灯工作在高频下，显示画面稳定而不闪烁，有利于长时间使用。而CRT 显示器是靠电子束重复撞击荧光粉来实现发光的，这样会导致亮度周期性闪烁，长时间使用之后容易造成人眼的不适。

5. 屏幕调节方便

液晶显示器的直接寻址显示方式，使得液晶显示器的屏幕调节不需要太多的几何调节和线性调节以及显示内容的位置调节。液晶显示器可以很方便地通过芯片计算后自动把屏幕调节到最佳位置，这个步骤只需要按一下"Auto"键就可以自动完成，省却了 CRT 显示器那种繁琐的调节。只需要手动调节一下屏幕的亮度和对比度就可以使 LCD 工作在最佳状态了。

6. 被动显示且显示质量高

液晶显示器本身不能发光，它靠调制外界光达到显示目的。也就是说，它不像主动型显示器件那样，靠发光刺激人眼实现显示，而是单纯依靠对外界光的不同反射形成不同的对比度来达到显示目的，所以称其为被动显示。

虽然被动型的显示本身不发光，在黑暗中不能看清楚画面，但在自然界中，人类所感知的视觉信息中，90% 以上是靠外部物体的反射光，而并非靠物体本身的发光。所以，被动显示更适合于人眼视觉，更不易引起疲劳。这个优点在大信息量、高密度、快速变换、长时间观察的显示中尤为重要。

此外，被动显示还不怕光冲刷。所谓光冲刷，是指当环境光较亮时，被显示的信息被冲淡，从而显示不清晰。而被动型显示，由于它是靠反射外部光达到显示目的的，所以，外部光越强，反射的光也越强，显示的内容也就越清晰。

由于液晶显示器的每一个点在收到信号后就一直保持那种色彩和亮度，恒定发光，而不像阴极射线管显示器(CRT)那样需要不断刷新亮点，因此，液晶显示器画质高而且绝对不会闪烁，把眼睛疲劳降到最低。

7. 显示信息量大

与 CRT 相比，液晶显示器件没有荫罩限制，因此像素点可以制作得更小、更精细；与

等离子显示相比，等离子显示的像素点之间要留有一定的隔离区，而液晶显示器的像素点之间不需要留有一定的隔离区。因此对于相同尺寸的显示器来说，液晶显示器的可视面积要更大一些，与它的对角线尺寸相同，而阴极射线管显示器显像管前面板四周有一英寸左右的边框不能用于显示。因此液晶显示器可以容纳更多的像素，显示更多的信息。这对于制作高清晰度电视、笔记本式电脑都非常有利。

8. 易于彩色化

液晶本身没有颜色，但它实现彩色化很容易，方法很多，一般使用较多的方法是滤色法和干涉法。由于滤色法技术的成熟，液晶的彩色化具有更精确、更鲜艳、彩色失真更少的彩色化效果。

9. 无电磁辐射

传统显示器的显示材料是荧光粉，通过电子束撞击荧光粉而显示，电子束在打到荧光粉上的一刹那间会产生强大的电磁辐射。这种辐射不仅污染环境，还会致使信息泄露，甚至影响人身安全。而液晶显示器件在使用时不会产生电磁辐射。

10. 寿命长

液晶材料是有机高分子合成材料，具有极高的纯度，而且其他材料也都是高纯物质，在极净化的条件下制造而成。液晶的驱动电压又很低，驱动电流更是微乎其微，因此，这种器件的劣化几乎没有，寿命很长。在使用中除撞击、破碎或配套件损坏外，液晶显示器件自身的寿命几乎没有终结(但是液晶背光寿命有限，不过背光部分可以更换)。

此外，液晶显示器件也存在一些缺点，如在显示反应速度上，传统显示器由于技术上的优势，反应速度非常快，而液晶显示器由于响应时间比较长，因此在动态图像显示方面表现不理想，甚至会产生拖尾的现象。在显示品质方面，传统显示器的显示屏幕采用荧光粉，通过电子束打击荧光粉而显示，因而显示的亮度比液晶显示器更亮。液晶显示器的可视角度相对 CRT 显示器来说是比较小的。

4.2.3　液晶显示板的显像原理

液晶显示板是将液晶材料封装在两片透明电极之间，通过加到电极间的电压实现对液晶层透光性的控制来显示图像的。

1. 液晶显示板的工作原理

液晶显示板的工作原理如图 4-8 所示。从图 4-8 中可见，液晶材料被封装在上、下两片透明电极之间。当两电极之间无电压时如图 4-8(a)所示，液晶分子受到透明电极上的定向膜的作用按一定的方向排列。由于上、下电极之间定向扭转 90°，入射光通过偏振光滤光板进入液晶层，变成了直线偏振光，如图 4-8 中"a"所示的方向；当入射光在液晶层中沿着扭转的方向进行并扭转 90°后通过下面的偏振光滤光板后，变成了图 4-8 中"b"所示的方向。

当上、下电极板之间加上电压以后，液晶层中液晶分子的定向方向发生变化，变成与电场平行的方向排列，如图 4-8(b)所示。这种情况下，入射到液晶层的直线偏振光的偏振方向不会产生扭转，由于下部偏振光板的偏振方向与上部偏振光的方向相互垂直，所以入射光便不能通过下部的偏振光滤光板，此时液晶层不透光。因而，液晶层无电压时为透光状态(亮状态)，有电压时则为不透光状态(暗状态)。

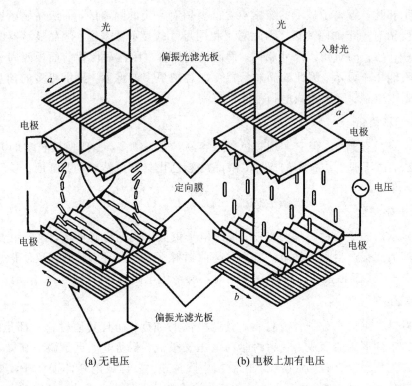

光　　　　　　　　　　　光　　入射光

偏振光滤光板

电极　　　　　　　　　　　　　　　电极

定向膜　　　　　电压

电极　　　　　　　　　　　　　　　电极

偏振光滤光板

(a) 无电压　　　　　　　(b) 电极上加有电压

图 4 - 8　液晶显示板的工作原理

　　对液晶分子进行定向控制的是定向膜,定向膜是一种在两电极内侧涂敷而成的薄膜,是一种聚酰亚胺高分子材料,紧接液晶层的液晶分子。由于液晶层具有弹性体的性质,上下定向膜扭转 90°,于是就形成了液晶分子定向扭转 90°的构造,如图 4 - 8(a)所示。

　　液晶板的驱动如图 4 - 9 所示,从图中可知:Y 信号控制 TFT 的导通和截止,Y 信号大于零时,TFT 导通,液晶层为透光状态(亮状态);Y 信号等于零时,TFT 截止,液晶层为不透光状态(暗状态)。Y 信号的幅度越大,图像的亮度就越暗。

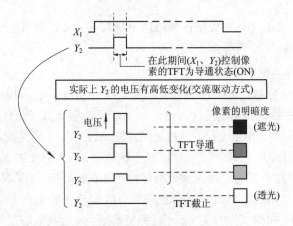

X_1

Y_2

在此期间(X_1、Y_2)控制像素的 TFT 为导通状态(ON)

实际上 Y_2 的电压有高低变化(交流驱动方式)

像素的明暗度

电压 $\uparrow$　　　　　　　　　　　　(遮光)

Y_2　　　　　　　　　　TFT 导通

Y_2

Y_2

Y_2　　　　　　　　　　TFT 截止　　(透光)

图 4 - 9　液晶显示板的驱动

2. 典型 TFT 液晶显示板的物理结构

典型 TFT 液晶显示板是由一排排整齐的液晶显示单元构成的。一个液晶板有几百万个像素单元，每个像素单元由 R、G、B 三个子像素单元组成，像素单元的核心部分是液晶体(液晶材料)及其半导体控制器件。液晶体的主要特点是，在外加电压的作用下液晶体的透光性会发生变化。如果使控制液晶单元各电极的电压按照电视图像的规律变化，那么在背部光源的照射下，从液晶显示板前面观看就会有电视图像出现。

液晶体是不发光的，在图像信号电压的作用下，液晶板上不同部位的透光性不同。每一帧图像相当于一幅电影胶片，在光照的条件下才能看到图像。因此在液晶板的背部要设一个矩形平面光源。典型 TFT 液晶显示板的剖面图如图 4-10 所示。

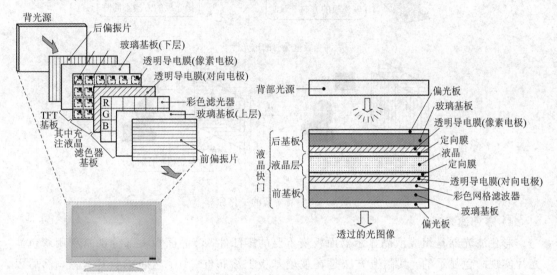

图 4-10 液晶显示板的剖面图

从图 4-10 中可知典型 TFT 液晶显示板主要由液晶(Liquid Crystal)、玻璃基板(Mother Glass)、偏光板(Polarizer)、彩色滤光器(Color Filter)、驱动集成电路(Driver IC)、背光源(Back Light)等组成，各部分功能如下：

1) 液晶

液晶用于制作显示器，最主要的特点是，其中的分子排列受电场的控制。而液晶的透光率与分子的排列有关。液晶在自然状态时，其分子的排列是无规律的，当受到外电场的作用时，其中分子的排列也随之变化。

液晶是典型 TFT 液晶显示板的主体，主要作用是通过加到液晶上的电压来控制液晶的转动，进而控制光穿透来显示图像。

2) 玻璃基板

玻璃基板用作彩色滤光片和驱动集成电路的承载材料。玻璃基板是一种表面极其平整的浮法玻璃片，其表面蒸镀有 ITO 膜和光刻有透明导电图形。在生产时，无碱玻璃基板的表面经干式蚀刻，将红、绿、蓝三原色与黑色以微细的结构建置于玻璃表面，做成彩色滤光片；另外，利用半导体制作程序将 CMOS 电路建置于玻璃表面做成驱动集成电路。

3) 偏光板

偏光板如图 4-11 所示，它的作用是阻隔与偏光片垂直的光。偏光板由偏光片组成，用于阻隔与偏光片垂直的光和允许与偏光片平行的光通过。偏光片由塑料膜材料制成，在其表面涂有一层光学压敏胶，可以贴在液晶盒的表面。

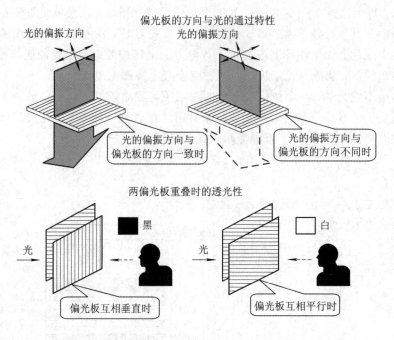

图 4-11　偏光板的工作原理

4）彩色滤光器

彩色滤光器是组成液晶显示器面板最重要的零部件，液晶面板大部分都是利用彩色滤光片实现彩色显示的。其制造方法是在玻璃基板上涂布红、绿、蓝色的负片光液，然后以黄光蚀刻（颜料分散/转印）方式形成 R（红）、G（绿）、B（蓝）三基色的长条形阵列的基板。TFT 液晶面板是由 R（红）、G（绿）、B（蓝）三色子像素构成一个像素，在背光源穿透一个个像素内的 R（红）、G（绿）、B（蓝）子像素的滤光片与被电路驱动呈现灰阶的液晶之后，变成有不同比例的三种基色的混合片，人眼所看到的彩色影像就是这些混合片合成的结果。

R、G、B 子像素的排列方法包括条状排列、三角形排列、正方形排列和马赛克排列，如图 4-12 所示。

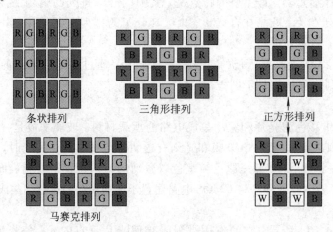

图 4-12　常用彩色滤光器的排列

5）透明导电膜

透明导电膜最主要的应用是 ITO 薄膜。ITO 薄膜是一种半导体透明薄膜，它是氧化铟锡(Indium Tin Oxide)英文名称的缩写，主要用途是作透明导电电极，故 ITO 薄膜有良好的透明性和导电性。TFT 液晶显示板中用透明导电膜制作导电电极，用于生成能精确控制的电场，以决定液晶的排列方式。

6）定向膜

定向膜的作用是液晶未加电场前的分子的定位，其主要成分为 PI 树脂(是唯一能提供给 LCD 稳定显示质量的半导体级高分子树脂材料)。其制作过程是在已蒸上透明导电 ITO 膜的玻璃基板上，继续加工，用转轮(Roller)转印法，在 ITO 薄膜上印出一条一条平行的沟槽，这样液晶就可依沟槽的方向横躺于沟槽内，达到使液晶呈同一方向排列的目的。这一条一条具有方向的膜就是定向膜。

7）薄膜晶体管

TFT 液晶显示器的各液晶像素点都是由集成在像素点后面的薄膜晶体管来驱动的，这样可以做到高速度、高亮度、高对比度显示屏幕信息。

8）背光源

背光源由灯管(冷阴极管)、反射板、扩散板、棱镜板、分光片等组成，它是液晶显示器光源的提供者。灯管是主要的发光元件，它发出的光由导光板分布到各处，反射板使光线只向液晶显示器方向前进，最后由棱镜板和扩散板将光线均匀分布到各个区域，以提供给液晶显示器一个明亮的光源。而 TFT-LCD 则藉由电压控制液晶的转动，控制通过光线的亮度，以形成不同的灰阶。

液晶显示器中每一个像素单元设有一个控制用薄膜场效应晶体管(TFT)。整个显示板通过设置多条水平方向和垂直方向的驱动电板，便可以实现对每个晶体管的控制。电视信号要转换成控制水平和垂直电极的驱动信号，对液晶显示板进行控制，从而显示出图像。显示板的电极都是从四边引出的，为了连接可靠，将驱动集成电路也安装到显示板的四周，并使集成电路的输出端与电极压接牢固，从而形成液晶板驱动电路一体化组件。

4.3　液晶显示器件的驱动与控制

液晶的光学传输特性取决于液晶的分子排列状态，改变液晶的分子排列状态就可以改变液晶层的光学传输特性，而液晶分子排列状态的改变可通过电、磁、热等外场的作用来实现。我们把这种通过外场的作用来改变液晶分子排列状态的过程称为液晶显示器的驱动。

本节主要介绍液晶显示器件的常用驱动方式、写入机理及液晶显示系统的驱动原理。

4.3.1　液晶显示器件写入机理

液晶显示器件写入机理，即液晶显示器件是依靠什么方法将人们所需显示的信息来作用于器件，使器件达到显示的目的。

1. 液晶显示器件写入的条件

众所周知，所有液晶显示器件的显示原理是依靠外场(包括电、热、光等)作用于初始排列的液晶分子上，依靠液晶分子的偶极矩和各向异性的特点，使液晶分子的初始排列发生变化，通过液晶器件的外界光被调制，使液晶显示器件发生明、暗、遮、透、变色等效果，从而达到显示目的。但是要想实现某一特性的显示目的，则需要满足以下两个基本条件：

(1) 足够强的电(热、光)信号作用于液晶，使其改变其初始排列。

(2) 每个电(热、光)信号均可以在一段时间内作用于一个或几个像素单元，使像素能够组合成一个视觉信号。由于直流电场会导致液晶材料的电化学反应和电极劣化、老化，因此只能在像素电极上建立交流电场，而且尽可能减少交流电场中的直流成分，实际应用中应保持直流成分在几十毫伏以下，所施加的交流电场的强弱以其有效值来表示。只有所施加的交流电场有效值大于液晶显示器件的阈值电压时，该像素才能呈显示状态。由于液晶显示器件有类型、规格、型号的不同，对所施加电压的波形、相位、频率、占空比、有效值都有不同的要求。而对于像素控制方面的要求，则包含有以下两层意思：

首先，由于器件像素电极连线的排布不同，要求外部必须配置相应的硬件，以提供驱动电压波形。

其次，按照一定的指令将若干个显示像素组合成不同的数字、字符、图形或图像。

2. 液晶显示器件的写入机理

在满足液晶显示器件写入的基本条件下，信息信号的作用与不同类型的液晶显示器件的机理也不一样。这里只介绍有源矩阵薄膜晶体管(TFT)液晶显示器件的写入机理，对于其他类型液晶显示器件的写入机理则不做介绍。

TFT-LCD的写入机理：以行扫描信号和列寻址信号控制作用于被写入像素电极上的薄膜晶体管有源电路，使有源电路产生足够大的通断比(R_{on}/R_{off})，从而间接控制像素电极间呈TN型的液晶分子排列，达到显示的目的。该写入的特点就是经TFT有源电路间接控制的TN型器件显示像素，可实现高路数多路显示和视频图像显示。

4.3.2　液晶显示器件常用的驱动方式

液晶显示驱动器是为液晶显示器件的像素提供电场的器件。由于液晶显示像素上施加的必须是交流电场，因此要求液晶显示驱动器的驱动输出必须是交流驱动；液晶显示驱动器通过对其输出到液晶显示器件上的电位信号进行相位、峰值、频率等参数的调制来建立交流电场，以实现显示效果。我们把这种通过外场作用来改变分子排列状态的过程称为液晶显示器的驱动。液晶显示器常用的驱动方式的分类如图4-13所示。

- LCD的驱动方式
  - 电驱动方式
    - 静态驱动方式
    - 动态(时间分割)驱动方式
      - 直接矩阵驱动方式
      - 有源矩阵驱动方式
  - 光寻址驱动方式
  - 热寻址驱动方式

图4-13　液晶显示器常用的驱动方式分类

有源矩阵驱动是TFT液晶显示器件常用的一种驱动方式，根据有源器件的种类，它可分为如图4-14所示的多种类型。

二端有源方式，其工艺相对简单、开口率较大，投资额度小，不少厂家，特别是袖珍式

电视产品生产厂对它看好，但其图像质量比三端有
源的略差。在二端有源方式中以 MIM，即金属-绝
缘体-金属二极管方式最为实用。

　　三端有源方式由于扫描输入与寻址输入可以优
化处理，所以图像质量好，但制作工艺复杂，投资
额度大。在三端有源方式中以 TFT 为主，TFT 即
薄膜晶体管。在 TFT 中 CdSe TFT 是最早开发的，
是 20 世纪 80 年代末的产品，但由于在制造过程中
怕水气，因此必须在同一容器进行各种工艺，现在

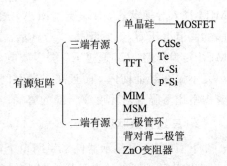

图 4-14　有源矩阵驱动方式分类

已被淘汰。Te TFT 也被研制过，但一直未实用化。所以在三端有源方式中以 α-si 和 p-si
为主流。单晶硅 MOSFET 是利用集成电路成熟的硅工艺制作的，现在已进入低潮期。目
前，流行的 LCD 大都是 TFT-LCD，它采用的是有源矩阵的驱动方式。

4.3.3　单个液晶显示单元的驱动原理

1. 二端有源驱动方式

　　二端有源驱动方式有很多种，其中以 MIM（金属-绝缘体-金属）二极管驱动方式最为
实用。下面就金属-绝缘体-金属二极管（MIM）显示器件来说明单个液晶显示单元的二端有
源驱动方式和原理。

　　金属-绝缘体-金属二极管（MIM）显示器件是在两种导电膜之间夹一层氧化物绝缘层，
其结构为 Ta-Ta$_2$O$_3$-Cr，通电后两导电膜之间电压-电流必呈非线性，二端有源器件相当
于一个双向性二极管，正、反向都具有开关特性。

　　MIM 液晶显示器件电极排布结构如图 4-15 所示，图 4-16 为 MIM 液晶显示器件的
矩阵等效电路，从图中可见，MIM 与液晶呈串联电路，R_{NIM} 为非线性电阻，C_{MIM} 为 MIM
电容，R_{LC} 为液晶的阻抗，C_{LC} 为液晶的容抗。

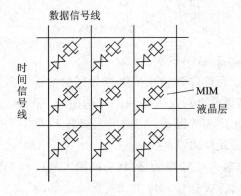

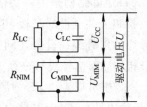

图 4-15　MIM 液晶显示器件电极排布结构　　　图 4-16　MIM 液晶显示器件的矩阵等效电路

　　由于 MIM 面积相对于液晶单元面积小得多，故其等效电容 $C_{MIM} \ll C_{LC}$。其等效电阻
R_{NIM} 是非线性的。当扫描电压和信号电压同时作用于像素单元时，MIM 器件处于断态，
R_{NIM} 很大，且 $C_{MIM} \ll C_{LC}$，电压主要降在 C_{MIM} 上；当此电压大于 MIM 器件的阈值电压时，

MIM 进入导通状态，R_{NIM} 迅速减小，通态电流对 C_{LC} 充电；当充电电压均方值 U_{rms} 达到液晶的阈值电压 U_{th} 时，液晶单元显示。当扫描移到下一行时，原单元上的外加电压消失，MIM 转为开路，C_{LC} 通过 R_{LC} 缓慢放电，以至于可以在一帧时间内维持 $U_{rms} \geqslant U_{th}$，于是该单元不仅在寻址期内，而且在一帧时间之内保持显示状态，解决了简单矩阵液晶显示器随着占空比下降其对比度亦下降的弊病。

2. 三端有源驱动方式

下面就 TFT 显示器件来说明单个液晶显示单元三端有源驱动方式和原理。

TFT 显示器件的电极排布结构如图 4-17 所示，图 4-18 为 TFT 液晶显示器件的 TFT 显示器件单像素电路和等效电路。

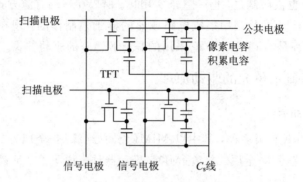

图 4-17　TFT 显示器件的电极排布结构

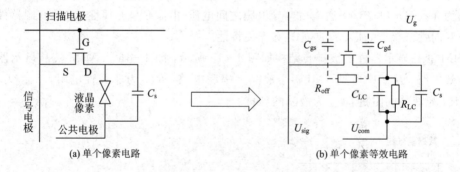

(a) 单个像素电路　　　　　　　　　　(b) 单个像素等效电路

图 4-18　TFT 显示器件单像素电路和等效电路

TFT-LCD 矩阵结构是由一块带有 TFT 三端元件阵列和像素电极阵列的基板与另一块带有彩色膜和公共电极的基板，以及由此两基板叠合后夹入的液晶层构成的。此外，此方式的扫描线和信号线都设置在同一个三端子元件的基板上。扫描线与该行上所有 TFT 元件的栅极相连，而信号线与该列上所有的 TFT 元件的源电极相连。

从图 4-18 中可以看出，S 为源极（选择数据输入端），G 为栅极（扫描输入端），D 为漏极（场效应管输出端），C_s 为补偿电容，C_{LC} 为像素等效电容，R_{LC} 为像素等效电阻，C_{gs}、C_{gd} 为 TFT 极间电容，R_{on}、R_{off} 为 TFT 的通短电阻，U_g 为栅极扫描电压，U_{sing} 为源极信号电压，U_{com} 为公共电极电压。其中源-漏之间的电阻满足：$R_{on} < 1.47 \times 10^6\ \Omega$，$R_{off} > 3.3 \times 10^{11}\ \Omega$，液晶层的电阻 $R_{LC} \approx 10^6\ \Omega$，当 TFT 处于导通 on 时，在液晶层的两端就可以加上一个驱动电压。

单个 TFT 有源矩阵液晶显示驱动过程如下：当栅极 G 与源极 S 未被选通时，场效应管 TFT 处于截止状态，此时 R_{on} 的值达 3.3×10^{11} Ω，近似断路，液晶像素上不能施加电压，不能显示。当栅极 G 与源极 S 被同步选通时，场效应管 TFT 被打开，此时 R_{on} 的值为 1.47×10^{6} Ω 左右，显示像素被信号写入。写入的信号电压由于补偿电容 C_s 和像素电容 C_{LC} 的作用，在撤消写入后自行保持一段时间。我们可以设定使其保持半帧。下半帧时，改变一下写入极性，即可保证液晶处于交流驱动状态。

由此工作过程可看出，扫描电压只作 TFT 元件的开关电压之用，而驱动液晶的电压是信号电压通过导通 TFT 元件对像素电容 C_{LC} 充电后在像素电极和公共电极之间形成的电位差 U_{LC}。U_{LC} 大小决定于信号电压 U_s。

4.3.4　TFT 液晶显示系统的驱动原理

1. 驱动原理

彩电和彩显所用的液晶显示屏大都采用 TFT 驱动技术（即 TFT-LCD），屏上的每一个显示点都由对应的 TFT 来驱动。图 4-19 是液晶显示屏驱动模型图，图 4-20 是它的等效电路。由图 4-20 可知：每一个 TFT 与一个像素电极代表一个显示点，而一个像素需要三个这样的点（分别代表 R、G、B 三基色）。假如显示屏的分辨率为 1024 × 768，则需要 1024×768×3 个这样的点组合而成。此时共需 768 条 X 电极，相当于将屏幕切割成了 768 行，每条 X 电极就是一行扫描线，它控制相应行的 TFT，所以 X 电极又称扫描电极、控制电极、行电极等。而 Y 电极共需 1024×3＝3072 条，相当于将屏幕先切割成 1024 列，再将每列切割成 3 个子列。每一条 Y 电极上都加有相应的图像数据信号，所以 Y 电极又有信号电极、数据电极、列电极等称呼。

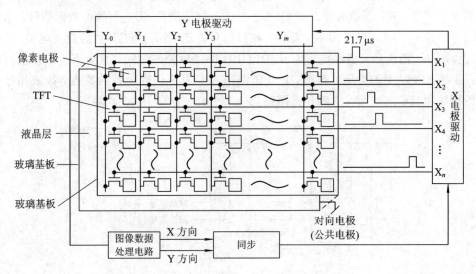

图 4-19　液晶显示屏驱动模型图

当各条 X 电极依次加高电平脉冲时，连接在该 X 电极上的 TFT 全部被选通，因图像数据信号同步加在 Y 电极上，则已经导通的 TFT 会将信号电压加到像素电极上（即加到液晶电容 C 上），该电压决定像素的显示灰度。各 X 电极每帧被依次选通一次，而 Y 电极每行都要被选通。若 LCD 显示器的刷新频率(相当于 CRT 显示器的场频)为 60 Hz,则每一个画面的显示时间约为 1/60＝16.67 ms。因画面由 768 行组成,所以每一条 X 电极的开通时间(行周期)约为 16.67 ms/768＝21.7 μs,即图 4 - 20 中控制 X 电极的开关脉冲宽度为 21.7 μs,这种开关脉冲依次选通每一行的 TFT,从而使 Y 电极上的图像数据信号经 TFT 加至各自的像素电极(液晶电容 C)上,控制液晶的光学特性,从而完成图像的显示。

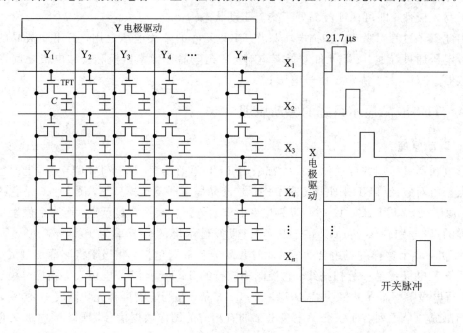

图 4 - 20　液晶显示屏驱动等效电路

图 4 - 21 是 TFT 驱动时序及波形,U_g 为栅极扫描信号,U_{LD} 为源极数据信号。当栅极扫描信号为高电平时,TFT 导通,此时,源极信号电压 U_{LD} 经 TFT 加到像素电极(液晶电容 C)上。当 U_g 消失后,液晶电容 C 上的电压将保持较长的时间,直至下一个扫描高电平到来,液晶电容 C 上的电压才改变。由于液晶电容 C 具有保存电荷的特点,故液晶显示屏显示的图像相当稳定,无闪烁感和拖尾感。

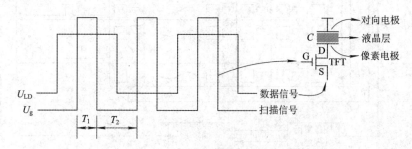

图 4 - 21　TFT 驱动时序及波形

2. 驱动电路的结构

液晶显示屏显示的是动态平面图像,其驱动电路往往由大量的寄存器、锁存器、D/A 变换器、缓冲器等构成。图 4 - 22 是一个 1024×768 分辨率的液晶显示屏的驱动电路结构示意图,由该图可知,X 驱动器(又称扫描驱动器、控制线驱动器、行驱动器、水平驱动器、栅极驱动器等)由 768 位移位寄存器和 768 位缓冲驱动器构成,共有 768 条驱动线,分别连接显示屏的 768 条 X 电极。这 768 条驱动线依次输出高电平脉冲,依次从上至下对 X 电极进行扫描,对每条 X 电极扫描的时间就是一个行周期,从上至下完成一次扫描所需的时间便是一个场周期。若刷新频率(场频)为 60 Hz,则场周期为 16.67 ms,行周期为 21.7 μs。

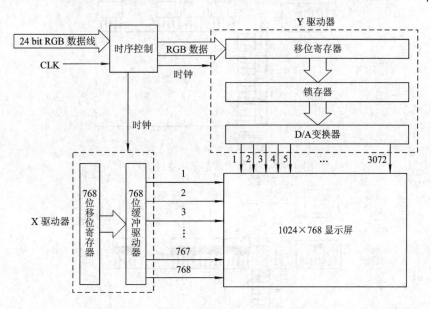

图 4 - 22　液晶显示屏的驱动电路结构示意图

　　Y 驱动器(又称数据驱动器、列驱动器、垂直驱动器等)由移位寄存器、锁存器及 D/A 变换器等构成,它共有 1024×3＝3072 条驱动线(每个像素有 R、G、B 三个子像素),分别连接显示屏的 3072 条 Y 电极。因每种基色像素灰度的分辨率一般为 8 bit,故共需 3×8＝24 条 RGB 数据线来同时传送 R、G、B 三基色数据信号。在时钟脉冲 CLK 驱动下,每时钟周期传送 1 个像素的灰度数据(24 bit)进入移位寄存器。在一个行周期里,1 行像素数据全部传送完毕,并进入锁存器,移位寄存器又开始下一行周期的数据传送。与此同时,锁存器中的数据经 D/A 转换,变成模拟电压(严格来说是脉冲电压)加在各 Y 电极上,从而完成显示。目前,无论是 X 驱动器还是 Y 驱动器,均由数块大规模集成块担任,且与液晶屏一体化,构成一个完整的液晶屏组件。

3. 模拟信号驱动电路

　　图 4 - 23 所示是模拟式液晶显示系统方框图。液晶显示板采用薄膜晶体显示板。视频信号经过放大器和缓冲器形成模拟驱动信号,送到驱动 TFT 液晶板的采样保持电路;采样保持电路的输出作为源极驱动信号,送到液晶板的栅极驱动集成电路(IC)。同时,同步信号也送到采样保持电路,使液晶板的源极驱动信号与扫描信号保持同步关系。这种电路结构比较简单,但消耗功率比较大,其解像度也不够高。

4. 数字信号驱动电路

　　图 4 - 24 所示是数字式液晶显示系统的电路方框图。从该图中可见,此系统需要将模拟视频信号变成数字视频信号,再送到显示系统,或者直接送入数字视频信号。作为源极驱动的数字信号先送到数据锁存电路,再经 D/A 变换器变成驱动液晶板的源极驱动信号,

同步和扫描电路与模拟方式的相同。

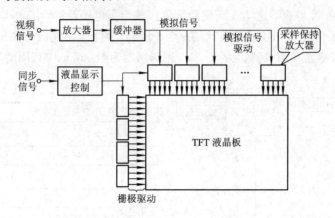

图 4 - 23　模拟式液晶显示系统方框图

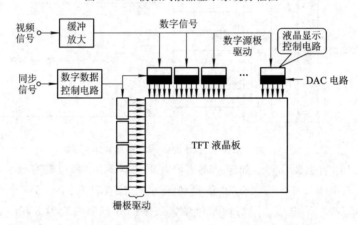

图 4 - 24　数字式液晶显示系统的电路方框图

5. TFT-LCD 的反转方式驱动原理

由于液晶分子还有一种特性，即不能够一直固定在某一个电压不变，否则时间久了，即使将电压取消掉，液晶分子也会因为特性的破坏，而无法再因电场的变化来转动，以形成不同的灰阶，所以每隔一段时间，就必须将电压恢复原状，以避免液晶分子的特性遭到破坏。但是如果画面一直不动，也就是说画面一直显示同一个灰阶的时候怎么办？因此，液晶显示器内的显示电压就分成了两种极性，一种是正极性，而另一种是负极性。当显示电极的电压高于公共电极的电压时，就称之为正极性。而当显示电极的电压低于公共电极的电压时，就称之为负极性。不管是正极性或是负极性，都会有一组相同亮度的灰阶。所以当上、下两层玻璃的压差绝对值固定时，不管是显示电极的电压高还是公共电极的电压高，所表现出来的灰阶是一模一样的。不过这两种情况下，液晶分子的转向却是完全相反的，也就可以避免上述当液晶分子转向一直固定在一个方向时，所造成的特性破坏。也就是说，当显示画面一直不动时，我们仍然可以让正、负极性不停地交替，达到显示画面不动，同时液晶分子不被破坏特性的结果。所以当所看到的液晶显示器画面静止不动时，其实里面的电压正在不停转换，而其中的液晶分子正不停地一次往这边转，另一次往反方向转呢。

图 4-25 就是液晶面板各种不同极性的转换方式，虽然有这么多种的转换方式，但它们有一个共同点，即都是在下一次更换画面数据的时候来改变极性的。

图 4-25(a)是帧反转方式，如果整个显示在第一帧被正电压刷新，则第二帧被负电压刷新。

图 4-25(b)是行极性反转方式，在一帧图像内，如果奇数行加正电压，则偶数行加负电压。在下一帧信号输入时，奇偶行的电压极性互换。

图 4-25(c)是列极性反转方式，极性变换同行反转方式类似。

图 4-25(d)是点反转方式，相邻像素点的电压极性相反。

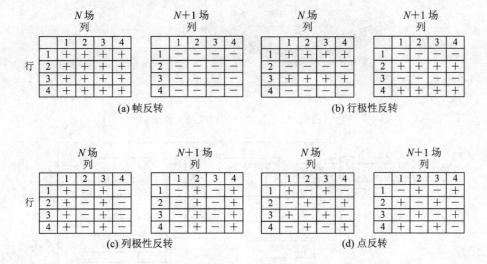

图 4-25　四种反转方式

列反转和点反转在功耗和图像质量方面有较大的改进。闪烁是影响 TFT-LCD 图像质量的一个因素。帧反转方式的闪烁是最强的；而点反转方式的闪烁是较弱的，图像质量是最好的。交叉串扰是影响图像质量的另一因素。交叉串扰是由于相邻像素具有相似电压极性而引起的误显示。相邻像素使用不同的极性反转方式有助于消除交叉串扰。直接驱动法的反转方式能消除行方向和列方向的交叉串扰。

6. TFT 液晶显示屏的组成

在生产 TFT 液晶显示屏时，TFT 液晶显示屏要和其他部件组合在一起，作为一个整体而存在。由于 TFT 液晶显示屏的特殊性，以及连接和装配需要专用的工具，再加上操作技术的难度很大等原因，生产厂家把 TFT 液晶显示屏、连接件、驱动电路 PCB 电路板、背光单元等元器件用钢板封闭起来，只留有背光灯插头和驱动电路输入插座，这种组件被称为 LCD Moduel(LCM)，即液晶显示模块，通常也称为液晶板、液晶面板等。这种组件的连接方式既增加了工作的可靠性，又能防止用户因随意拆卸造成的不必要的损坏。液晶显示屏的生产厂家只需把背光灯的插头和驱动电路插排与外部电路板连接起来即可，而整机的生产工艺也变得简单多了。图 4-26 所示是 TFT 液晶显示屏的内部结构示意图，图 4-27 是 TFT 液晶显示屏的内部电路方框图(液晶屏分辨率为 1024×RGB×768)。

液晶屏中的背光灯一般需要高压，因此，在液晶显示屏中，高压由面板外的高压板电路(也称逆变器)产生，经高压插头送往背光灯。根据液晶显示屏屏幕尺寸的大小以及对显

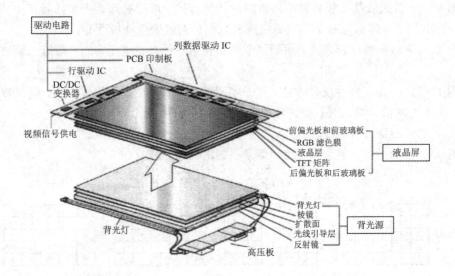

图 4 - 26 TFT 液晶屏的内部结构示意图

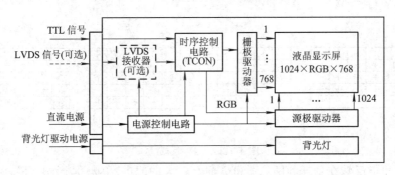

图 4 - 27 TFT 液晶显示屏的内部电路方框图

示要求的不同，背光灯的数量是不同的。例如，早期的液晶显示屏使用一个灯管，一般位于屏幕的上方，后来逐渐发展为两个灯管，上、下各一个，现在的笔记本电脑显示屏较多地采用这种方式；还有一些尺寸较大的台式电脑液晶屏采用四个灯管，高端的大屏幕显示屏则使用了六个、八个甚至更多灯管。

液晶面板外的主板电路通过面板排线和面板接口相连，不同的液晶面板采用的接口形式不尽相同，主要有 TTL 接口、LVDS 接口等。

7. TFT 液晶显示屏图像的显示原理

下面以常见的 1024×768 分辨率的显示屏为例，介绍液晶显示屏图像的显示原理。

液晶屏中有几个 PCB 块，其上分布着时序控制器(TCON，此芯片有时也称为屏显 IC，主要由时序发生器、显示存储器等管理电路和控制电路组成，用于接收 TTL 电平信号经处理后控制栅极和源极的驱动 IC)、行驱动器、列驱动器和其他元件。由主板电路来的数据和时钟信号，经液晶屏 TCON 处理后，分离出行驱动信号和列驱动信号，再分别送到液晶显示屏的行、列电极，驱动液晶显示屏显示出图像。分辨率为 1024×768 的显示屏，共需要 1024×768×3 个点来显示一个画面。图 4 - 28 所示 1024×768×3 液晶显示屏驱动方框图。

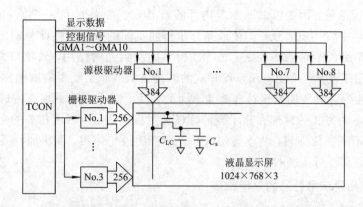

图 4 - 28　1024×768×3 液晶显示屏驱动方框图

　　一个平面被分成 X-Y 轴，且分辨率为 1024×768 的液晶显示屏，在 X 轴（水平方向）上会有 1024×3=3072 列，由 8 个 384 路输出的源极驱动器（如 EK7402）来驱动；而在 Y 轴上，会有 768 行，由 3 个 256 路输出栅极驱动器（如 EK7309）来驱动。

　　在液晶显示屏中，每个 TFT 管的栅极连接至水平方向的扫描线，源极连接至垂直方向的数据线，而漏极连接至液晶像素电极和存储电容。显示屏一次只启动一条栅极扫描线，以将相应一行的 TFT 管导通。此时，垂直方向的数据线送入对应的视频信号，对液晶存储电容充电至适当的电压，便可显示一行的图像。

　　接着关闭 TFT 管，直到下次重新写入信号前，使得电荷保存在电容上，同时启动下一条水平扫描线，送入对应的视频信号。

　　依次将整个画面的视频信号写入，再自第一条重新写入，此重复的频率称为帧频（刷新率），一般为 60～70 Hz。图 4-29 为 1 帧栅极扫描信号的波形图。

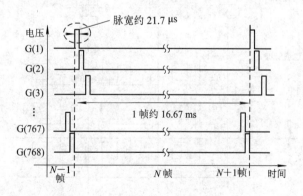

图 4 - 29　1 帧栅极扫描信号的波形图

　　如前所述，对于 1024×768 分辨率的液晶显示屏来说，有 768 行和 1024×3=3072 列。一般的液晶显示屏多为 60 Hz 的刷新频率，此时每一个画面的显示时间约为 1/60 s=16.67 ms。由于画面的组成为 768 行的栅极走线，所以分配给每一条栅极走线的开关时间约为 16.67 ms/768=21.7 μs。因此，在栅极驱动器送出的波形中，是一个接着一个宽度为 21.7 μs 的脉冲波，依次导通每一行的 TFT 管。而源极驱动器则在这 21.7 μs 的时间内，经由源极走线将显示电极充放电到所需的电压，便可显示相对应的图像。

　　需要说明的是，加在 TFT 管源极的驱动电压，不能像 CRT 显像管阴极那样，是一个固定极性的直流信号。因为液晶显示屏内部的液晶分子如果处于单一极性的电场作用下，则会在直流电场中发生电解反应，使液晶分子按照不同的带电极性而分别向正、负两极堆积，发生极化作用，从而逐渐失去旋光特性而不能起到光阀作用，致使液晶屏工作终止。因此，要正确使用液晶，不能采用显像管式的激励方式，而是既要向液晶施加电压以便调制对比度，又要保证其所加电压符合液晶驱动的要求，即不能有平均直流成分。具体的方法是利用反转驱动方式的原理在显示屏的源极加上极性相反、幅度相等的交流电压。由于交流电的极性不断变化倒相，故不会使液晶分子产生极化作用，而所加电压又能控制其透光度，从而达到调整对比度的目的。

8. TFT 液晶显示屏色彩的显示原理

TFT 液晶显示屏之所以能够显示出逼真的色彩，是由其内部的彩色滤色片和 TFT 管共同协调工作完成的。彩色滤色片依据颜色分为红、绿、蓝三种，依次排列在玻璃基板上并与每一个像素单元的(R、G、B)三个子像素(sub-pixel)一一对应。也就是说，如果一个 TFT 显示器最大支持 1280×1024 分辨率的话，那么至少需要 $1280 \times 1024 \times 3$ 个子像素和晶体管。对于一个 15 英寸的 TFT 显示器(1024×768)，一个像素大约是 0.0188 英寸(相当于 0.30 mm)；对于 18.1 英寸的 TFT 显示器而言(1280×1024)，就是 0.011 英寸(相当于 0.28 mm)。

像素对于显示器是有决定意义的，每个像素越小显示器可能达到的最大分辨率就会越大。不过由于晶体管物理特性的限制，目前 TFT 显示器每个像素的大小基本就是 0.0117 英寸(0.297 mm)，所以对于 15 英寸的显示器来说，分辨率最大只有 1280×1024。图 4-30 是液晶屏上一组三基色像素的示意图。

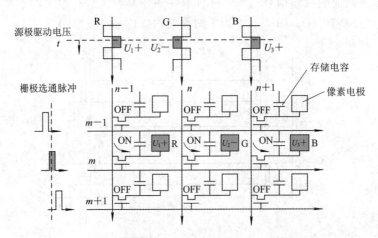

图 4-30 一组三基色像素的示意图

从图 4-30 中可以看出，在 t 时刻，R、G、B 三基色像素从源极驱动器输出，加到源极驱动电极 $n-1$、n、$n+1$ 上，即各 TFT 管的源极 S 上，而此时(即在 t 时刻)，栅极驱动器输出的行驱动脉冲只出现在第 m 行。因此，第 m 行的所有 TFT 管导通，于是，R、G、B 驱动电压 U_1、U_2、U_3 分别通过第 m 行导通的 TFT 管加到漏电极像素电极上，故 R、G、B 三基色像素单元透光，送到彩色滤色片上，经混色后显示一个白色像素点。

图 4-31 所示为显示三个连续的白色像素点的示意图。显示的工作过程与前述类似，

即在 t_1 时刻，第 $m-1$ 行的 TFT 管导通，于是在第 $m-1$ 行的对应列处显示一个白色像素点；在 t_2 时刻，第 m 行的 TFT 管导通，于是在第 m 行的对应列处显示一个白色像素点；在 t_3 时刻，第 $m+1$ 行的 TFT 管导通，于是在第 $m+1$ 行的对应列处显示一个白色像素点；由于 t_1、t_2、t_3 之间的时间间隔很短，因此，人眼看不到白色像素点的闪动，而看到的是三个竖着排放的白色像素点。

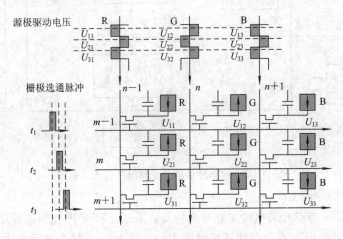

图 4-31　显示三个连续的白色像素点的示意图

从上面介绍的 R、G、B 三基色像素的驱动电压波形可以看出，相邻的两点，加上的是极性相反、幅度相等的交流电压。也就是说，图 4-31 中 R、G、B 源极驱动电压是逐点倒相的，因此这种极性变换方式称为"逐点倒相法"。

以上介绍的只是显示白色的情况，若显示其他颜色，其原理是相同的。例如，若要显示黄色，只需要 R、G 两像素单元加上电压，使 R、G 像素单元透光显示出滤色片的颜色；同时，不给 B 像素单元加电压，因此，B 像素单元不能透光而呈黑暗状态。也就是说，在三基色单元中，只有 R、G 两单元发光，故能呈现黄色。

可见，如果将视频信号加到源极列线上，再通过栅极行线对 TFT 管逐行选通，即可控制液晶屏上每一组像素单元的发光与否及发光颜色，从而达到显示彩色图像的目的。各基色像素单元的源极列线，按照三基色分为 R、G、B 三组，分别施加各基色的视频信号，就可以控制三基色的比例，从而使液晶屏显示出不同的色彩来。

9. TFT 液晶显示器控制电路的基本组成

液晶彩色显示器没有 CRT 彩色电视机的图像高中频电路、伴音电路、色度电路、同步分离电路等。它主要由液晶板加上相应的驱动板(也称主板，注意不是液晶面板内的行列驱动电路)、电源板、高压板、按键控制板等组成。图 4-32 所示是液晶显示器控制电路的组成方框图。

1) 电源部分

液晶显示器的电源电路分为开关电源和 DC/DC 变换器两部分。其中，开关电源是一种 AC/DC 变换器，其作用是将市电交流 220 V 或 110 V(欧洲标准)转换成 12 V 直流电源(有些机型为 14 V、18 V、24 V 或 28 V)，供给 DC/DC 变换器和高压板电路；DC/DC 直流变换器用以将开关电源产生的直流电压(如 12 V)转换成 5 V、3.3 V、2.5 V 等电压，供给

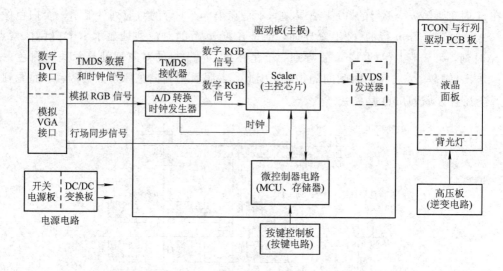

图 4-32　液晶显示器的控制电路组成方框图

驱动板和液晶面板等使用。

目前，液晶显示器的开关电源主要有两种安装形式：① 采用外部电源适配器（Adapter），这样，输入显示器的电压就是电源适配器输出的直流电压；② 在显示器内部专设一块开关电源板，即所谓的内接方式，在这种方式下，显示器输入的是交流 220 V 电压。

DC/DC 变换器也有多种安装方式，第一种是专设一块 DC/DC 变换板；第二种是和开关电源部分安装在一起（开关电源采用机内型）；第三种是安装在主板中。

2）驱动板（主板）部分

驱动板也称主板，是液晶显示器的核心电路，主要由以下几个部分构成：

（1）输入接口电路。液晶显示器一般设有传输模拟信号的 VGA 接口（D-Sub 接口）和传输数字信号的 DVI 接口。其中，VGA 接口用来接收主机显卡输出的模拟 R、G、B 和行场同步信号；DVI 接口用于接收主机显卡 TMDS（最小化传输差分信号）发送器输出的 TMDS 数据和时钟信号，接收到的 TMDS 信号需要经过液晶显示器内部的 TMDS 接收器解码，才能加到 Scaler 电路中，不过现在很多 TMDS 接收器都被集成在 Scaler 芯片中。

（2）A/D 转换电路。A/D 转换电路即模/数转换器，用以将 VGA 接口输出的模拟 R、G、B 信号转换为数字信号，然后送到 Scaler 电路进行处理。

早期的液晶显示器，一般单独设立一块 A/D 转换芯片（如 AD9883、AD9884 等），现在生产的液晶显示器，大多已将 A/D 转换电路集成在 Scaler 芯片中。

（3）时钟发生器（PLL 锁相环电路）。时钟产生电路接收行同步、场同步和外部晶振时钟信号，经时钟发生器产生时钟信号，一方面送到 A/D 转换电路，作为采样时钟信号；另一方面送到 Scaler 电路进行处理，产生驱动 LCD 屏的像素时钟。

另外，液晶显示器内部各个模块的协调工作也需要在时钟信号的配合下才能完成。显示器的时钟发生器一般均由锁相环电路（PLL）进行控制，以提高时钟的稳定度。

早期的液晶显示器，一般将时钟发生器集成在 A/D 转换电路中，现在生产的液晶显示器，大都将时钟发生器集成在 Scaler 芯片中。

（4）Scaler 电路。Scaler 电路的名称较多，如图像缩放电路、主控电路、图像控制器等。Scaler 电路的核心是一块大规模集成电路，称为 Scaler 芯片，其作用是对 A/D 转换得到的数字信号或 TMDS 接收器输出的数据和时钟信号，进行缩放、画质增强等处理，再经输出接口电路送至液晶面板，最后由液晶面板的时序控制 IC(TCON)将信号传输至面板上的行列驱动 IC。Scaler 芯片的性能基本上决定了信号处理的极限能力。另外，在 Scaler 电路中，一般还集成有屏显电路(OSD 电路)。

液晶显示器为什么要对信号进行缩放处理呢？这是由于一个面板的像素位置与分辨率在制造完成后就已经固定，但是影音装置输出的分辨率却是多元的，当液晶面板必须接收不同分辨率的影音信号时，就要经过缩放处理才能适合一个屏幕的大小，所以信号需要经过 Scaler 芯片进行缩放处理。

(5) 微控制器电路。微控制器电路主要包括 MCU(微控制器)、存储器等。其中，MCU 用来对显示器按键信息(如亮度调节、位置调节等)和显示器本身的状态控制信息(如无输入信号识别、上电自检、各种省电节能模式转换等)进行控制和处理，以完成指定的功能操作。存储器(这里指串行 EEPROM 存储器)用于存储液晶显示器的设备数据和运行中所需的数据，主要包括设备的基本参数、制造厂商、产品型号、分辨率数据、最大行频率、场刷新率等，还包括设备运行状态的一些数据，如白平衡数据、亮度、对比度、各种几何失真参数、节能状态的控制数据等。

目前，很多液晶显示器将存储器和 MCU 集成在一起，还有些液晶显示器甚至将 MCU、存储器都集成在 Scaler 芯片中。因此这些液晶显示器的驱动板上，是看不到存储器和 MCU 的。

(6) 输出接口电路。驱动板与液晶面板的接口电路有多种，常用的主要有以下几种：

第一种是并行总线 TTL 接口，用来驱动 TTL 液晶屏。根据不同的面板分辨率，TTL 接口又分为 48 位或 24 位并行数字显示信号。

第二种接口是现在十分流行的低压差分 LVDS 接口，用来驱动 LVDS 液晶屏。与 TTL 接口相比，串行接口有更高的传输率，更低的电磁辐射和电磁干扰，并且，需要的数据传输线也比并行接口少很多。所以，从技术和成本的角度，LVDS 接口比 TTL 接口好。需要说明的是，凡是具有 LVDS 接口的液晶显示器，在主板上一般需要一块 LVDS 发送芯片(有些可能集成在 Scaler 芯片中)，同时在液晶面板中应有一块 LVDS 接收器。

第三种是 RSDS(低振幅信号)接口，用来驱动 RSDS 液晶屏。采用 RSDS 接口，可大大减少辐射强度，更加健康环保，并可增强 EMI 抗干扰能力，使画面质量更加清晰稳定。

3) 按键板部分

按键电路安装在按键控制板上。另外，指示灯一般也安装在按键控制板上。按键电路的作用就是使电路通或断，当按下开关时，按键电子开关接通；手松开后，按键电子开关断开。按键开关输出的开关信号送到驱动板上的 MCU 中，由 MCU 识别后，输出控制信号控制相关电路完成相应的操作。

4) 高压板部分

高压板俗称高压条(因为电路板一般较长，为条状形式)，有时也称为逆变电路或逆变器，其作用是将电源输出的低压直流电压转变为液晶板(Panel)所需的高频 600 V 以上的高压交流电，点亮液晶面板上的背光灯。

高压板主要有两种安装形式：① 专设一块电路板；② 和开关电源电路安装在一起(开

关电源采用机内型）。

5）液晶面板（Panel）部分

液晶面板是液晶显示器的核心部件，主要包含液晶屏、LVDS 接收器（可选，LVDS 液晶屏有该电路）、驱动 IC 电路（包含源极驱动 IC 与栅极驱动 IC）、时序控制 IC（TCON）和背光源。

最后需要强调的是，液晶显示器的电路结构经历了从多片集成电路—单片集成电路—超级单片的发展过程。例如，早期的液晶显示器、A/D 转换器、时钟发生器、Scaler 和 MCU 电路均采用独立的集成电路；现在生产的液晶显示器，则大多将 A/D 转换器、TMDS 接收器、时钟发生器、Scaler、OSD、LVDS 发送器集成在一起，有的甚至将 MCU 电路、TCON、RSDS 等电路也集成进来，成为一片真正的"超级芯片"。无论液晶显示器采用哪种电路形式，其基本结构的组成都是相同或相似的。

10. 常用液晶显示器控制电路举例

下面以三星 173B 液晶显示器为例简单说明液晶显示器控制电路的各个组成部分的原理和工作过程。三星 173B 液晶显示器是三星公司于 2004 年生产的一种 17 英寸显示器，其主要电路组成如图 4 - 33 所示。

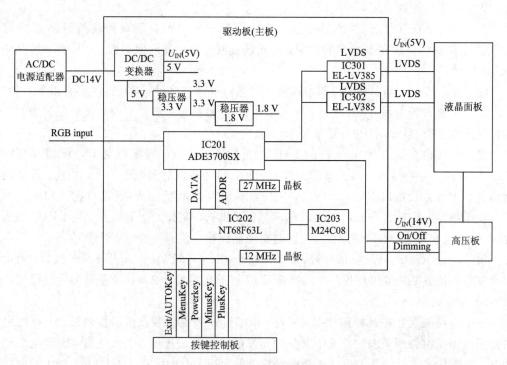

图 4 - 33　三星 173B 液晶显示器主要电路组成

从图 4 - 33 中可以看出，三星 173B 液晶显示器主要由主控芯片 IC201（ADE3700SX）、微控制器 IC202（NT68F63L）、EEPROM 存储器 IC203（M24C08），LVDS 发送器 IC301（EL-LY385）、IC302（EL-LV385），以及按键控制板、外接电源适配器、DC/DC 变换器、高压板、液晶面板等部分组成（各部分功能前面有详细介绍）。

该显示器电路的简单工作过程如下：由 VGA 接口输入的模拟 RGB 三基色信号和行场

同步信号加到 Scaler 电路 IC201，在 IC201 内部进行 A/D 转换，将模拟的 RGB 信号转换为数字信号，送到 IC201 内部图像缩放电路，将接收到的其他模式信号转换成液晶屏所固有的显示分辨率，再经 IC201 内部色彩和亮度对比度处理后，从 IC201 输出奇偶双路 RGB 并行数字信号，送到 LVDS 发送器 IC301、IC302，转换成串行数据流，再送到液晶面板电路，驱动液晶屏显示图像。

4.4 液晶显示的背照光源

液晶显示器件是被动型显示器件，它本身不会发光，是靠调制外界光实现显示的。外界光是液晶显示器件进行显示的前提条件。因此，背光源采光技术的两大任务，第一是使液晶显示器件在有无外界光的环境下都能使用；第二是提高背景光亮度，改善显示效果。一般液晶显示的采光技术分为自然光采光技术和外光源设置技术。而外光源设置上，又有背光源、前光源和投影光源三类技术。

本节主要介绍 CCFL(冷阴极荧光灯)、EL(电致发光)和 LED(发光二极管)三种主流的液晶背光技术及它们的优、缺点。

4.4.1 液晶显示背照光源分类

常用的背照光源分类如表 4-1 所示。

表 4-1 常用的背照光源分类

光源种类		LED	EL(电致发光)	CCFL(冷阴极荧光灯)
寿命/小时		100 000	(半衰期)2000～5000	(半衰期)5000～8000
特点	优点	寿命长	分光特性好，无亮斑，薄而轻，耐振、抗冲击	在可见光范围光谱峰值可任选，亮度高，寿命长，适于彩色化
	缺点	单色光，调光难	寿命短，电压高	不能调光，驱动电压高，有一定厚度
发光方式		边光	背光	一般为边光
工作电压		3.8～4.5 V	60～200 V	500～1000 V
推荐工作电压			70～110 V	
工作频率			50～1000 Hz	20 kHz
推荐工作频率			400～700 Hz	
工作电流		不定(由 LED 的数量决定)	0.1～0.25 mA/cm²	4～6 mA
电容值		—	100～1000 pF/cm²	
工作温度			−30℃～+50℃	+10℃～50℃
存储温度			−40℃～+60℃	−20℃～60℃
存储湿度			<70%RH	

续表

光源种类	LED	EL(电致发光)	CCFL(冷阴极荧光灯)
亮度			$3000 \sim 35000$ cd/m²
功耗	不定(由 LED 的数量决定)		$1 \sim 4$ W
颜色种类	黄、红、绿、橙、白	EL 是低亮度照明光源,发光颜色仅绿色、蓝绿色、橙色	白色
外接元器件	外接 5 V 电源时须限流	需 DC/AC 逆变器	需 DC/AC 逆变器,串联限流电阻 100 kΩ～200 kΩ

4.4.2 常用背照光源技术简介

目前市场上主流的液晶背光技术包括 CCFL(冷阴极荧光灯)、EL(电致发光)和 LED(发光二极管)等几类。

1. 冷阴极荧光灯(CCFL)

传统的液晶显示器都是采用 CCFL (Cold Cathode Fluorescent Lamp,冷阴极荧光灯)背光,如图 4-34 所示。CCFL 的物理结构是在一玻璃管内封入惰性气体 Ne ＋Ar 混合气体,其中含有微量(数 mg)水银蒸气,并于玻璃内壁涂布荧光粉。其工

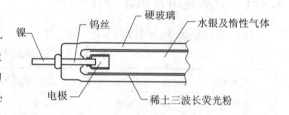

图 4-34　CCFL(冷阴极荧光灯)

作原理为当高压加在灯管两端后,灯管内少数电子高速撞击电极后产生二次电子发射,开始放电,管内的水银受电子撞击后,激发辐射出 253.7 nm 的紫外光,产生的紫外光激发涂在管内壁上的荧光粉而产生可见光,可见光的颜色将根据所选的荧光粉的不同而不同。

CCFL 的背光设计主要有两种,即"侧入式"与"直落式",不过侧入式因光导设计使得光折损率较高,进而让背光亮度受限,面板尺寸越大时亮度就越低,仅适合 8 英寸～15 英寸的 TFT-LCD 面板,也就是 Laptop、Desktop 等个人观赏之用。当用在居家观赏的 LCD TV 大尺寸上面时,侧入式的亮度将难以满足,取而代之的是直落式。

不过,越大尺寸的 LCD,其背光模组所占的成本比重就越高。根据统计,同样是使用直落式 CCFL 背光模组,在 15 英寸时背光模组仅占整体成本的 23%,但是到 30 英寸时就增至 37%,到 57 英寸时,背光模组所占的成本就会达到 50%。所以,直落式 CCFL 背光仅适合用在 30 英寸左右的中型尺寸 LCD TV 上,而不适合用在更大面积的设计上。同时,CCFL 是运用水银气体放电来产生照明的,虽然根据目前欧盟订立的 RoHS 规范,只要"水银"剂量在标准以下就可接受,但无人能保证日后可能将标准提高至零含量。届时 CCFL 将无法使用,或必须改行无汞式 CCFL。即便无汞式 CCFL 在技术上可行,但 CCFL 依旧是密闭光管性的气体放电式电子照明,光管对外力的抗受性有限,较大的冲撞将使光管破裂,使照明失效。另外,由于直落式不需要用导光板,也无光折损问题,所以也不需要增亮

膜,而增亮膜属少数业者的专利技术,价格昂贵。直落式可以省去导光板与增亮膜,有助于成本降低。

直落式 CCFL 也有其缺点,为了提升画面亮度,必须增加光管数目,光管过密排置的结果将不利于散热,既然左右相间的距离空间缩减,只好从厚度层面来增加散热空间,然而厚度增加也等于部分抵损 LCD TV 的优点——轻薄。由于冷阴极荧光灯不是平面光源,因此为了实现背光源均匀的亮度输出,LCD 的背光模组还要搭配扩散片、导光板、反射板等众多辅助器件。即便如此,要获得如 CRT 般均匀的亮度输出依然非常困难。大部分 LCD 在显示全白或全黑画面时,屏幕边缘和中心亮度的差异十分明显。

除了结构复杂、亮度输出均匀性差之外,采用 CCFL 作为 LCD 背光源,其使用寿命较短。绝大部分 CCFL 背光源在使用 2～3 年之后亮度下降非常明显(寿命在 15000 小时～25000 小时),许多 LCD(尤其是笔记本电脑的液晶屏)在使用几年后会出现屏幕变黄、发暗的现象,这正是 CCFL 使用衰减期较短的缺陷造成的。

与此同时,由于 CCFL 背光源必须包含扩散板、反射板等复杂的光学器件,因此 LCD 的体积无法再进一步缩小。在功耗方面,采用 CCFL 作为背光源的 LCD 也无法令人满意,14 英寸 LCD 的 CCFL 背光源往往需要消耗 20 W 甚至更多的电能。这对笔记本电脑和便携设备来说,它们的续航能力将经受重大的考验。

2. 电致发光

电致发光(Electro Luminescent)现象是在 1936 年由 G. Destriau 首次发现,并在 1947 年发明了导电玻璃后首次被用于照明用面光源,但由于材料的限制,没有得到更广泛的应用。一直到 20 世纪 60 年代,该项技术才得到突破,在 70 年代作为背光源得到迅速的发展,成为继 LCD、PDP 显示方式之后为人们期待的一种理想的平板显示器件。

电致发光是通过加在两电极的电压产生电场,被电场激发的电子碰击发光中心,而引致电子能级的跃进、变化、复合,从而导致发光的一种物理现象,又可称电场发光,简称 EL。利用电致发光原理可制作成电致发光板。电致发光板是一种发光器件,简称冷光片、EL 灯、EL 发光片或 EL 冷光片,它由背面电极层、绝缘层、发光层、透明电极层和表面保护膜组成,利用发光材料在电场作用下产生光的特性,将电能转换为光能。由于电致发光板的超薄、高亮度、高效率、低功耗、低热量、可弯曲、抗冲击、长寿命、多种颜色可选择等特点,因此,电致发光板被广泛应用于显示领域。

3. 发光二极管

相比 CCFL 背光技术而言,发光二极管(Light Emitting Diode,LED)有许多优点,首先是固体式电子照明,对冲撞的抗受性高于 CCFL,且没有汞气体的环保法规顾虑,没有 UV 紫外线外泄顾虑,同时在色彩饱和度及寿命上都超越 CCFL。另外,LED 只需正向电压即可驱动,不似 CCFL 需要交流的正负向电压。即便只论正向驱动电压,LED 的需求水准也低于 CCFL。再者,LED 的亮度只需用脉波宽度调变(Pulse Width Modulation,PWM)方式就可调节,并可用相同方式来抑制 TFT-LCD 显示上的残影问题,然而 CCFL 的亮度调节就较为复杂,且无法抑制残影,必须以另外的方式才能抑制。

但 LED 背光也有其缺点,首先是发光效率,以相同的用电而言,LED 并不及 CCFL,因此散热问题会比 CCFL 严重。此外,LED 属点型光源,与 CCFL 的线型光源相较,实更难控制光均性。为了达到尽可能的光均，必须对生产出来的 LED 进行特性上的精挑严选，将大量特性一致（波长、亮度）的 LED 用于同一个背光中，此一挑选成本也相当高昂。所幸的是，LED 的发光效率还在提升中，截至 2017 年已可至 200 lm/W 以上，如此色彩饱和度可以更佳，以及让背光的 LED 排置更宽松，进而让用电与散热问题得以舒缓，且制造良品率持续进步成熟后，严选光亮特性一致的 LED 的成本也会降低。

4.5　液晶电视技术

液晶电视机（Liquid Crystal Display TV，LCD TV）是一种利用彩色液晶显示板显示电视节目的电视机。彩色电视制式主要有 NTSC 制、PAL 制和 SECAM 制，我国大陆采用的是 PAL - D 制。

本节主要介绍液晶电视的原理和工作过程，并以长虹 LS10 机芯液晶彩色电视为例进行详细的分析。

4.5.1　液晶电视的原理和工作过程

如图 4 - 35 所示是典型的液晶电视整机原理方框图。其工作原理和过程如下：RF 电视信号、CVBS 复合电视信号、S-Video 信号、色差分量信号等经模拟电视信号处理模块处理后，形成模拟 Y、U、V（或 R、G、B）信号及行场同步信号给模拟信号/数字信号转换模块进行 A/D 转换，成为 24 位数字 Y、U、V（或 R、G、B）信号。该信号再经隔行/逐行转换处理，形成标准逐行格式的数字 Y、U、V（或 R、G、B）信号，从 VGA 接口输入的 AGA 视频信号，经模拟 VGA/数字 VGA 信号转换成 24 位 VGA 视频信号供 LCD 图像信号处理模块用。从 DVI 接口输入的 VGA 视频信号，经 DVI 串行/并行转换后，形成 24 位（或 48 位）并行数字视频信号，供 LCD 图像信号处理模块用。同时，经隔行/逐行转换后形成的逐行格式的数字 Y、U、V（或 R、G、B）信号也输入 LCD 图像信号处理模块。这三种信号经 LCD 图像信号处理模块处理后，形成平板显示模块可接收的平板图像显示数据格式，经 DVI 接口送入 LCD 显示模块。LCD 显示模块是 LCD TV 的显示终端，将其接收到的平板显示数据，经内部时序控制电路转换后，驱动 LCD 显示出正确的视频图像。

4.5.2　常见液晶电视实例

下面以长虹 LS10 机芯液晶彩色电视为例来说明常见液晶电视的工作原理和过程。

1. 长虹 LS10 机芯液晶彩色电视的基本结构和电路组成

长虹 LS10 机芯液晶彩色电视是长虹公司 2006 年推出的一款平板机芯产品，它的代表机型有 LT3712、LT3212、LT3288、LT3788、LT4288、LT4028、LT3219P、LT3719P、LT4019P 等。

长虹 LS10 机芯液晶电视从电路组成上看，主要由稳压电路、射频电路、数字视频处理电路、功率放大电路、模拟视频电路、系统控制电路及键控电路组成，整机电路组成方框图如图 4 - 36 所示。

长虹 LS10 机芯液晶电视从结构上看，主要由 TV 板、侧 AV 板、遥控接收板、K 板和主板等组成，各组件功能说明如表 4 - 2 所示。

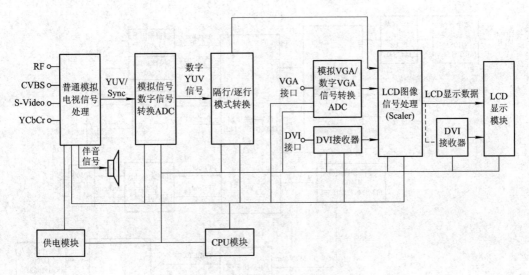

图 4 - 35　液晶电视整机原理方框图

表 4 - 2　LS10 机芯各组件功能说明

序号	组件名称	功　能　描　述
1	主板组件	是液晶彩电信号处理的核心部分,包括系统控制电路、模拟处理电路、数字处理电路。TV 板输入的 CVBS 信号及 AV/S 端子输入信号,在 SAA7117A 中进行视频解码后输出 8 bit 的 YUV 数字信号,然后通过 MST5151 格式变换等处理后产生 LVDS 信号再上屏显示。另外经 VGA、HDMI、HDTV(YPbPr)端子输入的信号则直接进入 MST5151 A/6151A 进行处理、格式变换和上屏显示。伴音通道的切换及音频放大也是由主板组件来完成的
2	TV 板组件	主要由主高频调谐器和一些外围处理电路组成。主高频调谐器将 RF 信号解调为视频信号,通过转接后送入主板作相应处理
3	遥控接收板组件	由一个工作指示灯和一个遥控接收头构成。用户通过该组件使用遥控器可以对液晶电视方便地进行操作以及知道液晶电视所处的工作状态
4	内置电源板组件	将 AC 220V 转换成机芯中其他电路所需要的直流电,有+24 V、+12 V、+5 V 及待机状态下供电的+5 V MCU
5	K 板组件	有 7 个功能按键,用户通过该组件可以对液晶电视方便地进行操作
6	屏组件	LS10 所使用的屏都内置有逆变器,逆变器将直流变成高压的交流信号,点亮背灯;液晶屏用以将来自主板经处理后的图像信号进行图像显示
7	侧 AV 板	用于耳机输出,AV 输入,S 端子输入
8	DMP 模块板	数字高清模块(仅限 LT3219P、LT3719P、LT4019P 机型)

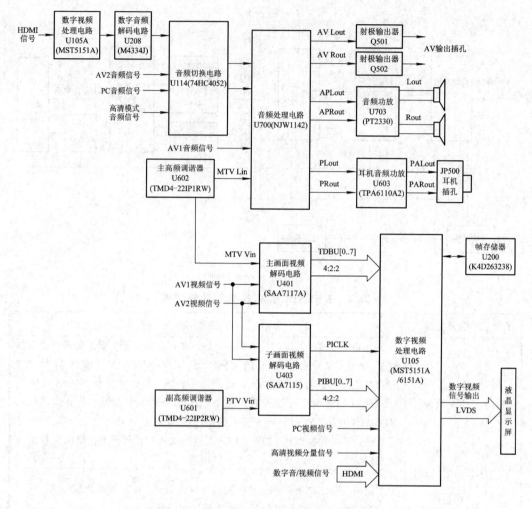

图 4-36　LS10 机芯彩电整机电路组成方框图

2. 长虹 LS10 机芯液晶彩电的工作原理

1) 高、中频信号处理电路

长虹 LS10 机芯具有双画面显示功能，主高频调谐器型号为 TMD4-22IP1RW(U602)，副高频调谐器型号为 TMD4-22IP2RW(U601)，两者安装在 TV 板上，由天线接收下来的射频电视信号首先输入到 TV 板的功率分配器，经隔离放大后分为两路：一路送到主高频调谐器 TMD4-22IP1RW(U602)，经调谐选台、高频放大、变频和解调，从高频调谐器 U602(18)脚输出复合视频信号(MTV)信号，并通过接插件送到主板上的主画面视频解码器 U401(SAA7117)的(31)脚进行视频处理。同时 U602(20)脚输出音频信号 MTV-L，经接插件送至主板上的音频处理电路。功率分配器输出的另一路射频电视信号送到副高频头 TMD4-C22IP2RW(U601)，经内部调谐选台、高频放大、变频和解调等处理，从其(18)脚输出复合视频信号 PTV，经接插件脚送到主板上的副画面视频解码器 U403(SAA7115)的(12)脚进行视频处理。副高频头 U601 没有音频信号输出。

2) 伴音信号处理电路

长虹 LS10 机芯伴音信号处理电路由数字音频解码电路 U208(M4334J)、音频切换电路 U114(74HC4052)、音频处理电路 U700(NJW1142)、主声道音频功率放大电路 U703(PT2330)、耳机音频功放 U603(TPA6110A2)组成,如图 4 - 37 所示。

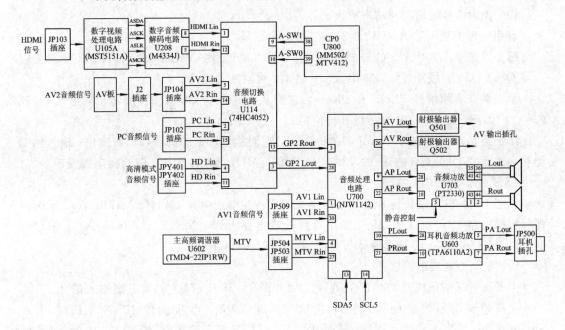

图 4 - 37　伴音信号处理电路方框图

(1) 音频信号的输入。

LS10 机芯有六种音频信号输入情况,分别如下:

① TV 音频信号输入:TV 音频信号 MTV-L、MTV-R 直接由主调谐器 U602(20)脚输出,分别送至主板上的音频处理电路 U700(NJW1142)的(4)、(27)脚。

② AV1 音频信号输入:AV1 音频信号 AV1 Lin 和 AV1 Rin 从插孔输入,分别送至主板上的音频处理电路 U700(NJW1142)的(1)、(30)脚。

③ AV2 音频信号输入:AV2 音频信号 AV2 Lin 和 AV2 Rin 从 AV 板输入,经接插件 J2、JP104 分别送至开关电路 U114(74HC4052)的(5)、(14)脚。

④ PC 音频信号输入:计算机输出的音频信号 PC Lin、PC Rin 从插座 JP102 输入,分别送至开关电路 U114(74HC4052)的(2)、(15)脚。

⑤ YPbPr 音频信号输入:在接收高清分量信号时,其对应的音频信号 HD Lin、HD Rin 从插孔 JPY401、JPY402 输入,分别送至开关电路 U114(74HC4052)的(4)、(11)脚。

⑥ 数字音频信号输入:在接收数字音视频信号 HDMI 时,HDMI 的信号经接插件 JP103 输入到 U105A(MST5151A)中将数字音频分量分离出来,从 U105(188)~(191)脚输出的音频数据和时钟信号,送入 U208(M4334J)进行音频解码,还原出两路音频信号 HDMI Lin 和 HDMI Rin 由(8)脚和(5)脚分别输出,送到开关电路 U114(74HC4052)的(1)、(12)脚。

(2) 音频信号的选择和处理。

从图 4 - 37 可知,AV2 音频信号、PC 音频信号、YPbPr 音频信号和数字音频信号,都先送入开关电路 U114(74HC4052)，经选择后，从其(3)脚输出 GP2 Lout，从(13)脚输出 GP2 Rout，送入 U700(NJW1142)的(28)、(3)脚。该组音频信号又与 TV 音频信号、AV1 音频信号在音频处理电路 U700(NJW1142)中再次选择，取出其中一路，进行 AGC 控制、音量控制、音调控制、平衡控制、静音控制和仿立体声效果控制后输出。

(3) 音频信号的输出和功率放大。

音频处理电路 U700(NJW1142)有三路输出信号：

第一路是从 U700(5)、(26)脚输出的左、右声道信号 AV Lout 和 AV Rout 经射极输出器 Q501、Q502 缓冲后，从插孔 JP510 输出，供监视器使用。

第二路是音频信号 PLout 和 PRout，它们从 U700(10)脚和(21)脚输出，送入 U603(28)、(10)脚，经 U603 放大后供耳机使用。

第三路是音频信号 AP Lout 和 AP Rout，它们从 U700(9)脚和(22)脚输出，输入到 D 类功率放大器 U703(PT2330)的 (28)、(10)脚，经 U703 功率放大，驱动扬声器发声。

3）视频信号处理电路

长虹 LS10 机芯视频信号处理电路由主画面视频解码电路 U401(SAA7117A)、子画面视频解码电路 U403(SAA7115)、数字视频处理电路 U105(MST5151A/6151A)、帧存储器 U200(K4D263238)、液晶显示屏等组成，如图 4 - 38 所示。

(1) 主画面视频解码电路。

主画面视频解码电路 U401(SAA7117A)如图 4 - 38 所示，它共有三组输入信号。

主高频调谐器输出的视频全电视信号 MTV Vin，经接插件 JP504、JP503 送入 SAA7117A(31)脚。AV1 的视频信号中的 AV1 V 或 S 端子的亮度信号 AV1 V/Y，经接插件或 S 端子 J1 送入 SAA7117A(29)脚，而色度信号 AV1 C，经 S 端子 J1 送入 SAA7117A(21)脚。AV2 的视频信号中的 AV2 V 或 S 端子亮度信号 AV2 V/Y、色度信号 AV2 C，均从 AV 板输入。其中 AV2 V 通过 C5、C6、L2 的低通滤波，射极输出器 Q5 的处理，经接插件 J2 和 JP104 送入 SAA7117A(34)脚；当输入 S 端子信号时，AV2 Y 通过 C3、C4、L1 的低通滤波，射极输出器 Q1 的处理，经接插件 J2 和 JP104 也送入 SAA7117A(34)脚；AV2 C 通过 C1、C2、L3 的低通滤波，经接插件 J2 和 JP104 送入 SAA7117A(26)脚。

上面三组隔行视频信号在 SAA7117A 中进行 AV 切换，选出的信号经 A/D 变换、自适应数字梳状滤波、解码、输出格式变换，由(92)～(94)、(97)～(100)、(102)脚输出 8 bit 的4：2：2格式的数字信号送往数字视频处理电路 U105(MST5151A/6151A)的(41)～(48)脚进行视频信号处理。同时，SAA7117A(84)脚输出像素时钟信号送往 U105(52)脚。SAA7117A(39)脚还输出 AV 视频信号，供监视器使用。

(2) 子画面视频解码电路。

子画面视频解码电路 U403(SAA7115)如图 4 - 38 所示，它也有三组信号输入。其中，副高频调谐器输出的视频信号 PTV Vin，经接插件 JP511、JP512 送入 SAA7115(12)脚。同时 AV1 的视频信号 AV1 V/Y，还送入 SAA7115(20)脚，而 S 端子的色度信号 AV1 C 送入 SAA7115(16)脚。AV2 的视频信号 AV2 V/Y 也送入 SAA7115(18)脚，AV2 C 送入 SAA7115(14)脚。

这三组信号在 SAA7115 内部经 AV 切换、A/D 变换、自适应数字梳状滤波、解码和输出格式变换，由(54)～(62)脚输出 8 bit 的 4：2：2 格式的数字信号送到 U105

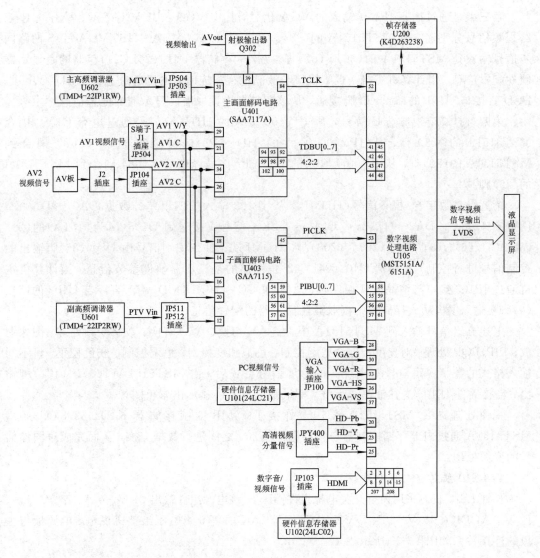

图 4-38 长虹 LS10 机芯视频信号处理电路组成方框图

(MST5151A/6151A)的(54)~(61)脚进行视频信号处理。同时，从 SAA7115(45)脚输出像素时钟信号送到视频处理电路 U105(53)脚。

（3）数字视频处理电路。

数字视频处理电路由视频处理芯片 U105（MST5151A/6151A）和帧存储器 U200（K4D263238）等组成。MST5151A 是一种高性能、具有全面的 PIP/POP 处理功能的视频处理芯片，它囊括了所有应用于图像捕捉、处理及显示时钟控制等方面 IC 的功能，其内部集成了高速率的 A/D 转换器、PLL、高可靠性的 HDMI/DVI 接收器及 LVDS 转换器等。

MST5151A 有下面五组视频输入信号：

第一组是由主画面视频解码电路 U401(SAA7117A)输出的数字信号，它们送往数字视频处理电路 U105(MST5151A) 的(41)~(48)脚。

第二组是由子画面视频解码电路 U403(SAA7115)输出的数字信号，它们送到 U105(MST5151A)的(54)~(61)脚。

第三组是通过插座 JP100 输入的 VGA 信号，其中 VGA－B、VGA－G、VGA－R 三路视频信号分别输入到 MST5151A 的(28)、(30)、(33)脚，VGA－HS、VGA－VS 两路同步信号输入到 MST5151A 的(36)、(37)脚。另外，存储器 U101(24LC21)存储的是显示器硬件配置信息。当计算机主机 VGA 接口与液晶电视相连时，主机通过总线 GDDCC、GD-DCD 直接与 U101 的(5)、(6)脚接通，从该存储器中读取液晶显示器的配置信息。

第四组是高清视频分量信号，从 JPY400 输入的 HD－Y 信号通过电容 C1082 耦合 MST5151A 的(23)脚，从 JPY400 输入的 HD－Pb 信号通过电容 C1080 耦合到 MST5151A 的(20)脚，从 JPY400 输入的 HD－Pr 信号经电容 C1084 耦合到 MST5151A 的(25)脚。

第五组是数字音/视频信号(HDMI)，从 JP103 输入的四组差分数据 DA0－/DA0＋、DA1－/DA1＋、DA2－/DA2＋、CLK－/CLK＋信号直接送到 U105(MST5151A)的(2)/(3)、(5)/(6)、(8)/(9)、(207)/(208)脚，HDMI 端子插入识别信号由 U800(36)脚输出的控制信号进行控制。存储器 U102(24LC02)也存储的是显示器硬件参数信息。当计算机主机通过 JP103 接口与液晶电视相连时，总线 DDCC－CK、DDCD－CA 直接与 U102 的(5)、(6)脚接通，主机从该存储器中读取液晶显示器的配置信息。

上述五组信号输入到 MST5151A 中，经 AV 切换、A/D 转换、数字变频处理、图像缩放、PIP/POP 处理、对比度控制、亮度控制、色饱和度控制、色调控制、肤色校正，将不同输入格式的数字视频信号变成统一的上屏信号格式后，由 MST5151A(160)～(171)脚输出，经接插件 JP105 送往液晶显示屏，驱动液晶显示屏显示出彩色图像。

视频处理芯片 MST5151A(U105)外接了 8 MB 的帧存储器 K4D263238(U200)，MST5151A 通过内部存储控制器与帧存储器 U200 之间进行数据交换，从而完成对图像信号的变频处理。

4) LS10 机芯整机供电系统

长虹 LS10 机芯采用内置开关电源组件 GP02，该电源组件输出 24 V-4 A、24 V-1 A、12 V-AUDIO、12 V-PP、5 V-4AC、5 V-MCU 等 6 组电压给整机供电，电源板与主板的连接关系如图 4－39 所示。

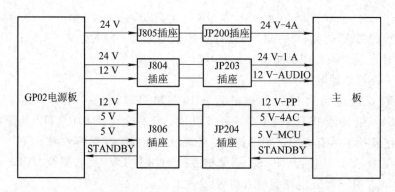

图 4-39 电源板与主板的连接关系

(1) 24 V-4 A 电压只供给逆变器，由逆变器变换成脉冲电压，为背光灯管供电。

(2) 24 V-1 A 电压给三路负载供电。第一路送给关机静音控制电路；第二路送给稳压集成块 U300(LM2596)，由 U300 产生出幅度为 12 V 的脉冲电压，送往倍压整流电路；第三路送给倍压整流电路，产生出＋33 V 直流电压，供给主副高频调谐器。

(3) 12 V - AUDIO 电源经过滤波、变换、稳压后为以下负载供电：① 音频功放 U703(PT2330)；② 音频处理电路 U700(NJW1142)；③ 静音控制电路；④ 两个高频调谐器 U601、U602；⑤ 音频切换电路 U114(74HC4052)、Q102、Q103 和 AV 板上的三极管；⑥ AV 输出电路的三极管 Q500、Q501、Q502、Q506、Q507 等组成的射极输出器等。

(4) 12 V - PP 电压经退耦滤波后与 5 V - 4 A 电压一起送到屏工作电压切换开关中，根据电视机使用的不同类型的液晶屏，在 CPU 的控制下，选择输出 5 V 或者 12 V 电压液晶屏供电。

(5) 5 V - 4AC 电压通过一系列的稳压、退耦滤波，产生出 2.5 V、3.3 V、1.8 V 等直流电压，给主画面解码电路 U401(SAA7117A)、子画面解码电路 U403(SAA7115)、数字视频处理电路 U105(MST5151A/6151A)、帧存储器 U200(K4D263238)提供工作电压。

4.6　LCD 的技术指标与接口标准

无论是 CRT(阴极射线管)显示器还是 LCD(液晶显示)显示器都会有一系列技术参数来反映它们的实际性能，由于 LCD 有着与 CRT 不同的特殊性，因此了解 LCD 显示器的技术参数将有助于我们对显示器的性能进行全面了解。

本节主要介绍 LCD 常用的技术指标、接口标准和认证标准。

4.6.1　与色彩有关的技术指标

1. 亮度

亮度是指画面的明亮程度。画面最高亮度指 100％信号电平的画面明亮程度。画面最低亮度指 0％信号电平的画面明亮程度。亮度的测量单位为 cd/m² 即坎[德拉]每平米，或 nit 即尼[特]。目前提高 LCD 亮度的方法有两种，一种是提高 LCD 面板的光通过率；另一种就是增加背景灯光的亮度，即增加灯管数量。目前 LCD 亮度已经接近 CRT 显示器水准。

2. 开口率

液晶显示器中有一个很重要的技术参数即亮度，而在 TFT 液晶显示器中决定亮度最重要的因素则是开口率(Aperture Ratio)。那么什么是开口率呢？简单来说就是光线能透过的有效区域比例。我们来看看图 4 - 40。图 4 - 40 的左边是一个液晶显示器从正上方或是正下方看过去的结构图，当光线经由背光板发射出来时，并不是所有的光线都能穿过面板，如 LCD 驱动芯片的信号走线、TFT 本身，还有存储电压用的存储电容等等。这些地方除了不完全透光外，也由于经过这些地方的光线并不受电压的控制，而无法显示正确的灰阶，所以都需要加以遮蔽，以免干扰到其他透光区域的正确亮度，所以有效的透光区域就只剩下如图 4 - 40 右边所显示的区域。这一块有效的透光区域与全部面积的比例就称为开口率。

　　当光线从背光板发射出来，会依序穿过偏光板、玻璃、液晶、彩色滤光片等。假设各个零件的穿透率为：偏光板 50%（因为其只准许单方向的极化光波通过），玻璃 95%（需要计算上、下两片），液晶 95%（开口率 50%，有效透光区域只有一半），彩色滤光片 27%（假设材质本身的穿透率为 80%，但由于滤光片本身涂有色彩，只能容许该色彩的光波通过。以 R、G、B 三原色来说，只能容许三种中的一种通过，故仅剩下三分之一的亮度，所以总共只能通过 80%×33%＝27%）。

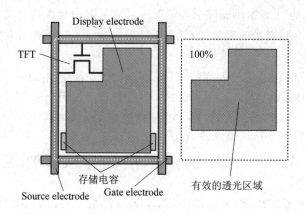

图 4－40　开口率示意图

　　从以上穿透率来计算，从背光板出发的光线只会剩下 6%，实在是少的可怜。这也是为什么在 TFT-LCD 的设计中，要尽量提高开口率的原因。只要提高开口率，便可以增加亮度，而同时背光板的亮度也不用那么高，可以减少耗电量及花费。

3. 对比度

　　对比度指最大亮度值（全白）除以最小亮度值（全黑）的比值，也即黑与白两种色彩不同层次的对比测量度。对比度可以反映出显示器是否能表现层次丰富的色阶。在合理的亮度值下，对比度越高，显示器所表现出来的色彩越鲜明，层次感越丰富。人眼可分辨的对比度约为 100∶1，当显示器的对比度超过 120∶1 时，就可以显示生动、丰富的色彩，对比度高达 300∶1 时便可以支持各阶度的颜色。目前大多数 LCD 显示器的对比度都在 100∶1～300∶1 左右。

4. 可视角度

　　可视角度是站在屏幕中心线的上下、左右某个位置时仍可清晰看见屏幕图像的角度范围。液晶电视的可视角度在上下、左右 160°范围内，均可达到良好的收视效果。

　　LCD 的可视角度最多为 160°。用户的视角一旦超出可视范围，画面的颜色就会减退、变暗，甚至出现正像变成负像的情况。当背光源通过偏极片、液晶和取向层之后，输出的光线便具有了方向性。也就是说大多数光都是从屏幕中垂直射出来的，所以从某一个较大的角度观看液晶显示器时，便不能看到原本的颜色，甚至只能看到全白或全黑。为了解决这个问题，制造厂商们也着手开发广角技术，到目前为止有三种比较流行的技术，分别是 TN＋FILM、IPS 和 MVA。

TN+FILM 这项技术就是在原有的基础上，增加一层广视角补偿膜。这层补偿膜可以将可视角度增加到 150°左右，是一种简单易行的方法，在液晶显示器中大量应用。不过这种技术并不能改善对比度和响应时间等性能，也许对厂商而言，TN+FILM 并不是最佳的解决方案，但它的确是最廉价的解决方法，所以中国台湾的大多数厂商都用这种方法打造 15 英寸液晶显示器。

IPS(In-Plane Switching，板内切换)技术，号称可以让上下左右可视角度达到更大的 17°。IPS 技术虽然增大了可视角度，但采用两个电极驱动液晶分子，需要消耗更大的电量，这会让液晶显示器的功耗增大。此外致命的是，这种方式驱动液晶分子的响应时间会比较慢。

MVA(Multi-Domain Vertical AlignMENT，多区域垂直排列)技术，原理是增加突出物来形成多个可视区域。液晶分子在静态的时候并不是完全垂直排列的，在施加电压后液晶分子成水平排列，这样光便可以通过各层。MVA 技术将可视角度提高到 160°以上，并且提供比 IPS 和 TN+FILM 更短的响应时间。这项技术是富士通公司开发的，目前中国的台湾奇美(在大陆奇丽是奇美的子公司)和台湾友达获得授权使用此技术。

可视角度分为平行和垂直可视角度，水平角度是以液晶的垂直中轴线为中心，向左和向右移动，可以清楚看到影像的角度范围。垂直角度是以显示屏的平行中轴线为中心，向上和向下移动，可以清楚看到影像的角度范围。可视角度以"度"为单位，目前比较常用的标注形式是直接标出总水平、垂直范围，如：150°/120°，目前最低的可视角度为 120°/100°(水平/垂直)，低于这个值则不能接受，最好能达到 150°/120°以上。

5. 色彩度

自然界的任何一种色彩都是由红、绿、蓝三种基本色组成的。而常见的 LCD 面板上是由 1024×768 个像素点组成图像的，每个独立的像素色彩由红、绿、蓝(R、G、B)三种基本色来控制。目前液晶显示器常见的颜色种类有两种，一种是 24 位色，也叫 24 位真彩。这 24 位真彩是由红、绿、蓝三原色每种颜色 8 位色彩组成的，也就是每个基本色(R、G、B)能达到 8 位，即 256 种表现度，那么每个独立的像素就有高达 256×256×256＝16777216 种色彩了。另一种液晶显示器三原色的每个基本色(R、G、B)达到 6 位，即 64 种表现度，那么每个独立的像素就有 64×64×64＝262144 种色彩。

6. 色域

人眼所能看到的光线称为可见光。在光谱图上可以知道可见光谱是波长从 380 nm 到 780 nm 之间的光线，而通过 R(红)、G(绿)、B(蓝)这三种颜色的混合，可以得到近似于全部可见光谱范围内的光线。目前所使用的绝大多数彩色显示器，不管是 CRT、LCD、PDP、DLP 还是其他什么，都是基于三原色成像的。1931 年，国际照明委员会 CIE 制定了 CIE 1931 RGB 系统，规定将 700 nm 的红、546.1 nm 的绿和 435.8 nm 的蓝作为三原色，后来 CIE 1931 - xy 色度图(如图 4 - 41 所示)成为描述色彩范围最为常用的图表。色域就是在这张图上由 R、G、B 三种纯色的坐标所围成的三角形或者多边形(增加补色)的面积。通常通过对红、绿、蓝三原色的测试来进行计算，而计算结果通常为 NTSC 标准的百分之多少，当然这个值越高就表示色域越广。

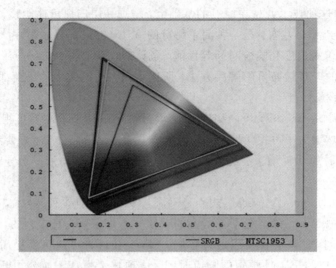

图 4 - 41　CIE 1931 - xy 色度图

4.6.2　与像素有关的技术指标

1. 分辨率

（1）屏幕大小：显示域的对角线尺寸（英寸：1 英寸≈25.4 mm）。

（2）分辨率（如图 4 - 42 所示）：显示列像素×显示行像素。对彩色显示而言，1 个像素（Pixel）由 RGB 3 个点（Dot）组成。

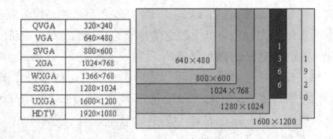

QVGA	320×240
VGA	640×480
SVGA	800×600
XGA	1024×768
WXGA	1366×768
SXGA	1280×1024
UXGA	1600×1200
HDTV	1920×1080

图 4 - 42　常见分辨率

2. 最佳分辨率

液晶的最佳分辨率就是最高分辨率，在这个分辨率下，每个液晶单元负责显示一个像素，是最清楚的。各尺寸的液晶最佳分辨率也不同，标准 15 英寸是 1024×768，17 英寸～19 英寸均为 1280×1024，20 英寸的是 1600×1200。

3. 点距

点距就是相邻像素之间的距离。目前 CRT 显示器的点距大多为 0.20～0.28 mm，而 LCD 的点距多为 0.297～0.32 mm。那么点距就等于可视宽度/水平像素（或者可视高度/垂直像素）。举例来说，一般 14 英寸 LCD 的可视面积为 285.7 mm×214.3 mm，它的最大分辨率为 1024×768，即 285.7 mm/1024＝0.279 mm（或者是 214.3 mm/768＝0.279 mm）。

4. 坏点

坏点是液晶面板上由于某种故障而不能正常显示的像素点的统称。坏点包括 3 种：亮点（白点）——始终为白色，暗点——始终为黑色（不亮），色点——始终是某种特定颜色。液晶面板是由许多显示点组成的，每个显示点上的液晶物质在电信号控制下通过改变透光的状态来显示图像。如在 1024×768 分辨率下，液晶板共有 786432 个显示点，如此多的点很难完全保证所有的显示点都是好的，总会出现几个有问题的显示点，因此，坏点的多少成为了面板分级时的主要依据。目前主要的分级标准分为面板厂商标准和主流液晶显示器品牌标准。

（1）面板厂商标准：韩系厂商规定 3 个以下为 A 级，日系厂商规定 5 个以下为 A 级，而属中国台湾地区的台系厂商规定 8 个以下为 A 级。

（2）主流液晶显示器品牌标准：AA 级，无任何坏点的 LCD 显示器，A 级；3 个坏点以下，其中亮点不超过一个，且亮点不在屏幕中央区内；B 级，3 个坏点以下，其中亮点不超过两个，且亮点不在屏幕中央区内。

5. 屏幕格式

屏幕宽度与高度的比例称为屏幕比例。目前液晶电视的屏幕比例一般有 4∶3 和 16∶9 两种。

16∶9 是最适合人眼视角的格式，有更强的视觉冲击力。数字电视的显示格式就是采用 16∶9 的格式。4∶3 是适合早期模拟电视信号的显示格式，因此如果主要用来看电视还是有一定优势的。很多 16∶9 和 4∶3 格式的电视都可以通过菜单调整画面的显示格式，但这都是以浪费一定面积的屏幕为代价的。如果是主要用来观看电视的，建议选择 4∶3 的产品，否则经过拉伸处理的画面会使你难以忍受；如果主要用来观赏 DVD 大片，建议选购 16∶9 的产品，因为 16∶9 会带来 4∶3 永远都达不到的视觉享受。

4.6.3　与速度有关的技术指标

1. 刷新率

刷新率是指显示帧频，亦即每个像素为该频率所刷新的时间，它与屏幕扫描速度及屏幕闪烁的能力紧密相关。如果刷新率过低，可能出现屏幕图像闪烁或抖动现象。

对于 LCD 来说，由于其工作原理与 CRT 显示器完全不同，LCD 不可能像 CRT 显示器那样发射电子束，因此 LCD 刷新的不是一个个像素点，而是整个屏幕，这种刷新其实是毫无意义的，就算 LCD 刷新率工作在 1 Hz 也没有关系，画面与工作在 60 Hz 时是一样的。所以根本没有必要再去设置刷新率指标。但是显示卡的输出信号又有刷新率这一信号，于是 LCD 厂商为了兼容显示卡，不得不设置一个刷新率的指标。只有当 CRT 显示器完全淘汰了，LCD 和显示卡才会没有刷新率这个技术指标。

2. 响应时间

响应时间指的是像素由亮转暗（Falling）并由暗转亮（Rising）所需的时间，单位是毫秒（ms）。反应速度的数值越小越好。响应时间越小则看运动画面时不会出现尾影拖曳的感觉。按照人眼的生理特点，响应时间如果超过 40 ms（<1000÷40＝25 帧/秒），就会出现运动图像迟滞的现象，因此目前主流 LCD 的反应速度都在 25 ms 以上，有的则达到 25 ms、

20 ms 或 16 ms，甚至更高。

3. 信号输入接口

LCD 显示器一般都使用了两种信号输入方式：传统模拟 VGA 的 15 针状 D 型接口（15 pin D - sub）和 DVI 输入接口。我们知道 LCD 显示器是采用数字式的工作原理。为了适合主流的带模拟接口的显示卡和降低成本，大多数的 LCD 显示器均提供模拟接口，然后在显示器内部将来自显示卡的模拟信号转换为数字信号。由于在信号进行数/模转换的过程中，会有若干信息损失，因而显示出来的画面字体可能有模糊、抖动、色偏等现象；使用数字信号来传输则完全没有这些缺点。在一些中高端 LCD 显示器中就提供了 15 pin D - sub 和 DVI 双接口，甚至三接口设计。

4.6.4　与保养有关的技术指标

1. 工作环境温度

液晶显示器件使用过程中通常还要考虑工作环境温度，以适应不同地域、不同季节、不同环境的要求，在不同的环境温度下液晶显示性能有所差异。液晶一般能在 0℃～40℃ 正常工作，合格的液晶工作温度至少应在这个范围之内。液晶屏分为常温型和宽温型。如 SHARP 公司很多 TFT 液晶屏标称工作环境温度达到－10℃～65℃。

2. 工作环境的湿度

不要让水等其他任何具有湿气性质的东西进入 LCD，如果湿气已经进入 LCD 了，就必须将 LCD 放置到较温暖而干燥的地方，以便让其中的水分蒸发掉，再打开电源；否则对含有湿度的 LCD 加电，会导致液晶电极腐蚀，进而造成永久性损坏。

4.6.5　LCD 的接口标准

从目前来看，关于数字接口的技术标准正逐渐统一，越来越多的显示芯片也具备了支持数字视频输出的能力，显示卡制造商开始在显示卡上集成数字显示接口。下面主要介绍三种常见的视频数字接口标准。

1. P&D(即插即显示标准)

Digital Plug-and-Display（P&D，如图 4 - 43 所示）标准是视频电子标准委员会（VESA）制定的，但是在 1997 年该标准发布的时候已经和当时的实际情况大大脱节。例如在 P&D 标准中定义的显示信号接口是一

图 4 - 43　P&D 接口

个多功能的接口，能够同时传送数字信号和模拟信号，这一点已毫无意义，额外附加的 USB 和 IEEE 1394 接口，除了会大大增加成本外，对于显示信号的传送则是画蛇添足，没有哪个显示卡制造商愿意在自己的产品上添加这样昂贵而无用的接口。也正是因为 VESA 迟迟拿不出象样的标准，很多公司都联合伙伴推出各自的标准，使得数字接口的标准比较混乱。

P&D 接口传输一组 TMDS、两组 IEEE 1394 和一组 USB 信号，是一种通用数字信号

接口。"太"通用也是 P&D 接口失败的原因之一，因为所考虑的方面太多，从而导致成本过高，而无法得到广泛应用。在 PC 应用领域，P&D 只支持 1600×1200@60 Hz，这也是导致 P&D 无法被大家接受的原因之一。

2. DFP

DFP(Digital Flat Panel Group)标准是 Compaq 公司提出的一个行业标准，如图 4-44 所示，20 针的 DFP 接口可以支持最高 1280×1024 分辨率。目前，采用 DFP 标准接口的显示卡有 ATI's Rage Pro LT、Voodoo 3's 3500 和 Number Nine's SR9 等。

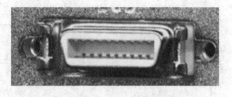

图 4-44　DFP 接口

加拿大的 ATI 是第一家生产具有 DFP 界面显示卡的公司。VESA 曾经过渡性地采用 DFP 作为标准。如果拿 DFP 与 VESA 的 P&D 相比，将很难发现它们的不同。DFP 基本上是修改过的 P&D，它们的电器规格实际上都一样，除过少了模拟信号、USB 及 IEEE 1394 等界面，只传输经过 TMDS 编码的数字视频信号，所以是一个较便宜的解决方案。它唯一的缺点是它的信号分辨率被限制在 SXGA (1280×1024)。分辨率不足的先天缺陷使得 DFP 接口的存在不可能太长久，从而也不能应用在专业视频领域。

3. DVI

数字视频接口(DVI，Digital Visual Interface)如图 4-45 所示，是以 Silicon Image 公司的 PanalLink 接口技术为基础，基于 TMDS (Transition Minimized Differential Signaling，最小化传输差分信号)电子协议作为基本电气连接。TMDS 是一种微分信号机制，可以将像素数据编码，并通过串行连接传递。显示卡产生的数字信号由发送器按照 TMDS 协议编码后通过 TMDS 通道发送给接收器，经过解码送给数字显示设备。

图 4-45　DVI 接口

一个 DVI 显示系统包括一个传送器和一个接收器。传送器是信号的来源，可以内建在显示卡芯片中，也可以以附加芯片的形式出现在显示卡 PCB 上；而接收器则是显示器上的一块电路，它可以接收数字信号，将其解码并传递到数字显示电路中。通过这两者，显示卡发出的信号成为显示器上的图像。

DVI 接口有两种，一种是 DVI-D 接口，不兼容模拟信号，只能接收数字信号，接口上只有 3 排 8 列共 24 个针脚，其中右上角的一个针脚为空。另一种是 DVI-I 接口，可同时兼容模拟和数字信号。兼容模拟信号并不意味着模拟信号的接口 D-Sub 接口可以连接在 DVI-I 接口上，而是必须通过一个转换接头才能使用，一般采用这种接口的显示卡都会带有相关的转换接头。

DVI 接口可以传送数字信号和模拟信号，且实现的分辨率也较高，因为它可以支持 1280×1024 以上的分辨率，最高支持 2048×1536@75 Hz。它的数字传输协议仍是 TMDS (PanelLink)，与只有一个 ChannelLink 的 DFP 和 P&D 比较，DVI 有两个 ChannelLink，所以可以使传输速度加倍；另外它也可以传输模拟信号，使 CRT 显示器也可以直接应用

DVI 接口。因此 DVI 接口被广泛应用到普通投影机、等离子显示器、LCD 专业工作站的视频传输以及液晶显示器上。

4. 三种视频数字接口标准的比较

三种视频数字接口标准的比较如表 4-3 所示。

表 4-3　三种视频数字接口标准的比较

标准	P&D	DFP	DVI
推动者	VESA（Video Electronics Standards Organization）	DFP Group（Digital Flat Panel Group）and later VESA	DDWG（Digital Display Working Group）
版本/更新日期	1.0 / Jun 06，1997	1.0 / Feb 14，1999	1.0 / Apr 02，1999
Web page	www. vesa. org	www. dfp-group. org	www. ddwg. org
联盟领导者	VESA	Compaq	Intel
兼容性	与其他不兼容	与 P&D 可兼容	与 P&D 及 DFP 可兼容
传输协议	TMDS（PanelLink）	TMDS（PanelLink）	TMDS（PanelLink）
最大像素传输时脉（Dot Clock）	165 MHz×1	165 MHz×1	165 MHz×2
最大信道数	3 Channels（Single Link）	3 Channels（Single Link）	6 Channels（Dual Link）
色彩深度（Depth）	12 bit/24 bit	12 bit/24 bit	12 bit/24 bit
最大分辨率	SXGA（1280×1024）	SXGA（1280×1024）	HDTV（1920×1080）
额外的传输界面	Analog VESA Video，USB，IEEE 1394—1995	无（只有数字信号）	Analog VESA
Digital Connector	Video P&D-D（30 pin）	MDR20（20 pin）	DVI-V（24pin）
数字模拟整合接头	P&D-A/D（30 + 4 pin）	无	DVI-I（24 + 4 pin）
连接头宽度	40.6 mm	33.4 mm	37.0 mm

4.6.6　显示器认证标准

通常，我们在显示器的后部都会看到一些认证标志，这是一些国际或国内组织机构就各类电子产品的辐射、节能、环保等方面制定出的严格认证标准，以确保人体不受伤害。下面就常见的显示器认证标准进行介绍。

1. MPRⅡ 认证标准

在一些早期的显示器上，我们经常可以看到 MPR 认证标志。最初的 MPR Ⅰ 标准是在 1987 年，由瑞典国家度量测试局就电磁辐射对人体健康影响制定的一个标准；1990 年，又重新制定了针对普通工作环境设计的 MPR Ⅱ 标准；更进一步列出了 21 项显示器标准，包括闪烁度、跳动、线性、光亮度、反光度及字体大小等，对 ELF(超低频)和 VLF(甚低频)辐射提出了最大限制，其目的是将显示器周围的电磁辐射降低到一个合理程度。

2. TCO 认证标准

TCO 是由 SCPE(瑞典专业雇员联盟)制定的显示设备认证标准，目前该标准已成为一个世界性的标准。TCO 认证按照年份排列，数字越大越严格，目前有 TCO92、TCO95 和 TCO99 三项标准。

(1) TCO92 标准主要是对电磁辐射、电源自动关闭功能、显示器必须提供的耗电量数据、符合欧洲防火及用电安全标准等方面提出的要求。

(2) TCO95 标准是在 TCO92 标准的基础上，进一步对环境保护和人体工程学提出的新要求，要求制造商不能在制造过程和包装过程中使用有碍生态环境的材料。TCO95 标准覆盖范围很广，主要包括显示器、电脑主机、键盘、系统单元、便携机。

(3) TCO99 标准在 TCO95 的基础上进行了扩展和细化，提供了更严格、更全面的环境保护与用户舒适度等标准，并对键盘和便携机的设计也提出了具体的规定。TCO99 标准是目前最全面也是最严格的认证标准。TCO99 标准涉及环境保护、人体生态学、废物的回收利用、电磁辐射、节能以及安全等多个领域。TCO99 标准严格限制了对人体神经系统及胚胎组织有害的重金属(如镉、汞等)与含有溴化物或氯化物阻燃剂的外壳的使用，以及 CFCS(制冷剂氯氟烃的英文缩写)或 HCFCS(一系列制冷剂的代称)的使用；在节能方面，要求计算机和显示设备在一定的闲置期后能自动降低功耗，逐步进入节能状态，并且要求产品从节能状态回到正常状态的时间较短。

3. VESA 认证标准

VESA(Video Electronic Standard Association)是视频电子标准协会的缩写，主要是制定显示器的分辨率及频率标准。

4. DPMS 认证标准

DPMS 认证标准是显示器能源管理标准之一，它是由 VESA 制定的，可以确保显示器和显示卡厂商所生产出来的省电型产品可以搭配使用。

5. Energy Star 认证标准

Energy Star(能源之星)认证标准是美国环境保护局(EPA)所制定的，主要是作为办公环境下节省电源的标准。Energy Star 规定显示器必须具备省电模式，在省电模式下，显示器的用电量须少于 30W。

6. ISO 认证标准

ISO(International Standard Organization)是一个专门制定国际标准的机构，成立于 1947 年，总部设于瑞士日内瓦，共有 110 个会员国。该组织的主要目的是提高和发展国际上货物与服务交换功能，并且在科技、经济与智能财产权上订立共同遵守的协议，其中较为人所知的就是 ISO 9000 系列认证。此系列主要根据不同企业提供四种认证：ISO9001、ISO9002、ISO9003、ISO9004。其中的 ISO‐9241‐3 认证是规定显示质量的规范，如显像管表面反光率、图像极性敏感度、闪烁度与画面照度等。

7. EMC 认证标准

EMC（Electronmagnetic Compatibility）是关于电磁干扰（EMI）和电磁耐受性（ESA）的认证，为中国台湾省经济部标准检验局所做的电磁兼容检测。此认证主要目的在于测试产品是否会发出干扰其他产品的电磁波，受到外界电磁波的影响是否无法正常工作。

8. CISPR 22 认证标准

CISPR 22 是欧洲共同体市场对电子设备的射频干扰制定的规范，这个规范是要抑制由电源线或产品本身所放射出的辐射、传导，其中包含产品测试方法和射频极限值。

9. FCC 认证标准

FCC（Federal Communications Commission，美国联邦通信委员会）是检验电磁波信号、电子设备的组织。由于美国的技术实力，所以由 FCC 制定的一些技术标准在世界范围都有很大的影响。FCC 将计算机产品分为 CLASS A 及 CLASS B 两种等级。CLASS A 级别的产品所产生的电磁波会干扰收音机及电视机，所以不适合在家中使用，但在办公室使用是可以的；CLASS B 级别的产品表示所产生的电磁波并不会干扰微波的信号，所以可以在家庭或办公室使用，如个人计算机或家用电话即属于此类产品。

10. UL 认证标准

UL 认证为美国最大的安全认证机构 UL APPROVED 所制定的认证规范，通过 UL APPROVED 附属的美国 UL 安全试验所 Underwriters Laboratories Inc. 的测试，来确定该产品是否符合规范。UL 认证可细分为以下各项：

(1) UL LISTED：UL 登记的所有成品类型的设备的规章。
(2) UL RECOGNIZED：UL 认可的所有零件类型的产品的规章。
(3) UL1012：UL 对电源供应器的测试安全规章。
(4) UL1449：UL 对突波抑制器的测试安全规章。
(5) UL1459：UL 对通信产品的测试安全规章。
(6) UL1778：UL 对 UPS 系统的测试安全规章。
(7) UL1950：较普遍的安全规章，主要是针对电子产品和电子装置的测试安全规章。
(8) UL478：UL 对计算机设备的测试安全规章，此规章取代 1992 年公布的 UL1950。
(9) UL497A：UL 对电话所装置的突波抑制测试安全规章。

11. TUV 认证标准

TUV 是德国莱茵技术监护顾问公司的简称，它的总部位于德国，是专门测试电子产品安全的研究机构。TUV 的测试依据是按照 IEC 与 VDE 所定的测试规范条例测试，因此其产品必须取得 TUV 的安全认证后，才可在欧洲市场上销售。

12. CSA 认证标准

CSA（Canadian Standards Organization，加拿大标准协会）是加拿大政府的机构。CSA 是与 FCC、CE 具有相等权威等级的工业技术标准制定和认证机构，主要负责为电子设备安全做评测和鉴定，它所制定的安全规章与条例是依据美国电磁安全法规 UL 为标准的。

13．DDC 认证标准

由 VESA 协会制定的 DDC(Display Data Channel)规格，让显示卡得以将分辨率、屏幕更新率等资料和显示器进行沟通，使彼此间的设定值可以一致。DDC1 资料的传送方向为显示器送给显示卡，其用意在保护屏幕不因过高的工作频率而导致内部零件烧毁。DDC2B 资料的传送将会是双向传送，可通过软件控制来作屏幕的各种调整，进而取代屏幕上各种调整按钮的功能。

14．CE 认证标准

加有 CE 标志的电子产品表示其使用安全性已经通过欧洲共同体标准化组织的认证，可以在欧洲地区范围销售使用。

15．aDORDIC 北欧四国认证标准

aDORDIC 北欧四国认证分别是指 NEMKO(挪威电器标准协会)、SEMKO(瑞典电器标准协会)、DEMKO(丹麦电器标准协会)和 FIMKO(芬兰电器标准协会)四家机构联合颁发的认证标准。

16．CB 认证标准

CB 认证标准是由 IECEE(国际电工委员会电工产品安全认证组织)制定的一个全球性相互认证体系，它主要针对电线电缆、电器开关、家用电器等 14 类产品而设计。拥有 CB 标志意味着制造商的电子产品已经通过了 NCB(国际认证机构)的检测，按检测证书及报告相互承认的原则，在 IECEE/CB 体系的成员国内，取得 CB 测试书后可以申请其他会员国的合格证书，并使用该国相应的认证合格标志。

17．Genlock 认证标准

为应付多任务环境，显示器制造厂商制定了"Genlock"(Generator Locking)的认证标准，其主要目的是让显示器可以同时处理两种显示信号，也就是说当一台显示器安装在两部主机上时，符合 Genlock 规范的显示器会先处理其中一台主机的任务，而暂时将另一台主机的任务关闭，当处理完第一台主机的任务后关闭，再处理第二台主机的任务，这样重复性一开一停，就能同时将两台主机的信号送到显示器上，如此不但可以节省有多任务用途者的购买成本，也可以将原本可能需要的两台显示器缩减为一台显示器。

18．CCEE 认证标准

中国电工产品认证委员会(CCEE)是国家技术监督局授权，代表中国参加国际电工委员会电工产品安全认证组织(IECEE)的唯一合法机构，代表国家组织对电工产品(包括进口电工产品)实施安全认证(长城标志认证)。凡是标有长城标志的产品则表示其符合我国电子电工器材产品的使用安全规范。

习　题　4

一、填空题

1．液晶显示材料的主要用途是_____和_____，它的显示原理是利用液晶的电光效应。液晶的电光效应是指它的 _____、_____、_____、_____、_____ 等受电场调制的光学现象。根据液晶会变色的特点，人们利用它来 _____、_____ 等。

2. 按液晶分子排列结构，液晶可分为 _____、_____、_____ 三种。

3. 按 LCD（液晶显示器）所采用的材料构造，LCD 分为 _____、_____、_____ 三大类。按目前的技术原理，LCD 可以再次分为 _____、_____、_____、_____、_____ 等几类。按 LCD 的显示方式可分为 _____、_____、_____、_____。按 LCD 的驱动可分为 _____ 和 _____。

4. TFT 液晶显示原理和 TN 液晶显示原理的最大区别是 _____。

5. 如果一个 14 英寸 LCD 的可视面积为 285.7 mm×214.3 mm，它的最大分辨率为 1024×768，则其点距为 _____，它共有 _____ 像素，共有 _____ 子像素。

6. 在 TFT-LCD 中，采用三个子像素组成一个像点的办法来实现彩色显示，每个子像素对应三基色中的一种。若每个子像素用 8 位二进制数据表示，则能显示 _____ 级灰度，一个像素共计有 _____ 种色彩。

7. 对于 1024×768 分辨率的液晶显示屏来说，有 768 行和 1024×3＝3072 列。若液晶显示屏为 60 Hz 的刷新频率，此时，每一个画面的显示时间约为 _____。由于画面的组成为 768 行的栅极走线，所以分配给每一条栅极走线的开关时间约为 _____。

8. 液晶显示器的 RGB 子像素的排列方法有 _____、_____、_____ 和 _____。

9. 液晶显示器的驱动模式有 _____ 和 _____ 两大类，其中 _____ 可分为有源驱动和无源驱动。

10. LCD 的数字接口标准有 _____、_____、_____ 三种。

二、单选题

1. 液晶首先是由（　　）发现的。

A. RCA 公司的威利阿姆斯　　　　　B. RCA 公司的哈伊卢马以亚小组

C. 格雷教授（英国哈尔大学）　　　　D. 奥地利植物学家 F. Reinitzer

2. 液晶屏背光显示系统中经常用到的三种背光源是（　　）。

A. 发光二极管（LED）　　　　　　B. 电致发光器件（EL）

C. 冷阴极荧光灯（CFL）　　　　　D. 以上都是

3. 常见的电子表、数字仪表所用的显示器是（　　）。

A. STN 型液晶显示器　　　　　　　B. TFT 型液晶显示器

C. CRT 显示器　　　　　　　　　　D. TN 型显示器

4. 在液晶两端如果持续加直流电压，就会导致液晶（　　）。

A. 电化反应　　　B. 电极劣化　　　C. 电极老化　　　D. 以上都可能

5. 下面有关液晶显示器的叙述中，错误的是（　　）。

A. 液晶显示器不使用电子枪轰击方式来成像，因此它对人体没有辐射危害

B. 液晶显示器的分辨率是固定的，不可设置

C. 液晶显示器的工作电压低、功耗小，比 CRT 显示器省电

D. 液晶显示器不闪烁，颜色失真较小

6. 通常 TN、STN 液晶显示器所用的液晶材料均属于(　　　)。

A. 向列相　　　　　　B. 胆甾相　　　　　　C. 近晶相　　　　　　D. 以上都是

7. LCD 产生拖尾现象是由下面哪个指标引起的？(　　　)

A. 分辨率　　　　　　B. 点距　　　　　　　C. 刷新率　　　　　　D. 响应时间

8. 我国大陆生产的液晶彩色电视的制式是(　　　)。

A. NTSC 制　　　　　B. SECAM 制　　　　C. PAL – D 制　　　D. PAL – G 制

9. 假如液晶显示屏的分辨率为 1024×768，则需要(　　　)条 Y 电极(也称信号电极)。

A. 1024　　　　　　　B. 768　　　　　　　C. 3072　　　　　　　D. 256

10. 关于液晶，下列说法正确的是(　　　)。

A. 液晶是液体和晶体的混合物

B. 液晶分子在特定方向排列比较整齐，但不稳定

C. 电子手表中的液晶在外加电压的影响下，能够发光

D. 所有物质在一定条件下都能成为液晶

三、判断题

1. 液晶既具有规则的分子排列，又有液体的流动性。　　　　　　　　　　　(　　　)

2. 偏光板的偏光特性实际上不是真正地将光线变成一条一条的，而是实现光线的同方向振动。　　　　　　　　　　　　　　　　　　　　　　　　　　　　　　(　　　)

3. TN 型液晶显示器不一定在液晶屏的入射光处添加光源。　　　　　　　　(　　　)

4. TFT 型液晶显示器用三极管的栅极作扫描电极。　　　　　　　　　　　(　　　)

5. TFT 型液晶显示器扫描电压的高低决定着电源的导通或关闭。　　　　　(　　　)

6. TFT 型液晶显示器每个像素点都可以通过点脉冲直接控制。　　　　　　(　　　)

7. CRT 显示器的分辨率可以在允许的范围内自由设置，而液晶显示器无需设置。

　　　　　　　　　　　　　　　　　　　　　　　　　　　　　　　　　(　　　)

8. 液晶显示器的刷新频率在 60 Hz 时就能获得很好的画面。　　　　　　　(　　　)

9. 液晶显示器由于依靠背光照明，所以视觉受到影响。　　　　　　　　　(　　　)

10. LCD 的刷新也是像 CRT 显示器那样一个一个像素点进行的。　　　　　(　　　)

四、简答题

1. 与 CRT 相比较，液晶显示器件有哪些突出的特点？

2. 什么是液晶？液晶如何分类？液晶有哪些光电特性？

3. LCD 如何分类？

4. 液晶显示板是如何显示图像的？

5. 简述 TFT 显示器件的物理结构。

6. 液晶显示器常用的驱动方式有哪些？

7. 简述单个 TFT 液晶显示单元的驱动原理。

8. 简述有源矩阵 TFT 液晶显示驱动原理。

9. 一个 TFT-LCD 器件的显示单元有些什么等效参数？对这些等效参数有什么要求？

10. 什么是 TFT 液晶显示驱动中的"反转"方式？有几种"反转驱动"方式？

11. 简述液晶显示器产生拖尾现象的原因。

12. 简述 LCD 常用的接口标准。分别有什么特点？

13. 简述目前市场上主流的 CCFL（冷阴极荧光灯）、EL（电致发光）和 LED（发光二极管）液晶背光技术的特点。

14. 简述液晶电视的电路结构特点。

15. 什么是坏点？什么是点距？

16. 什么是可视角度？目前流行哪三种广角技术？

17. 液晶显示的背照光源有哪些？请进行比较。

18. 简述长虹 LS10 机芯液晶电视的伴音信号和视频信号的处理过程。

19. LCD 有哪几种接口标准？请加以比较。

第 5 章　等离子体显示技术

等离子体作为物质存在的一种基本形态，自从 18 世纪中期被发现以来，对它的认识和利用不断深化。等离子体技术为材料、能源、信息、环境空间、空间物理、地球物理等科学的进一步发展，提供了新的技术和工艺。等离子体显示技术是一种自发光显示技术，不需要背景光源，因此，没有 LCD 的视角和亮度均匀性问题，而且实现了较高的亮度和对比度。从目前的技术水平看，等离子体显示技术在动态视频显示领域的优势更加明显。采用等离子体显示技术的显示器，已成为继阴极射线管和液晶显示之后，最有前途的主动发光式图像显示器件之一，是替代传统 CRT 彩电的理想产品。

本章旨在通过认识等离子体的基本概念和性质，介绍等离子体显示技术的结构、工作原理及特点。

5.1　等离子体的基本特征

大家早已熟知物质的固体、液体和气体三态，例如，将冰升温至 0℃会变成水，如果继续使温度上升至 100℃，那么水就会沸腾成为水蒸气，这就是物质固态→液态→气态三种物态的转化过程。那么对于气态物质，温度升至几千度时，将会有什么新变化呢？由于物质分子热运动的加剧，相互间的碰撞就会使气体分子产生电离，即原子的外层电子会摆脱原子核的束缚成为自由电子，而失去外层电子的原子变成带电的离子；当带电粒子的比例超过一定程度时，电离气体凸现出明显的电磁性质；当电离度达到一定程度时，就会出现放电现象，此时的气体表现出导电性。气体电离后，整体仍表现出电中性，这是因为电离气体内正负电荷的数量是相等的，这些电离产生的正负电荷统称为等离子体（Plasma），如图 5-1 所示。由于气体在等离子体状态下具有放电特性，因而广泛用于照明器具和显示器件中。

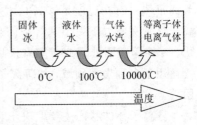

图 5-1　等离子——物质第四态

"plasma"一词最早在生物名词原生质（Proto Plasma）中出现。1839 年，捷克生物学家浦基尼（Purkynie）最先将"原生质"的名词引入科学词汇，它表示一种在其内部散布许多粒子的胶状物质，是组成细胞体的一部分，也称为"血浆"。1929 年，朗缪尔（Langmuir）和托克斯（Tonks）在研究气体放电时首次将"plasma"用于物理学领域，用来表征所观察到的放电物质。该词来源于古希腊语 $\pi\lambda\alpha\delta\mu\alpha$，即可塑物质或浆状物质之意，我们将其翻译成"等离子体"，而台湾地区的学者翻译成"电浆"。

5.1.1 等离子体的概念

据印度天体物理学家沙哈的计算，宇宙中 99.9％的物质处于等离子状态，从炽热的恒星、灿烂的气态星云、浩瀚的星际间物质，到多变的电离层和高速的太阳风，都是等离子体的天下。

所谓等离子体，指的是分子、原子及被电离后产生的正负电子组成的气体状物质，是一种拥有离子、电子和核心粒子的不带电的离子化物质。它包括有大量的离子和电子，如图 5-2 所示，是电的最佳导体，而且它会受到磁场的影响。当温度高时，电子便会从核心粒子中分离出来。例如通过加热、放电等手段，使气体分子离解和电离，当电离产生的带电粒子密度达到一定的数值时，物质的状态将发生新的变化，这时的电离气体已经不再是原来的普通气体了。这种电离气体通常

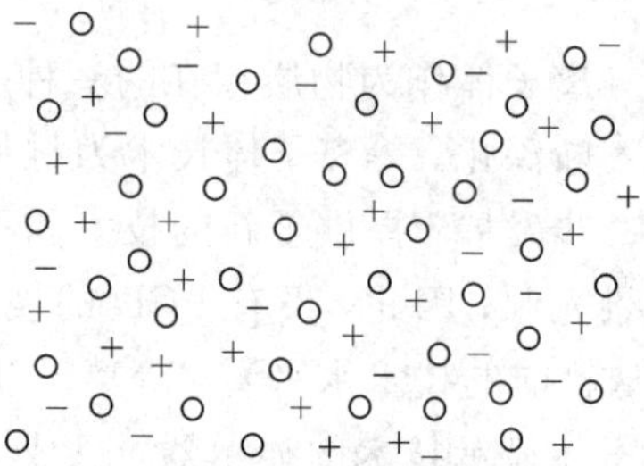

○：中性原子；－：带负电的电子；＋：正离子

图 5-2　等离子体示意图

是由光子、电子、基态原子(或分子)、激发态原子(或分子)以及正离子和负离子六种基本粒子构成的集合体。等离子体与其他三种物态相比，无论在组成上还是性质上均有本质的差别。

这种差别主要表现在：① 等离子体从整体上可以看做一种导电流体；② 气体分子间并不存在净电磁力，而等离子体中电离气体带电粒子间存在库仑力，由此会导致带电粒子群的种种集体行为，如等离子体振荡和等离子体辐射等。

依据等离子体的粒子温度，可以将等离子体分为两大类：高温和低温等离子体。高温等离子体只有在温度足够高时才发生，太阳和恒星不断地发出这种高温等离子体。低温等离子体是在常温下发生的等离子体(虽然电子的温度很高)。低温等离子体可以被用于氧化、变性等表面处理或者在有机物和无机物上进行沉淀涂层处理。现在低温等离子体被广泛运用于多种生产领域，如等离子体电视、婴儿尿布表面防水涂层、电脑芯片中的蚀刻运用等。

等离子体的状态主要取决于它的组成粒子、粒子密度和粒子温度。其中粒子密度和粒子温度是描述等离子体特性的最重要的基本参量。

1) 粒子密度和电离度

如前所述，组成等离子体的基本成分是电子、离子和中性粒子。通常分别用 n_e、n_i 和 n_g 来表示等离子体内的电子密度、粒子密度和未电离的中性粒子密度，而当 $n_e = n_i$ 时，则可用 n 来表示二者中任一个带电粒子的密度。然而，一般等离子体中可能含有不同价态的离子，也可能含有不同种类的中性粒子，因此电子密度与粒子密度不一定总是相等的。对于主要是一阶电离和含有同一类中性粒子的等离子体，可以认为 $n_e \approx n_i$。对于这种情形，电离度定义为

$$\beta = \frac{n_e}{n_e + n_g}$$

电离度很小的等离子体称为弱电离等离子体；当电离度较大(约大于 0.1)时，称为强

电离等离子体；β＝1 时，则叫完全等离子体。在热力学平衡条件下，电离度仅仅取决于粒子种类、粒子密度及温度。

2）电子温度和粒子温度

由于等离子体内不止一种粒子，而且通常不一定有合适的形成条件和足够的持续时间来使各种不同的粒子达到统一的热平衡条件，因此，不能用一个统一的温度来对等离子体进行描述。根据弹性碰撞理论，离子－离子、电子－电子等同类粒子间的碰撞频率远大于离子－电子间的碰撞频率，而且同类粒子的质量相同，碰撞时能量交换最有效。显然，等离子体内部应当是每一种粒子各自先行达到自身的热平衡态。相比较而言，电子的质量最轻，达到热平衡态的过程也进行得较快。所以，等离子体的温度必须用不同的粒子温度加以描述。

通常，分别用 T_e、T_i 和 T_g 来表示等离子体的电子温度、离子温度和中性粒子温度。当 $T_e＝T_i$ 时，称这种情况为热平衡等离子体，这类等离子体不仅比电子温度高，比重粒子温度也高，因此，也叫高温等离子体。当 $T_e≫T_i$ 时，则称其为非平衡态的等离子体。尽管这种等离子体的电子温度高达 104 K 以上，但离子和原子之类的重粒子体温度却低到 300～500 K，因此按照其重粒子体温度的特点也将其叫做低温等离子体。

低温等离子体的特点表明，非平衡性对于等离子体化学与工艺具有十分重要的意义。一方面等离子体中的电子具有足够高的能量，能够使得反应物分子实现激发、离解和电离；另一方面，由于反应物的能量是由电场通过电子提供的，能够在较低的温度下进行反应，使得反应体系可以保持低温。正是如此，通常基于低温等离子体技术的设备投资少，节省能源，因此获得了非常广泛的应用。

就等离子体本身而言，它具有变成电中性的强烈倾向，故离子和电子的电荷密度几乎相等，这种情况称为准中性，它是带相反电荷粒子间的强电作用的结果。等离子体中的电荷分离仅可能由外加电场或等离子体本身的内能（热能）来维持，可由等离子体动力学温度维持的对电中性的最大偏离估算出来。通常，等离子体的偏离电中性为十万分之几。因此，任何实际等离子体的体积将包含几乎恰恰相同的正负电荷量。

等离子体还是一种具有集体效应的混合气体。中性气体中粒子的相互作用是粒子间的频繁碰撞，两个粒子只有在碰撞的瞬间才有相互作用，除此之外没有相互作用。而等离子体中带电粒子之间的相互作用是长程库仑力作用，体系内的多个带电粒子均同时且持续地参与作用，任何带电粒子的运动状态均受到其他带电粒子（包括近处和远处）的影响。另外，带电粒子的运动可以形成局部的电荷集中，从而产生电场，带电粒子的运动也可以产生电流，从而产生磁场，这些电磁场又会影响其他带电粒子的运动。

5.1.2　等离子体的发光机理

我们拿一个放大镜去近距离观察等离子体显示屏，会发现等离子体显示屏和普通的 CRT 显像管一样，是由一个个红、绿、蓝的小发光点排列组成的。对于 CRT 显像管，其显示屏上的红、绿、蓝发光点是排列的红、绿、蓝荧光粉在显像管内部电子枪射出的高速电子流轰击下发光，并组成图像。而对于等离子体显示屏，这一个个红、绿、蓝发光点是类似于我们常用的日光灯管构造的发光体，也就是说，等离子体显示屏就是千千万万个微型的"日光灯管"组合排列组成的。图 5-3 给出了等离子体显示屏结构示意图。

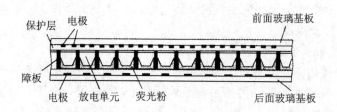

图 5 - 3　等离子体显示屏结构示意图

　　在了解等离子体显示器的原理之前，我们首先了解一下日光灯的发光原理。如图 5 - 4 所示，日光灯管中充入水银，管壁上所见的白色粉末为荧光粉。通电之后，管内的灯丝因为电阻产生热，提供能量让电子逸出。此时，管内的水银变为水银蒸气，弥漫在电子行经的路径上，部分电子会和水银产生碰撞，将汞原子中的电子由较低的能阶激发到较高的能阶，而这些具有较高能量的电子由高能阶掉下来的同时，会将能量以紫外线（UV）的形式放出来，这些紫外线的能量会被涂布在管壁上的荧光物质吸收，进而产生可见光。所涂的荧光物质不同，产生的颜色也不同。

　　下面，以充有 Ne - Xe 混合气体的 AC - PDP 为例，结合图 5 - 5 所示的等离子体发光单元的发光原理图，具体分析一下等离子体发光的两个基本过程。

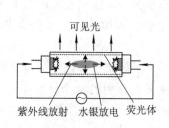

图 5 - 4　日光灯管发光原理

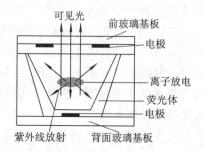

图 5 - 5　等离子体发光单元的发光原理

　　（1）气体放电过程，即惰性气体在外加电信号的作用下产生放电效应，使原子受激跃迁，发射出真空紫外线（波长小于 200 nm）的过程。

　　Ne - Xe 混合气体在一定外部电压作用下产生气体放电时，气体内部最主要的反应是 Ne 原子的直接电离反应，即

$$e + Ne = Ne^- + 2e^- \quad （电子碰撞电离） \tag{5-1}$$

其中，Ne^- 为氖离子。由于受到外部条件或引火单元激发，气体内部已存在少量的放电粒子。其中电子被极间电场加速并达到一定动能时碰撞 Ne 原子，使其电离而导致气体内部的自由电子增殖，同时又重复式（5 - 1）反应致使形成电离雪崩效应。这种电离雪崩过程中会大量产生如式（5 - 1）、式（5 - 2）、式（5 - 3）所示的两体碰撞反应，即

$$e + Ne^- \rightarrow Ne^+ + 2e \quad （逐次电离） \tag{5-2}$$

$$e + Ne = Ne^m + e \quad （亚稳激发） \tag{5-3}$$

$$e + Xe^+ = Xe^+ + 2e \quad （电子碰撞电离） \tag{5-4}$$

其中，Ne^+ 表示 Ne 的激发态，Ne^m 为 Ne 的亚稳激发态。由于 Ne^m 的亚稳能级（16.62eV）大于 Xe 的电离能（12.127eV），因此，亚稳原子 Ne^m 与 Xe 原子的碰撞过程为

$$Ne^m + Xe = Ne + Xe^+ + e \qquad (5-5)$$

人们称此为潘宁电离反应。这种反应产生的概率极高，从而提高了气体的电离截面，加速了 Ne^m 的消失和 Xe 原子的电离雪崩。此外，这种反应的工作电压比直接电离反应的要低，因此也降低了显示器件的工作电压。

与此同时，被加速后的电子也会与 Xe^+ 发生碰撞。碰撞符合后，激发态 Xe^{**} 原子的外围电子，由较高能级跃迁到较低能级，产生碰撞跃迁，即

$$e + Xe^+ \rightarrow Xe^{**}(2P_2 \text{ 或 } 2P_6) + hv \qquad (5-6)$$

Xe 原子 $2P_5$、$2P_6$ 能级的激发态 $Xe^{**} 2P_2$ 或 $2P_6$ 很不稳定，极易由较高能级跃迁到极低能级，产生逐级跃迁，即

$$X^{**}(2P_2 \text{ 或 } 2P_6) \rightarrow Xe^*(1S_4 \text{ 或 } 1S_5) + hv(823\ nm、828\ nm) \qquad (5-7)$$

$Xe^*(1S_5)$ 与周围的分子相互碰撞，发生能量转移，但并不产生辐射，即发生碰撞转移：

$$Xe^*(1S_5) \rightarrow Xe^*(1S_4) \qquad (5-8)$$

其中，1S4 是原子 Xe 的谐振激发能级。Xe 原子能级的激发态跃迁到 Xe 的基态时，就发生共振跃迁，产生使 PDP 放电发光的 147 nm 紫外光，即

$$Xe^*(1S_4) \rightarrow Xe + hv(147\ nm) \qquad (5-9)$$

（2）荧光粉发光过程，即气体放电所产生的紫外线激发光致荧光粉发射可见光的过程。

由于 147 nm 的真空紫外光能量大，发光强度高，所以彩色 PDP 激发红、绿、蓝荧光粉发光，得到三基色，从而实现彩色显示。这种发光被称为光致发光。真空紫外光激发荧光粉的发光过程如图 5-6 所示。

当真空紫外光照射到荧光粉表面时，一部分被反射，一部分被吸收，另一部分则透射出荧光粉层。当荧光粉的基质吸收了真空紫外光能量后，基态电子从原子的价带跃迁到导带，价带中因为电子跃迁而出现空穴。在价带中因为电子跃迁而出现空穴在价带中，

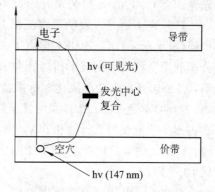

图 5-6　荧光粉的发光过程

空穴因热运动而扩散到价带顶，然后被掺入到荧光粉中的激活剂所构成的发光中心所俘获。例如，红粉 Y_2O_3：Eu 中的 Eu^+ 是激活剂，它是红粉的发光中心，没有掺杂的荧光粉基质 Y_2O_3 是不具有发光本领的。另一方面，获得光子能量而跃迁到导带的电子，在导带中运动，很快在消耗能量后下降到导带底，然后与发光中心的空穴复合，发出一定波长的光。基质不同的荧光粉，由于掺杂元素不同，构成的发光中心能级也不同，因而产生不同颜色的可见光。

5.2　等离子体显示器

等离子体显示器（Plasma Display Panel，PDP）是采用等离子平面屏幕技术的新一代显示设备，目前市场上销售的产品有两种类型，一种是等离子体显示屏，另一种是等离子体电视。两者在本质上没有太大的区别，唯一的区别是有没有内置电视接收调谐器。

PDP 的发展源于 1675 年的 Jean Picard 发现的气体放电现象。1927 年，Bell System 公

司制成了一块气体放电显示的演示板，这可算是 PDP 的雏形。从那之后的 36 年多的时间里，此项技术因阴极射线管显示器技术的蓬勃发展而被搁置。直到 1964 年，美国伊利诺斯大学的 D. L. Bitzer 和 H. G. Slottow 教授利用电容代替限流电阻制成了交流型 PDP（AC - PDP）。

20 世纪 70 年代初，美国实现了 10 英寸（分辨率为 512×512）单色 AC - PDP 的量产。同一时间，日本富士通公司和美国 IBM 公司也分别开发了有氧化镁保护层的第二代单色 AC - PDP，使用寿命达 1 万小时。

20 世纪 80 年代初，IBM 公司采用集成驱动和标准接口技术开发出第三代单色 AC - PDP，使用寿命突破 10 万小时。之后，PDP 向大显示容量和高分辨率方向发展。1986 年，美国研发出 1.5 m（分辨率为 2048×2048）单色 AC - PDP。20 世纪 80 年代后期，相继又推出了低功耗、低成本、256 级灰度显示的第四代单色 AC - PDP。

20 世纪 90 年代初，彩色 PDP 的亮度、寿命、驱动等关键技术获得突破。1993 年，日本富士通公司首次进行 21 英寸（分辨率为 640×480）彩色 AC - PDP 的批量生产，揭开了彩色 PDP 通向规模生产的序幕。1994 年，日本三菱公司开始 20 英寸（分辨率为 852×480）彩色 AC - PDP 的量产，首次使真正的 16：9 宽屏幕壁挂电视进入实用化。1997 年，三菱、先锋、NEC、Philips 等公司开始对 40 英寸和 42 英寸彩色 AC - PDP 进行量产。

1968 年，荷兰人发明了直流型 PDP（DC - PDP），20 世纪 70 年代初，美国人发明了自扫描（Self Scan）DC - PDP，但由于工艺复杂等而未能批量生产。20 世纪 80 年代初，松下公司利用全丝网印刷技术研发出结构简单的 DC - PDP，并率先量产。20 世纪 80 年代中期，各公司开发出全集成化和标准接口的第二代单色 DC - PDP。1986 年，10 英寸（分辨率 640×480）单色 DC - PDP 在世界上第一台便携式计算机上采用，此时，单色 DC - PDP 几乎占据了所有便携式计算机市场，年产量达 100 万块。20 世纪 80 年代后期，日本开发出超薄、轻量化的第三代单色 DC - PDP。20 世纪 90 年代初，日本又开发出无需充电汞的第四代 DC - PDP。

总之，PDP 用于高清晰度电视，具有亮度高、寿命长、易于全彩色显示等优点，已成为世界上各大电子公司竞争的又一重点。

5.2.1　PDP 的分类与特点

PDP 是由气体放电体作为像素单元组成的显示屏，由前后两块平板玻璃组成，其间置有障壁隔离并使之平行，四周用低熔点玻璃密封，中间充以气体（Ne、Xe 等惰性气体），电极间施加一定幅度的电压，就会引起气体击穿产生放电。

单色 PDP 通常直接利用气体放电发出的可见光来实现单色显示。放电气体一般选择纯氖气（Ne）或氖氩（Ne-Ar）混合气体。彩色 PDP 则通过气体放电产生的真空紫外线（VUV）照射红、绿、蓝三基色荧光粉，使荧光粉发光实现彩色显示。其放电气体一般选择含氙的稀有混合气体，比如氖氙混合气体（Ne-Xe）、氦氙混合气体（He-Xe）或氦氖氙混合气体（He-Ne-Xe）。

PDP 按工作方式的不同，分为电极与气体直接接触的直流型（DC-PDP）和电极用覆盖介质层与气体相隔离的交流型（AC-PDP）两大类。目前研究较多的以交流型为主。交流型依据电极结构又可分为二电极对向放电式（Column Discharge）和三电极表面放电式

(Surface Discharge)两种结构。

DC-PDP 又可分为负辉区发光型和正辉区发光型。它是以直流电压启动放电,放电气体与电极直接接触,电极外部串联电阻用于限制放电电流的大小,发光位于阴极表面,且为与电压波形一致的连续发光。DC-PDP 在结构中不能有介电体层的存在,这样会导致无法累积电荷于介电层上,也就使其需要较高的启动放电电压;另一方面,为了降低启动电压,还需要设计辅助阳极与辅助放电通道来协助启动放电。由此看来,DC-PDP 的结构比较复杂,而且其放电电极与荧光体还直接裸露在等离子管中,这也就容易在等离子体放电时受到离子碰撞导致损坏及劣化,缩短 PDP 的寿命;同时,DC-PDP 的电阻层要使面板中所有管内的电阻值达到一致,但当电阻阻值差异过大时,会造成每个等离子管的启动电压不一致,这也使得此类 PDP 的良品率比较低。

AC-PDP 又可分为对向放电型和表面放电型。AC-PDP 放电气体与电极由透明介质层相隔离,隔离层为串联电容作限流之用;放电因受该电容的隔直通交作用,需用交变脉冲电压驱动,无固定的阴极和阳极之分,发光位于两电极表面,且为交替脉冲式发光。由于其电极上覆盖有隔离层,故其寿命较 DC 型长。另外,AC-PDP 的设计结构还相对比较简单,再加上其寿命较 DC 型长,也使得现在的 PDP 产品多以 AC 型为主。

对向放电型 AC-PDP 的两组电极分别制作在前后基板上,并且相互正交,在每个交叉点构成一个放电单元,维持放电在前、后基板之间进行。

表面放电型结构有多种。典型的三电极表面放电型 AC-PDP 的显示电极(包括透明电极和汇流电流)制作在前基板上,寻址电极制作在后基板上并与显示电极正交,一对显示电极与一条寻址电极的交叉区域就是一个放电单元,维持放电在两组显示电极间进行。图5-7 给出了三种典型的放电结构单元。

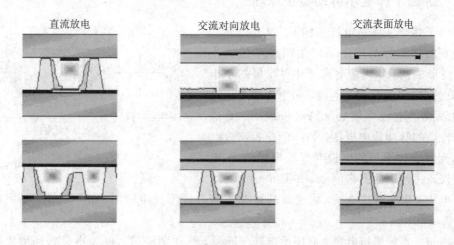

图 5-7　三种典型的放电结构单元

PDP 非线性强,阈值特性好,可选址达 2000 行以上,耐环境性能好,寿命长,单色PDP 的寿命已超过 100000 h,彩色 PDP 的寿命可达 30000 h,且制作工艺简单,投资较小。等离子体显示屏的优点,最明显的当然是其超大超薄的显示屏,传统电视的显示屏最大尺寸只能做到 40 英寸,而 PDP 显示屏可以做到 80 英寸以上,无论是挂墙或是坐地,都能给予居室更理想的视觉效果。以往显像管电视的体积会随着画面尺寸的扩大而增加,感觉是既笨又钝，根本不可能有挂墙的设计，这是因为电子射线偏向而不得不在电子枪和显示屏间留有一定的距离。而等离子体显示屏在加大画面的情况下，机身却越来越薄，由最初的6英寸的厚度，缩减至现在的 3 至 4 英寸。另外，PDP 显示屏的视角高达 $160°$，观赏范围远远大于传统显示器。

等离子体显示屏的另一优点是画面的聚焦感强，没有色差，以及低失真。与显像管电视不同，待离子层是由电子束来扫描出整个画面，所以中央部分画质通常会较好，但周边位置容易产生误差，会有偏向、聚焦错误、画面失真等现象。

等离子体显示屏的又一优点是它的绿色环保。PDP 是通过等离子体放电，不是通过扫描形成图像的，因此画面无大面积闪烁，还无电磁辐射，人们长时间观看不会受到伤害，属绿色环保产品。

PDP 有优点当然也会有缺陷。首先，PDP 是气体放电显示面板，一块 PDP 显示面板是由数百万个独立的小气室组成的，每一个小气室即每个独立像素都需要发光，相比 LCD 其耗电量是比较大的。其次，由于需要放电，电极之间的距离不能太近，因此像素不能做得太大，造成在中小屏幕尺寸上分辨率较低，只有在 50 英寸以上的大屏幕上才比较容易实现高分辨率，屏幕尺寸不如 CRT、LCD 多样化，而且在近距离观看图像时，可以看到像素颗粒。由于 PDP 屏采用荧光粉自然发光，又以寻址方式的像素显示图像，长时间激发荧光粉容易老化。由于高温放电，长时间在同一位置显示同一图像，很容易造成残影，但过一段时间后会自动消失。再次，PDP 的使用寿命也是有一定局限性的，其老化是难以避免的，一般使用几千个小时后，亮度就会明显地降低。因此，大面积图形的微细化和制作工艺的优化成为开发 PDP 的首要问题。

5.2.2 等离子体显示屏的显像原理

等离子体显示屏是由许多的 CELL 组成的。为了能在图像信号的控制下产生明暗变化的光点，最终形成图像，组成等离子体显示屏的小小"日光灯管"内部就有三个电极：两个外加电压维持放电发光的电极叫放电维持电极或 X、Y 电极，接较高的脉冲放电电压；另一个是控制放电以便达到发光和熄灭的电极叫寻址电极或 A 电极，接收经过处理的图像信号，如图 5-8 所示。

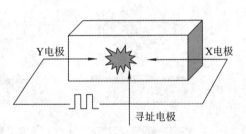

图 5-8　等离子体显示屏结构图

X 电极：也叫维持电极，主要就是和 Y 电极共同形成维持期，波形简单，是放电维持电极。

Y 电极：也是维持电极，但还承担着全屏写、建立壁电荷、和 X 电极共同形成维持期等任务，波形较复杂。

寻址电极：本质是一个数据输入的电极，正是在它的作用下，控制 X、Y 电极放电的产生，达到控制像素点发光亮度的目的，类似于 CRT 显像管阴极的作用，所施加的就是经过处理的图像信号。

对于简单的两电极结构的等离子体显示屏，其发光的基本原理是：当 X、Y 电极之间加上交变的维持电压，而峰值不足以形成放电时，像素并不放电发光，但如在选址单元相对应的一对电极间再叠加上一个书写脉冲，幅值超过着火电压，则该选址单元会因放电而呈现一个橙红色亮点，放电时产生的正离子和电子向瞬时阴、阳极运动，并积累于各自的介质表面成为壁电荷，经几百 ns 后，由于壁电荷所致电场的抵消作用，当净电压不足以维持放电时，放电终止，发光结束，维持电压转至下半周期而反向。外加电场与上次壁电荷场变成同向叠加，这时不必再加书写脉冲，就可以再次放电，因而，只要加一个书写脉冲即可使该单元在加交变维持脉冲情况下不断从熄火转入放电。如果对已放电的单元加一个擦除脉冲，使其产生一次弱放电，抵消掉存有的壁电荷，则维持电压反向后没有足够的壁电荷与之相加，放电就不能自动反复发生，放电单元进入熄火状态。

为了降低放电时的点火电压，根据 PDP 的工作原理，通常均采用图 5-8 中的三电极结构，下面以 AC-PDP 为例，具体说明其工作放电的过程。图 5-9 给出了 AC-PDP 的三电极放电步骤图，其基本步骤如下：

（1）在 X 电极加正脉冲之后，Y 电极加擦除脉冲进行全屏擦除，使 X 电极表面带正壁电荷，为之后将出现的大脉冲作电压增强准备。

（2）X 电极加书写脉冲作全屏写操作，使 X 对 Y、X 对 A 电极放电，全屏点亮。

（3）壁电荷调整。Y 电极依次加一正一负两个脉冲，该过程通常安排得稍长，以使调整后的壁电荷趋于稳定。

（4）利用 Y 电极从 0～180 V 缓慢变化的正脉冲，使气体逐渐放电，擦除 Y 电极一部分正的壁电荷，并达到预定的电荷量。

（5）写显示数据。这时 X 电极加 55 V 正脉冲，以抵消擦除过程中所剩的负壁电荷的作用，使其参与暗放电；对于被选而需作写操作的 Y 电极加幅度为 180 V 的负脉冲，未被选择的 Y 电极则加 -80 V 的电压，而 A 电极此时只需加 65 V 的电压。

此后进入维持放电，X、Y 电极交替加 0～180 V 的维持脉冲，但第一个维持脉冲需加至 Y 电极。维持期结束时，则重新回到步骤（1）。

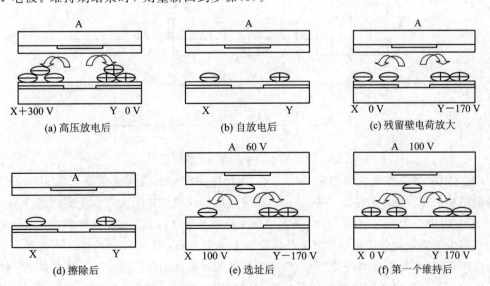

图 5-9　AC-PDP 的三电极放电步骤图

由上可见，在同一维护电压下，每个单元既可以处于着火也可以处于熄火状态，只要由逻辑电路对选址点加上书写或擦除脉冲就可改变其状态，不必像阴极射线管那样以帧频不断予以刷新。这里仅需加一次控制脉冲就可以将状态自行"记忆"或"存储"，这是 AC-PDP 的突出优点。

由于 AC-PDP 的存储特性，驱动线数增加时，亮度并不降低，因为已经点亮的单元每半周期自动放电一次，产生一光脉冲，而对于传统的 CRT 显示器，仅在每帧刷新一次时发光，所以其等效亮度为 $\ddot{B}=\hat{B}\cdot\Delta t/T$，式中 $\hat{B}$ 是加刷新信号时的亮度，$\Delta t/T$ 是刷新时间占帧时间的百分率。这一特点使其成为大屏幕高质量显示的有力竞争者。

AC-PDP 工作时，所有行、列电极之间都加上交变的维持电压脉冲 U_s，其幅值不足以引燃单元放电，但能维持现有放电。此时各行、列电极交点形成的像素均未放电发光。

如果在被选单元相对应的电极间叠加一个书写脉冲 U_{wr}，当其幅值超过着火电压时，该单元产生放电而发光。放电所产生的电子和正离子在电场的作用下分别向瞬时阳极和瞬时阴极运动，并积累于各自的介质表面成为壁电荷。壁电荷产生的电场与外加电场相反，经几百 ns 后其合成电场已不足以维持放电，放电终止，发光呈光脉冲。维持电压转至下半周期时极性相反，外加电场与上次壁电荷所产生的电场变为同向叠加，不必再加书写脉冲，仅靠维持电压脉冲就可引起再次放电，亦即只要加入一个书写脉冲，就可使单元从熄火转入放电，并继续维持下去。

如果停止已放电单元的放电，可在维持脉冲之前加入一个擦除脉冲，它产生一个弱放电，抵消原来存在介质表面的电荷。此时，放电单元已不能产生足够的新的壁电荷，维持电压倒相后没有足够的壁电荷电场与之相加，放电就不能继续发生，转入熄火状态。所以，AC-PDP 的像素在书写脉冲和擦除脉冲的作用下分别进入放电和熄火状态以后，仅在维持脉冲的作用下就能保持原有的放电和熄火状态，直到下次改写的脉冲到来为止。图 5-10 给出了 AC-PDP 的擦写工作原理图。

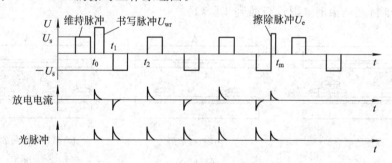

图 5-10　AC-PDP 的擦写工作原理图

AC-PDP 的工作电压约为 90～150 V，驱动电路使用混合集成电路、高压 MOS IC，目前改用移位寄存器、锁存器、技术-译码器等组成的模块式单元大规模集成电路(LSI)。

AC-PDP 的电极呈空间正交，每一个交叉点就是一个像素，形成像素阵列。在任意两条交叉电极上施加维持电压时，由于其幅值低于着火电压，故相应交叉点并不发光。如在维持电压 U_s 间歇期加上书写脉冲 U_{wr}，使其幅度超过着火电压，则该单元放电发光。放电时形成的正离子和电子在电场作用下分别向瞬时阳极移动，并被积累在介质表面，形成电荷 Q_w。在外电路中壁电荷 Q_w 形成壁电荷电压 U_w，其方向与外加电压相反，因此单元壁一旦形成壁电荷，则加在单元上的净电压低于着火电压，使放电暂时停止。但当外加电压反向时，则同壁电压相叠加，其峰值超过着火电压，又产生一次放电发光，然后重复上述过程。这样，单元一旦着火，就由维持电压来维持脉冲放电，这就称为单元的存储性。如果要想使已发光的单元停止发光，可在维持电压前部间歇期施加擦除脉冲 U_e，产生一次微弱的放电，将壁电压中和，单元就停止发光。由上可知，AC-PDP 是断续的脉冲发光，在维持电压的每个周期内产生两次放电、两次发光。维持信号的频率一般在 10 kHz 以上，故每秒可发光两万次以上，大大超过人眼的闪烁频率(50 Hz)，因此，AC-PDP 的脉冲发光并不使人感到闪烁。

在前面的几节里，我们已介绍过等离子体可以在电离形成等离子体时直接产生可见光或者是利用等离子体产生紫外光来激发荧光体发光。在显示单元中加上高电压使电流流过气体，从而使其原子核的外层电子逸出。这些带负电的粒子会飞向电极，途中和其他电子碰撞便会提高其能级。电子恢复到正常的低能级时，多余的能量就会以光子的形式释放出来。这些光子是否在可见光的范围，要根据惰性气体的混合物及其压力而定，直接发光的显示器通常发出的是红色和橙色的可见光，只能做单色显示器。

现在的等离子体显示屏都是彩色显示屏，每一个像素单元是由三个类似于"日光灯管"的气体放电体组成的，在三个放电腔体内表面分别涂敷红、绿、蓝荧光粉组成一个像素的三色体单元，如图 5-11 所示。通常等离子体发出的紫外光是不可见光，但涂在显示单元中的红、绿、蓝三种荧光粉受到紫外线轰击时，会产生红、绿和蓝的颜色。改变三种颜色光的合成比例就可以得到任意的颜色，这样等离子体显示屏就可以显示彩色图像。

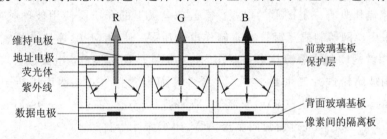

图 5-11　彩色等离子体显示单元

5.2.3　典型等离子体显示器的物理结构

彩色 PDP 一般为表面放电式 AC-PDP，其结构如图 5-12 所示。从图中可以看出，PDP 显示屏由前后两块玻璃基板组成。

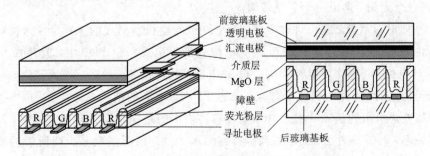

图 5-12　表面放电型彩色 PDP 显示屏结构示意图

前玻璃基板包括：① 前玻璃，起保护和透光作用；② 扫描电极和维持电极，用以形成水平扫描；③ 绝缘层，起绝缘作用。

后玻璃基板包括：① 后玻璃，起保护作用；② 寻址地址，即数据电极，选择发光单元的地址；③ 反射层，增加正面的光亮度；④ 荧光粉层，R、G、B 三基色荧光粉依次相同，能吸收紫外光而发出 R、G、B 三基色光；⑤ 障壁，起分隔放电区和防止串光的作用。

PDP 显示屏在制作时，在前基板上制作维持和扫描电极，下面分别称作 X 电极和 Y 电极。X 和 Y 电极间隔排列，由很薄的透明导电材料制作而成，作为放电电极，相邻的 X 和 Y 电极构成一行彩色像素。在透明电极之上制作有金属电极，称之为汇流电极（BUS 电极），它弥补了透明电极电阻率大的缺点，又对透光率的影响很小。在像素之间，即每一对 X 和 Y 电极两边，与电极平行的方向制作有黑色介质条，用于提高显示对比度。在黑条介质上面，是透明介质，最上层是用于降低工作电压和对介质进行保护的氧化镁（MgO）层。在介质层制作 MgO 之类的保护膜，以防止离子碰撞介质层而造成劣化。曾经使用过的保护膜还有 SiO_2、Al_2O_3 等金属氧化物。结果证明 MgO 膜不仅有防止介质劣化的效果，同时由于其功耗小，还具有点火电压低的良好特性，使 AC - PDP 的寿命较长。可以说，制作 MgO 保护膜促进了 AC - PDP 显示器件的实用化。

PDP 显示器件的基本材料是平板玻璃，在玻璃基板内侧面配置了电极，电极材料使用银浆的导电胶、金属 Cr-Cu-Cr 的三层导电膜或金属 Cu-Al 合金导电膜等材料，采用丝网印制或蒸镀技术制作具有一定图形的电极。覆盖在电极上的介质层使用玻璃胶或 SiO_2 等材料，并同样采用丝网印制或蒸镀技术来制作电介质层。使用 MgO 等技术的氧化物表面保护膜也是采用丝网印制或蒸镀技术来制作的。这样在玻璃基板上，组成覆盖着三层薄膜的结构，四周用玻璃粉进行气密封。在显示器件背面设置排气口，然后进行封气，将氖气（Ne）为主体的、混入微量氩气（Ar）或氙气（Xe）的混合气体在 $3.9 \sim 3.99$ kPa 气压下封入器件内。最后，将封入口进行密封而制得 AC - PDP 显示器件。

在后基板上，最下层是寻址电极（以下称为 A 电极，也叫做选址电极）。寻址电极与前基板上的两种电极呈空间正交，正交之处就构成了一个个放电单元（子像素），每个像素包括相邻的红、绿、蓝三个子像素。在寻址电极之上，首先制作的是白色介质层，介质上面，两条电极之间制作的是用于防止单元之间光串扰和控制基板间隙的障壁。在障壁的底部和侧面涂覆的是真空紫外光致发光荧光粉，相邻的三个障壁槽内分别涂覆有红（R）、绿（G）、蓝（B）三基色荧光粉，形成一个彩色像素。

实际的 PDP 显示屏就是由许许多多的 X、Y 和 A 电极所形成的无数个像素构成发光单元的。比如，一个分辨率为 852×480 的三电极表面放电式彩色 PDP 中，就存在 $852 \times 3 = 2556$ 根寻址电极，480 根 X 电极和 480 根 Y 电极，共存在 $852 \times 3 \times 480 = 1226880$ 个由微小放电单元构成的红、绿、蓝色子像素。彩色 PDP 显示屏的结构示意图如图 5 - 13 所示，水平方向从左边引出的是 480 根 Y 电极，从右边引出的是 480 根 X 电极，其中，X 电极全部短接在一起，与每一对 X、Y 电极间隔排列的水平方向的粗线就是上面所说的黑色介质条，水平方向的电极和介质条都制作在后玻璃基板的上面，垂直方向引出的是 2556 根 A 电极，由于 A 电极引出线密度很大，为了减少与电路板对接时的对位困难，将奇数 A 电极从屏的上边引出，偶数 A 电极从屏的下边引出。图中，竖直的粗线条代表了上面所说的障壁，A 电极和障壁制作在前玻璃基板的下面。

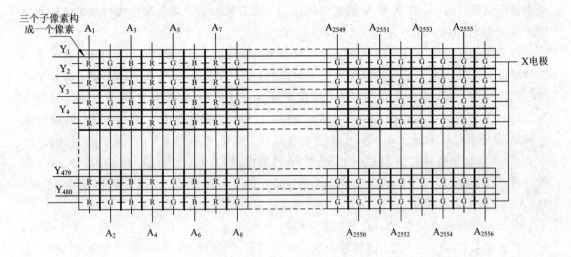

图 5 - 13　分辨率为 852×480 的彩色 PDP 显示屏结构示意图

这是一种 852×480 彩色点阵规模的 PDP 显示屏，图中标出了彩色像元的排列位置、距离、形状、大小及三种电极的引出方向。

以 42 英寸的 852×480 彩色点阵规模 PDP 显示屏为例，制作过程首先在底层玻璃上形成预制的垂直间隔，然后在间隔内敷设红、绿、蓝三色荧光粉条结构，在显示屏的垂直方向，每列彩条下面都有相应的数据电极引出，实现每一列彩色像素在垂直方向的连接；在前玻璃板上则根据 480 行的均布距离，在水平方向上间隔交错地敷设维持电极和扫描电极，该两种电极是透明材料制成的，从而在水平方向把每一行像素在间隔的空间上面予以定位，并且非接触性地实际连接在一起。把后面涂有彩条的玻璃板和前面敷有透明电极的玻璃板拼合在一起后，在完全封闭之前，充入低压的氖和氙气体，烧合之后就制成了 PDP 显示屏。这是一种方法。

另外一种方法是预先制作按照点阵规模均布的、面积大小约为 1 平方毫米的能容纳三个彩色像元的间隔，或预制成每个像元都独立的间隔，然后喷涂红、绿、蓝三色荧光粉彩条，拼成约为 1 平方毫米的彩色像素，从而在整个显示屏上形成大规模的彩色像素点阵。

上述的这两种结构也就是通常我们所说的交流方式和直流方式驱动的显示屏。不管采用何种驱动方式，其结构都是一个固定在硬质铝合金基板上的玻璃显示屏，显示屏的左、右两侧分别引出 480 行维持电极和 480 行扫描电极，显示屏的下面引出 852×3 列数据电极；如果是 1024×768 或 1366×768 的点阵结构，则除了左、右引出线增至 768 行之外，显示屏分为上、下两半，上、下都有 1024×3 或是 1366×3 列数据电极的引出线。

当前、后玻璃基板分别制作完成后，将它们叠合在一起，然后在前、后玻璃基板四周用低融点玻璃粉进行气密封接，通过后玻璃基板一角的排气管排出基板间的气体后，再充入惰性气体构成的潘宁气体，这样，一对 X、Y 电极和一个 A 电极正交处就构成了一个放电显示单元。

当在 A 和 Y 电极之间加上一定幅度的电压冲后，就会发生寻址放电，在 A、Y 电极表面积累壁电荷，然后，在 X 和 Y 电极之间施加交流方波脉冲，就会发生维持放电，从而使 PDP 显示彩色图像。

假若每帧图像由 n 行组成，每行有 m 个像素，则需要 n 个扫描电极（Y 电极）和 n 个 X 维持电极。Y 电极和 X 电极均水平方向均匀排列，其中，n 个 Y 电极分别引出，而 n 个 X 电极则连接在一起，以一个端子引出；垂直排列 A 寻址电极（数据电极）共有 m 组，每组含有 R、G、B 三基色，总共有 $3m$ 个 A 寻址电极。这样，正交布置的 Y 扫描电极、X 维持电极和 A 寻址电极就形成了 $n \times 3m$ 个小放电管阵列，需要由 $n+3m+1$ 个端口信号来控制。以 852×480 显示格式为例，它包括 480 个 Y 扫描电极（480 个引出端）和 480 个 X 维持电极（1 个引出端），以及与之垂直的 $852 \times 3 = 2556$ 个 A 寻址电极（2556 个引出端），其 $n=480$，$m=852$，则需要 $480+3 \times 852+1 = 3037$ 个端口控制。

由于一个像素单元由 R、G、B 构成，852×480 的显示屏水平方向上共有 852 个像素，在垂直方向上，共有 480 行，这样整个显示屏共可显示 $852 \times 480 = 408960$ 个像素，也就是说可显示 $852 \times 3 \times 480 = 1226880$ 个子像素。

如果显示格式是 1024×768 的 PDP 显示屏，则 Y 扫描电极为 768 个（768 个引出端），X 维持电极为 768 个（1 个引出端），A 寻址电极为 1024×3 个（3072 个引出端）。

如果显示格式是 1366×768 的 PDP 显示屏，则 Y 扫描电极为 768 个（768 个引出端），X 维持电极为 768 个（1 个引出端），A 寻址电极为 1366×3 个（4098 个引出端）。

如果显示格式是 1920×1080 的 PDP 显示屏，则 Y 扫描电极为 1080 个（1080 个引出端），X 维持电极为 1080 个（1 个引出端），A 寻址电极为 1920×3 个（5760 个引出端）。

5.3　等离子体显示屏的驱动与控制

等离子体显示屏的显示方法与其他显示屏有极大区别，有关电路结构和功能也有重大差异。本节从最常用的寻址与显示分离（ADS）的基本驱动原理出发，论述等离子体显示屏实现灰度显示的方法及彩色 PDP 的电路组成。

5.3.1　等离子体显示屏的驱动原理概述

在驱动三电极表面放电彩色 PDP 时，通常将所有维持电极相连，由 X 维持电极驱动电路驱动，Y 扫描电极扫描驱动电路和维持电路分别驱动，A 选址电极与选址驱动器相连。在选址过程中 Y 电极和 A 电极之间进行选址触发放电，使将来要点亮的单元的 X、Y 电极表面带上一定量的壁电荷。X、Y 电极之间除了维持显示之外，还要对全屏所有单元进行初始化或擦除多余电荷，目的是使在选址过程中的各个单元的状态一致，以此实现稳定的选址。

ADS（Address and Display Separation）工作方式也就是选址和显示分离方式，是目前最常用的驱动方法之一。图 5-14 所示为 ADS 工作方式在每一场内加在显示屏各电极上的具体的工作波形。

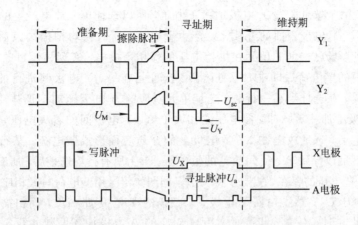

图 5-14　彩色 PDP 的 ADS 方式驱动波形

从图 5-14 可以看出，ADS 工作方式在每子场内的工作主要分为三个阶段，分别是初始化准备期、寻址期及维持期。

1. 初始化准备期

初始化准备期的主要目的是消除上一子场在单元内产生的壁电荷，使各单元具有相同的初始状态。

每子场的初始化阶段又分为三个阶段。

首先是在 X 电极上施加一高电压正脉冲，幅度远高于 X、Y 电极间的着火电压，使显示板上所有的单元不论内部有无壁电荷均能产生一次强烈的放电，放电产生大量的壁电荷。通过放电，消除各单元间壁电荷的不均匀性。同时，产生的壁电压大于气体的着火电压，使单元在正脉冲过去后产生自放电，消除单元内的壁电荷，由于自放电过程慢，所以在施加高压脉冲后，必须留有充分的自放电时间。

第二个阶段是对在自放电过程中没有消除的壁电荷进行放大。自放电后，在 X 电极上积累的是电子，Y 电极上积累的是正离子。为了对壁电荷数量进行放大后消除，在自放电后，Y 电极上施加一正脉冲，使有壁电荷的单元产生一次放电，已无壁电荷的单元将不再放电，从而不再产生新的壁电荷。然后，在 Y 电极上再施加一个负脉冲，使壁电压极性转向。

第三个阶段是消除第二个阶段产生的壁电荷，以确保下一步选址时单元内的壁电荷对选址不至于造成影响。消除单元内的壁电荷的方法是在所有的 Y 电极上施加一个幅度逐渐上升的斜坡脉冲。斜坡脉冲的作用是不论单元内壁电压的幅值是多少，一旦壁电压的幅值与斜坡脉冲某一位置的幅值相加大于或等于气体的着火电压，单元就放电；放电后，原壁电荷的数量减少，减少到一定程度后，放电熄火。随着斜坡脉冲幅度的缓慢上升，一旦满足放电条件，再发生一次弱放电，直至斜坡脉冲达到最大时为止。由上述分析可知，斜坡脉冲的施加，可以通过一系列的弱放电逐渐消除单元内的壁电荷，最后达到斜坡脉冲的最大幅值与单元内的残留壁电压之和小于着火电压。

2. 寻址期

寻址期采取每次一行的选址方式，扫描由 Y 电极进行，扫描到某一 Y 行时，在该行 Y 电极上施加一负电压脉冲，所有需选址单元对应的 A 电极同时施加一正的选址脉冲，使需选址单元放电。由于选址阶段 X 电极加一正电压，所以选址单元放电产生的壁电荷可以积累在单元内的 X、Y 电极表面的介质上，产生壁电压。所有行均扫描结束后，全屏同时进入维持过程，使本场已选址的单元在维持电压的作用下放电，实现显示目的。

消除单元内的壁电荷后即进入寻址阶段。选址是在 A、Y 电极间进行的，并采用一次一行的寻址方式。在选址到某一行时，选址单元对应的 A 电极施加一正脉冲数据信号，该行对应的 Y 电极施加一负脉冲，使电压之和大于 A、Y 电极间的着火电压，由于选址时 X 电极施加一正电平，选址放电在 X、Y 电极上的介质表面形成壁电荷。某行选址时，其他行中施加的是不足以导致 A、Y 间放电的负电压。屏上所有行均选址后，所有选址单元内均产生了壁电荷。壁电压的存在，相当于将一子场的图像信号用壁电荷写入相应的单元内。

X 电极加电压 U_X；顺序扫描 Y 电极，未扫描的 Y 电极加 $-U_{sc}$，而扫描到的 Y 电极加电压 $-U_Y$；与此同时，对需要点亮的单元相对应的 A 电极加寻址脉冲 U_a，而不点亮的则加 0 V。在要点亮的单元中，首先是 A 和 Y 电极之间放电，由此引起 X 和 Y 电极之间的放电，从而在 X 和 Y 电极上积累了壁电荷，这些壁电荷足以保障后面维持期维持放电的进行。而对于不点亮的单元，由于未进行寻址放电，所以单元内也就不会有壁电荷的积累。图中寻址期 Y 电极脉冲的斜线表示脉冲是顺序加到各行的。

3. 维持期

寻址完成后，进入维持期。该阶段是在 X、Y 电极间进行的，维持的第一个脉冲必须与寻址单元内的壁电压的极性相同，且满足维持电压规定的条件，以确保所加维持脉冲的幅度和壁电压之和大于 X、Y 电极间的着火电压，产生用于显示的放电。一子场结束后，进入下一子场，直至一场结束，进入下一场，重复上述过程，实现灰度显示。随着放电的进行，单元内的壁电荷逐渐减少，直到无壁电压，最后过渡到反向积累，到放电结束时，壁电压的极性与放电之前极性相反。下一个极性相反的脉冲到来时与上一脉冲刚好极性相反。因此，第二个脉冲到来后，刚好与上一次放电产生的壁电压极性相同，相加大于着火电压，再一次放电。所以在维持阶段，X、Y 电极上施加的必须是双极性脉冲，同时，为了不误写，维持电压必须小于着火电压。

维持电极在每个副场时间里都点亮显示屏一次，即每场图像需要点亮显示屏 8 次。与显像管每秒钟刷新 60 场图像（隔行扫描）的速度相比，等离子体显示屏需要每秒钟点亮 480 次，才能完成 60 场图像（逐行扫描）的刷新，这就是等离子体显示屏驱动电路的工作原理。在这种控制模式下，所需要注意的是高压电源的快速开关，以及图像数据的高速传送。

等离子体显示屏设计成由 8 个发光时间不同的副场来形成一个完整的图像场，其根本原因在于等离子体发光只能有亮和暗两种状态，每个像元的发光强度是很难实现如显像管那样以电压调制的，只能以单位时间内发光时间所占的比例来实现亮度的线性控制，以发光时间的相对长度积累来得到亮度。

等离子体显示屏的 8 个副场原理直接来自二进制数字。在一组 8 位二进制数字里，每位都有 1 或 0 两种状态，各种组合正好有 256 种，因而就能表达 256 个十进制数，每位数字轮流为 1 时，就可得到一个有趣的排列：00000001、00000010、00000100、00001000、00010000、00100000、01000000、10000000，共 8 个数字，正好相当于十进制的 1、2、4、8、16、32、64、128。当以 1 为亮，以 0 为暗时，就能得到 8 种基本亮度，当其他几个位数上也出现 1 时，就能得到上述数字相加的结果，实现 1～256 之间所有的不同数字所对应的亮度变化。把屏幕点亮的时间分为 256 个基本单位时间，屏幕点亮 1 个单位时间，得到的亮度为 1；点亮 2 个单位时间，得到的亮度为 2；依次类推，如果点亮 256 个单位时间，就能得到亮度为 256。这样就能把 8 个副场的发光时间与亮度的控制直接联系起来：以 8 位二进制不同位数取 1 时对应的不同基本量作为 8 个副场的发光时间，就能直接表现 8 位二进制数字所代表的 256 级亮度。

模拟式图像信号由模/数转换器转换成 8 位数字信号流以后，可以很方便地和这种 8 个副场的扫描方式配合起来。以亮度信号为例，以 1 为亮，以 0 为暗时，当 8 位数字中只有最低位为 1 即 00000001 时，亮度最低为 1；次低位为 1 时即 00000010 时，亮度为 2，而只有最高位为 1 即 10000000 时，亮度为 128 级，其余类推。而 8 个副场中，第 1 副场发光时间最短，正好与最低位数据相符，第二副场发光时间为 2，正好与次低位数据相符，第 8 副场发光时间最长，正好与最高位数据相符，因此以 8 位数字图像信号和 8 个副场扫描系统相配合，就能发挥等离子体显示屏的特点，以简单直接的方式实现每个像元的灰度显示，从而完成图像的再现。从图 5-15 中 8 个副场中黑色驱动的成比例宽度变化能够看到二进制位数与副场点亮时间的关系。图中以黑色表示，是因为白色难于有清楚的图示表达。

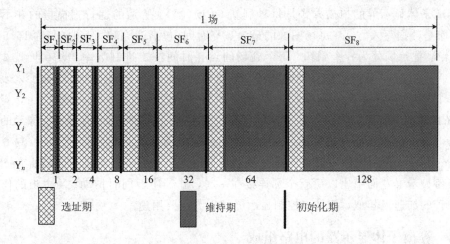

图 5-15　用 ADS 实现 256 级灰度的子场分配方法

已知一场图像刷新时间为 16670 μs，根据上述的 8 个副场的总发光时间 10 240 μs，则每个副场用于初始化和写入显示屏数据的时间为 $(16\ 670 - 10\ 240)/8 \approx 804\ \mu s$。

具体的电路工作过程为：在第一副场写入期间，数据传送链指向场图像数据储存器里最低位的数据口，逐行提取每行图像，然后逐行写入显示屏所有像元，在全显示屏应该点亮的像元位置留下高电平以后，公共维持电极引入高压使全显示屏进行第一副场放电发光，时间为一个场周期的 1/256，即 40 μs（不包括写入时间）；然后进入第二副场写入期，数据传送链逐行读出存储器中的次低位数据，逐行写入显示屏所有像元位置以后，显示屏进行第二副场的放电发光，时间为 80 μs；依次类推，直至最高位的数据写入显示屏，完成第 8 副场的 5120 μs 放电发光时间，就完成了一个整场图像的显示屏刷新。可以看出，这种全数字化的控制方式在电路上是比较容易实现的，而且信号数字化后就能够直接进行显示控制，不用再像液晶屏或者显像管之类要转换成模拟信号，从而避免了信号来回转换引起的损失。

PDP 单元的状态只有两种，要么"点亮"，要么"熄火"。PDP 要实现灰度显示就需要采用特殊的方法——子场驱动法。子场驱动法就是把一个电视场分为若干个子场，每一子场维持时间不同，产生不同强度的辐射，不同子场的组合产生不同辐射强度的积分效应，在人眼视网膜上感受到不同辐射的强度。这样每场的某一单元的亮度是由各子场维持显示时间的组合确定的。各子场内的维持时间有一定的关系，以实现 256 级灰度为例，各子场维持时间之比采用二进制方式，如 1∶2∶4∶8∶16∶32∶64∶128，只需 8 个子场分割就可以实现一个视场的 256 级灰度显示。这样一个彩色像素内 R、G、B 三基色放电单元每一单元的基色都可产生 256 级不同的亮度，因此，一个彩色像素共可表现出 256 种颜色，约为 1677 万种不同色彩。

用 ADS 方式子场法实现彩色 PDP 的灰度的驱动方式如图 5-15 所示。以 640×480 彩色像素的彩色 PDP 实现 256 级灰度为例，一个电视场在 16.7 ms 时间内分为 8 个子场，每一子场先进行逐行扫描选址，每行的扫描时间约为 3 μs，在此时间内，根据图像数据有 A、Y 电极对该行单元进行选址。全屏所有的行均选址完毕后，同时进行维持放电。一子场维持结束后进入下一子场，重复上述过程，直至该场结束。

等离子体显示屏的扫描方式是每秒刷新 60 场(幅)。所谓的逐行扫描指的并不是发光方式，而是数据写入方式，每场图像的最大点亮时间(包括清除和写入时间)为 16.67 ms 即 16670 μs，把每场分为 8 个副场，每个副场的点亮时间按二进制数率倍增(即 1、2、4、8、16、32、64、128)，就能实现点亮时间的 256 级精确控制。电视标准中都以灰度来表达亮度等级，即亮度最高时，灰度最低，为 1，相反如果每个副场都不发光，亮度为 1，灰度则为 256。依此类推，就可以明白等离子体显示屏的数字化控制灰度的工作原理。像元的发光是由维持电极上的高压点亮进行的，控制维持电极的电压开关状态，就能直接控制 8 个副场的时间。因为 8 个副场的发光时间是全显示屏同时进行的，所以全显示屏的所有 480 根维持电极由显示屏左面引出以后就全部连接在一起，由 X 主板同时推动。X 主板的作用其实和显像管的加速极相似，都是以控制显示屏亮度为主要用途。

5.3.2 等离子体显示器的电路组成

如图 5-16 所示，等离子体显示器主要由接口电路、存储控制电路、高压驱动电路、DC/DC 转换电路和显示屏等组成。

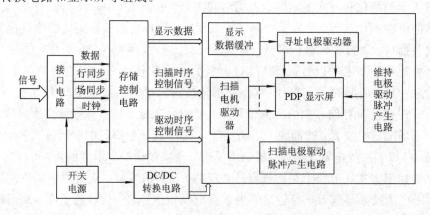

图 5-16 等离子体显示器的电路方框图

接口电路将各种信号源如 VGA 信号、NTSC、PAL 信号或者计算机、显卡视频信号转换成后级需要的数字信号，同时为后级提供行、场同步等控制信号。

DC/DC 转换电路系直流/直流变换，提供整个 PDP 电路工作中的各种直流电压。为了避免发生异常情况，这部分电路采取了保护措施，一旦发生异常，就会自动将所有的输出电压切断。

存储控制电路作为接口电路与驱动电路的衔接，将从接口电路接收到的数据整理成符合 PDP 显示要求的数据流传送给数据电极（A 电极），而且产生控制三电极放电的控制信号，是整个电路的控制中心。

驱动电路接收来自存储控制电路的信号，为 PDP 显示屏提供所需的高电压驱动信号，完成寻址与维持放电，使屏能够正常发光而显示图像。

下面分别对主要电路部分做详细说明。

1. 接口电路

接口电路是 PDP 与有关输入信号的衔接部件，用来提供针对各种信号源的界面，例如对标准的 VGA 信号，NTSC、PAL 等制式的电视信号，S-Video 信号等，将各种模拟的视频输入信号进行解码和数字化，并进行必要的格式变换等预处理工作，为 PDP 的驱动控制电路提供分辨率与显示屏相同的、刷新频率固定的数字图像信号，以及必要的同步、消隐、时钟等信号。这几种信号是 PDP 正常工作中不可缺少的图像信号和控制信号。在数字化过程中，还要使采样时钟与行同步信号同步，以使图像的每行采样点的采样时刻相一致，避免在 PDP 上显示的图像扭动。接口电路的组成如图 5-17 所示。

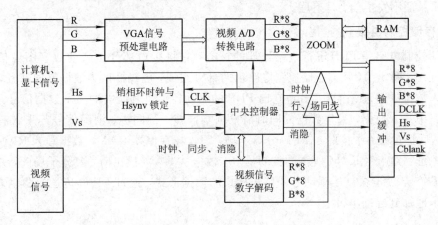

图 5-17　接口电路的组成

从图 5-17 可看出，接口电路主要包含中央控制器、VGA 信号预处理电路、视频 A/D 转换电路、视频信号数字解码等功能块。对于计算机、显示卡采集的视频信号，包括模拟的图像信号（红、绿、蓝）和行、场同步信号。接口电路中的中央控制器，先根据行、场同步信号的频率和极性判断图像的分辨率和刷新频率等信息，控制锁相时钟恢复电路，恢复出时钟信号，并将该时钟信号作为 A/D 转换的采样时钟。经过三路视频 A/D 转换电路分别对红、绿、蓝三路模拟图像信号进行转换，各输出 8 bit 的数字形式的红、绿、蓝信号，同时，根据图像的分辨率，由逻辑电路生成复合消隐信号。

对于电视图像信号，先由高频接收电路将电视信号进行解码，解码后的信号可以变成 R、G、B 三基色信号，共用上述三路 A/D 转换电路进行数字化，也可以使用独立的复合数字解码芯片直接输出数字化的 R、G、B 图像信号。解码电路同时产生行、场同步信号、消隐信号和时钟信号。

由于计算机、电视等信号有许多种分辨率和刷新频率，而 PDP 显示的是固定分辨率的画面；同时，由于驱动技术的复杂性，也希望图像的刷新频率是固定不变的。因此，经过数字化的数字图像信号还不能直接供给 PDP 使用。

图像缩放（ZOOM）技术和帧缓存技术是解决上面两个问题的一个好办法。图像缩放技术利用行内插和场内插的方法，将不同分辨率的图像平滑地变化到 PDP 的物理分辨率上。对于分辨率比 PDP 的物理分辨率小的图像，可以有两种处理方法：一是在图像的周边插入空白图像，使画面只显示在 PDP 的中央；二是将图像平滑放大，利用 ZOOM 技术，先利用场内插，每隔几行像素插入一行像素，插入的一行像素与相邻几行像素的颜色有关，然后利用行内插，每隔几个点插入一个点，插入的一个点的颜色与一行中相邻的几个点的颜色有关，经过插值运算，将图像平滑地放大充满整个显示屏。而对图像分辨率比 PDP 的物理分辨率大的图像，最简单的方法是图像质量缺损的处理。因此，对于这种图像，可以采取更加复杂的算法将图像的分辨率平滑地降下来。

刷新频率变换一般可以和图像缩放同时进行，利用两个帧图像缓冲存储器，将 A/D 转换后的数字图像写入一个帧缓存，同时以固定的速度从另一个帧缓存读取数据，控制数据读取的速度，就实现了刷新频率的变换。但是，应该注意，由于数据写入和读出的速度不同，必须保证不发生读、写追尾。

2. 存储控制电路

存储控制电路是 PDP 进行数据处理的核心，它将接口部分送来的数字图像信号进行必要的处理。图 5 - 18 中，存储控制电路由两部分组成，虚线框内为数据整理部分，主要完成对输入数据的整理、合并工作。它向 PDP 的驱动器提供其所需的显示数据信号。首先从接口电路中采入数据，采集数据的同时需根据场同步、行同步、消隐信号等采入有效数据信号。然后经过缓存，按照 8421 码分离子场，写入场存储器 RAM。数据写入 RAM 时，合理分配地址，并产生 RAM 所需的控制信号。数据从 RAM 读出时，要分子场读，并且读出的数据需符合 A 电极高压驱动芯片传送格式的数据形式，通过 FIFO 传送给驱动芯片，使数据正确地加到寻址电极上。

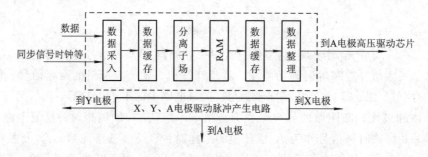

图 5 - 18　存储控制电路图

存储控制电路的另一部分为驱动脉冲产生电路。PDP 的驱动器是一种高压输出集成电路，要想驱动器输出的高电压驱动波形使各个电极正常且协调工作，就必须向它提供 TTL 电平的控制信号。驱动脉冲产生即用来产生 PDP 驱动器所需要的各种控制信号，包括驱动定时信号、扫描信号等。

上面提到过，存储控制部件完成的主要功能为：将接口部分传来的数据根据等离子体显示屏的结构及显示子场的要求进行整合。我们以 AC-PDP 为例，重点考虑其两个主要特点：① 显示屏上电极的特殊排列方式；② AC-PDP 所采用的寻址/显示分离型子场技术（ADS）。子场技术在 AC-PDP 中起着关键作用，人眼对它的亮度感觉不仅仅取决于其发光强度，还与该发光体点亮的时间有关。在一定时间范围内，人眼对它的亮度感觉呈现出一种类似于积分的效果。因而，要区分亮度，不仅仅可以采用调节振幅的方式，还可以根据人眼的以上特征，使用脉冲宽度和脉冲个数来区分亮度，即在一定的时间间隔内，脉冲宽度越大或脉冲个数越多，人眼的亮度感觉越强。对于 AC-PDP，由于其显示单元固有的存储性，利用脉冲个数即可以达到区分亮度的目标。例如，按照子场法，对某一个像素 P 来说，设它的亮度为 I，该亮度转化为电压 U，电压 U 通过 A/D 转换后的量化值为 u。在一般的情形下，都采用 8 位量化器。这样量化后的值是一个字节，该字节的每一比特从高到低分别记作 v_8、v_7、v_6、v_5、v_4、v_3、v_2、v_1。

按照子场法，通过下面的公式可以计算出这个像素在一场中的显示时间为

$$t = \{v_1 \times 2^0 + v_2 \times 2^1 + \cdots + v_8 \times 2^7\} \times T = \left\{\sum_{i=1}^{8} v_i \times 2^{i-1}\right\} T$$

其中，T 为单元显示时间。一个像素在一场中的显示时间可以由其在每一个子场中的显示时间求和而得，例如，如果量化电平值为 00000001，该像素的点亮时间就等于 T；如果量化电平值为 10000001，它的点亮时间就等于 $128T + T$。按照这个公式，量化值 u 越大，子场加权时间值 t 就越大。如上所述，人眼对图像亮度的感觉不仅仅取决于其本身的亮度，在一定程度上，它还与图像显示的时间长度有关。在一个较短的时间间隔内（人眼的视觉惰性范围内），显示时间长度 t 的值越大，给人的感觉就越亮。根据这个原理，可以通过子场加权技术将图像的亮度差别区分开来。考虑到人眼对亮度感觉的复杂性以及显示器件的非线性，不一定要采用 8421 码的权值，还可以根据被显示图像的特点，采用其他种类划分子场的函数关系。

PDP 有三个独立的电极，分别为 X 电极、Y 电极和 A 电极。其中 X 电极和 Y 电极用于显示，A 电极用于寻址。它通过使用一对电极维护显示时的放电，同时由于寻址电极的作用，又可以降低驱动电压，减少了介电层中的电场，因而延长了显示器的使用寿命。

对于通常被显示的一帧图像，在 PDP 中要分为 8 个子场来显示。首先显示的是全屏图像数据的第 1 bit（第 1 子场），然后依次是第 2 bit，直到第 8 bit（第 8 子场），8 个子场的图像合成起来才成为一帧图像。由于等离子体显示器是根据子场的时间加权来表示亮度层次的，控制部件必须将一字节的数据分成 8 个 bit 的子场数据，然后将子场数据组合成一定的字长数据，以满足 RAM 存储的需要。

存储控制电路处于 PDP 电路的中间部分，相当于整个电路的中央控制部分，协调该电路中各个部分的工作。一方面该电路要接受接口电路传过来的数据，并且将数据转换成合适的形式；另一方面它要向驱动电路传送显示数据并且提供驱动器所需的控制信号。

因此，存储控制电路的设计必须考虑整个 PDP 中各部分电路的需要，而它所能达到的

性能指标决定了整个 PDP 的性能。在选择电路方案时，主要应考虑以下几个因素的限制：

（1）RAM 速度的限制。考虑到价格等方面的因素，选用的是动态 RAM（DRAM）。DRAM 的存取时间较静态 RAM（SRAM）的长，一般都在几十 ns 以上。当采用较典型的 80 ns 存取时间的指标来设计电路时，由于输入数据的频率较快，达 25.175 MHz，即约每隔 40 ns 就到达一组数据，这样就产生了高速的数据输入和低速的数据输出的矛盾。要解决这个矛盾，就要增加电路中的数据缓存量，即以空间换取时间。因而，电路中要提供较多数量的触发器。就整个电路来说，光是缓存部分就需要 3000 个以上触发器。

（2）要尽量提高 PDP 的亮度。PDP 的亮度决定于维持期的长度，只能减少寻址时间，也就是要在尽量短的时间内把一场或一个子场的数据读出来。现在，RAM 的存取时间是一定的，要增加读出的数据量，只能采取一次对若干片 RAM 同时读的方式。上面的这个要求反映在电路上就是要有大量的输入/输出引脚，以数据输出电路来说，仅数据 I/O 引脚就达 124 个（64 个为输入引脚，60 个为输出引脚）。

（3）驱动器电路的速度限制。这些驱动芯片是四通道串行到并行推挽式驱动器，每一个通道的数据输入速率只有 10 MHz，这是整个电路在速度上的瓶颈。在选择电路方案时，不能不考虑这一速度瓶颈的限制。

存储控制电路还与显示屏的具体结构和驱动方式相关，不同的分辨率、单元结构和驱动方式的 PDP，存储控制电路也有所不同。以分辨率 852×480 的彩色 AC－PDP 显示屏为例，存储控制电路接收来自接口电路的数字图像信号及同步信号和时钟信号，产生相应的驱动波形。该显示屏寻址电极共 852×3＝2556 根，其中奇数根寻址电极从屏的上边引出，偶数根电极从屏的下边引出，在驱动方式上，采用分子场写寻址的 ADS 方式。在灰度等级上，采用每种基色 256 级灰度，可显示 24 位真彩色。因此，必须对输入图像数据按 bit 位归类进行存取，才能在一场时间内完成 8 个子场寻址，采用两帧存储器交替读/写，每帧存储器容量为 10 Mb，再将显示数据按照所选用的 A 电极驱动输入数据格式要求进行变化，满足其输入要求。

控制电路也是驱动电路的逻辑控制信号产生电路，它和高压驱动电路相结合产生高压驱动波形，以驱动显示屏正确地显示图像。驱动控制电路产生一定时序的驱动波形，为 X、Y 和 A 电极驱动器提供所需要的控制信号。在设计驱动方式时，每场图像分为 8 个子场，每个子场的准备期和寻址期的波形都是相同的，而维持期只是维持脉冲个数不同。对一个子场的输出波形进行分析，可以总结出驱动波形的特点如下：准备期利用 X 电极和 Y 电极的擦写脉冲对全屏进行初始化，顺序寻址期对 480 根 Y 电极顺序扫描，其余电极的电压保持恒定，维持期时 X 电极、Y 电极交替输出维持脉冲，而 A 电极电压保持恒定。因此，可以按照上述规律来设计驱动控制信号的逻辑。

3. 高压驱动电路

高压驱动电路是直接与 PDP 显示屏相连接的电路，包括寻址驱动电路、扫描驱动电路和维持驱动电路等。高压驱动电路在控制电路送来的 TTL 电平的驱动信号的控制下，产生 PDP 的准备期、寻址期和维持发光期所需要的各种高压脉冲，使 PDP 根据输入的显示数据来显示图像。驱动电路是彩色 PDP 电路中最重要的电路，驱动电路的构成方式又决定了驱动控制的原理及控制波形，驱动电路的好坏直接影响着显示器的显示性能。彩色 PDP 的驱动电路包括寻址电极（又称为 A 电极或选址电极）驱动电路、维持电极（又称为 X 电极)驱动电路和扫描电极(又称为 Y 电极)驱动电路。其中，Y 电极驱动电路和 A 电极驱动电路中除了用到分立的功率器件外，还用到了高压集成驱动电路。

寻址电极驱动电路的主要功能是接受显示数据，实现显示数据的驱动，即用一列显示数据驱动寻址电极实现对一列显示单元的寻址操作，并在寻址时根据显示数据为寻址电极提供相应的高压寻址脉冲。

扫描电极驱动电路的主要功能是在扫描时序控制信号作用下，实现顺序扫描各显示行，完成和寻址电极驱动器的配合；在寻址期对各行进行寻址操作，即进行单元的选择放电，积累或保留单元中的壁电荷；另外，还要完成维持放电操作。

高压集成驱动电路的主要功能是给寻址电极驱动电路和扫描电极驱动电路提供适当幅值的高压电源；另外，还要产生 X 电极高压驱动脉冲，完成对维持放电的驱动和准备期及寻址期 X 电极的操作。

等离子体显示屏的驱动方式是很独特的，每个像元(每个像素由红、绿、蓝三个像元组成)都由三根电极决定其二维位置，扫描电极和数据电极轮流给每一行的每个像元写入由图像内容决定的开或关的高低电位以后，维持电极给整个显示屏输入高压，点亮带有高电位的像元，即由高压放电点亮每个像元上部空间里的气体，气体点亮后产生的紫外线激发荧光粉发光，大量发光的像素拼成显示屏。如果控制每个像元在单位时间内的发光时间长短，就能用数字技术很精确地把单位发光时间分割为 256 级，实现 256 级不同的亮度，称为 256 级灰度。三个颜色的 256 级灰度变化能形成16777216 种不同的颜色组合(256×256×256≈16777216)。因此等离子体显示屏也是一种比较理想的高清晰度显示设备，具有高亮度、高饱和度的彩色显示能力，几何失真几乎为零，没有会聚失真。

下面分别对 PDP 的三电极驱动电路作一详细介绍。

1) 寻址电极

如图 5 - 19 中所示，左边虚线框内的电路是寻址电极驱动的供电电路，为寻址电极的所有驱动电路所公用，右边虚线框内的电路是寻址驱动电路的一个高压输出端。寻址电极工作时需要的电压有 U_a 和 U_{aw} 两种。因此，在电路实现时，采用了自举电路，使用一组电源来产生两种电压输出，减少了电源数目。电路工作时，电容 C_1 两端的电压为稳压管 V_{D2} 的击穿电压 U_d，在寻址期，接通 S_2，断开 S_1，则左边虚线框内电路的输出电压为 U_a；在非寻址期，断开 S_2，接通 S_1，该电路的输出为 $U_{aw} = U_a + U_d$。在驱动电路中，接通 S_3，断开 S_4，则在 A 电极上所加的电压为 U_a 或 U_{aw}；接通 S_4，断开 S_3，则 A 电极所加的电压为 0 V。图中的开关实际上为 MOSFET，它具有良好的开关特性，导通电阻小，输出功率大，对应的电路示意图如图 5 - 20 所示。

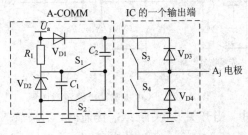

图 5 - 19　寻址电极驱动电路示意图

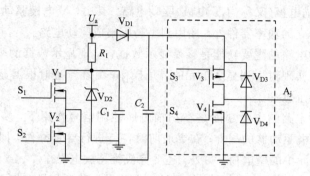

图 5-20 使用 MOSFET 构成的寻址电极驱动电路

寻址电极驱动电路的控制信号如图 5-21 所示，其中，S_1、S_2、S_4 电平为高表示对应的开关导通，为低则表示开关截止；S_3 反之。PC 和 BLK 是寻址驱动电路的控制信号，它们可以控制驱动电路的输出为全高、全低或者按照锁存数据输出。

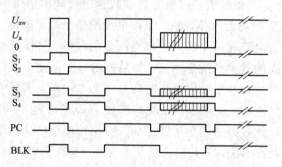

图 5-21 寻址电极驱动电路的控制信号

2）X 电极

由于 PDP 为容性负载，当给其加高压脉冲 U_s 时，会在屏电容 C_p 上存储 $CU_p^2/2$ 的能量。当高压回零时，如果将这一部分能量直接通过开关管接地释放掉，则这部分能量就通过开关管的内阻以热能的形式消耗掉了，这是十分不利的。能量恢复电路就是将 PDP 的屏电容的充放电通过一个辅助电感来进行，用一个辅助电容（如图 5-22 中的 C_{11}）来不断地回收和释放部分能量，而不是简单地通过大功率开关管的导通电阻进行损耗性放电。

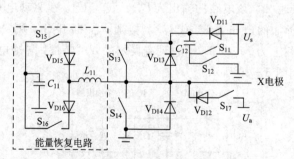

图 5-22 X 电极驱动电路示意图

在 X 电极驱动电路中，当开关 S_{11} 关断、S_{12} 接通时，二极管 V_{D11} 的负极的电压为 U_s，此时关断 S_{12}、接通 S_{11}，则二极管 V_{D11} 负极的电压 $U_{xw}=2U_s$。接通 S_{11} 和 S_{13}，而关断其他

开关，X 电极所加电压就为 U_{XW}。在寻址期，接通开关 S_{17}，其他开关关断，使 X 电极的电压为 U_s；接通 S_{14}，而其他开关关断，使 X 电极电压回零。

在维持期，要对 X 电极施加维持脉冲 U_s。首先，S_{13}、S_{14} 处在关断状态时，X 电极电压为 0 V；维持期开始，先接通 S_{15} 以形成维持脉冲，此时，存储在电容 C_{11} 内的电荷经过 S_{15}、V_{D15} 和 L_{11} 给 X 电极充电，当 X 电极电压快达到 U_s 时，接通 S_{13}，使 X 电极电压达到维持电压 U_s，开始放电，放电单元内壁电荷极性反转，然后依次关断 S_{15} 和 S_{13}；维持脉冲要回零时，先接通 S_{16}，使存储在 X 电极上的电荷通过 L_{11}、V_{D16} 和 S_{16} 回收到 C_{11} 中，当 X 电极电压将降到 0 V 时，接通 S_{14}，使 X 电极电压回到 0 V，然后依次关断 S_{16} 和 S_{14}。

图 5-23 中的 $S_{11} \sim S_{17}$ 代表 7 个开关管，实际上由 MOSFET 构成。图 5-23 是 X 电极驱动电路的控制信号波形图，高电平代表开关导通，低电平代表开关断开。

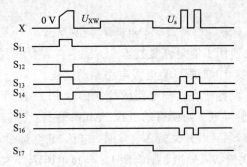

图 5-23　X 电极驱动电路的控制信号波形

3）Y 电极

Y 电极驱动电路由于要完成扫描操作和维持脉冲的施加，因此，也用了驱动集成电路。Y 电极的驱动电路如图 5-24 所示。

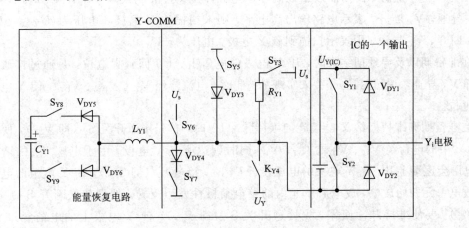

图 5-24　Y 电极驱动电路示意图

Y-COMM 电路为 Y 电极的所有驱动集成电路所公用。扫描电极驱动电路既有分立元件电路又有高压电路，特别是高压电路工作在"浮地"状态。Y 电极的驱动电路原理简图如图 5-25 所示。

寻址期的扫描脉冲由扫描驱动电路来产生，而其他时候的高压脉冲由 Y 电极和驱动芯片来共同完成，Y 电极所需要的电压有 $-U_Y$、$U_{Y(IC)}$ 和 U_s 等几种。同 X 电极驱动电路一

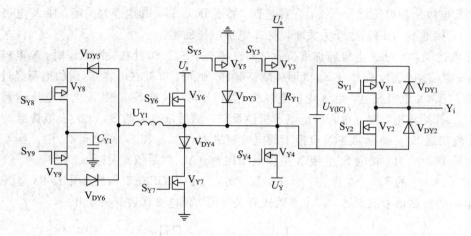

图 5－25　Y 电极驱动电路简图

样，Y 电极驱动电路中也使用了能量恢复技术。

下面以图 5－25 为例，详细说明 Y 电极电路驱动过程。

在准备期和维持期，设置所有扫描电路的控制信号 PC＝L，BLK＝H，使它们的所有输出引脚的下拉 NMOS 管导通，而所有的上拉 PMOS 管截止。

在准备期，接通开关 S_{Y4}，即开关管 V_{Y4} 导通，电压 $-U_Y$ 经过 V_{Y4}、V_{Y2} 加到所有 Y 电极，接通开关 S_{Y3}，即开关管 V_{Y3} 导通，则电源 U_s 经过电阻 R_1、二极管 V_{DY2}，并通过所有驱动电路的输出端给屏的电容 C_p 充电，在 Y 电极上得到缓慢上升的指数型脉冲。脉冲上升的速度取决于电阻 R_1 和屏电容 C_p 的大小。

在寻址期，接通开关 S_{Y4}，即 MOS 管 V_{Y4} 导通，其他开关断开，这样，使"浮地"（FG）的电压为 $-U_Y$。此时，由扫描数据控制驱动电路中的 S_{Y1} 和 S_{Y2}（即 V_{Y1} 和 V_{Y2}）的通与断。若 V_{Y1} 导通，V_{Y2} 断开，表示电路输出高电平，则未扫描的 Y 电极的电压为 $(U_{Y(IC)}-U_Y)$；若 V_{Y1} 断开，V_{Y2} 导通，则表示扫描到该 Y 电极，电压为 $-U_Y$。

在准备期以及寻址期结束时，让 Y 电极的电压由 $-U_Y$ 回到零电位，是通过接通开关 S_{Y5}（即 V_{Y5} 导通）、断开其他开关来实现的。此时，电流流经 V_{Y5}、V_{DY3}、V_{DY2}，使 Y 电极回到零电位。

在准备期和维持期给 Y 电极施加维持脉冲 U_s 时，首先接通开关 S_{Y9}（即 V_{Y9}），使储能电容 C_{Y1} 中的电荷经 V_{Y9}、V_{DY6}、L_{Y1}、V_{DY2} 同时到达所有 Y 电极。由于电感 V_{Y1} 的谐振作用，电压会逐渐上升，当 Y 电极的电压接近 U_s 时，接通 S_{Y6}（即 T_{Y6}），使 Y 电极的电压为 U_s，放电单元开始放电，放电后单元内的壁电荷极性发生反转，然后依次断开 S_{Y9}（V_{Y9}）、S_{Y6}（V_{Y6}）。要使维持脉冲回零，先接通开关 S_{Y8}（即 V_{Y8}），使 Y 电极上的电荷经过 V_{Y2}、L_{Y1}、V_{DY5}、V_{Y8} 谐振后存储到电容 C_{Y1} 中，当 Y 电极中的电压快接近 0 V 时，接通开关 S_{Y7}（T_{Y7}），使 Y 电极电压回到 0 V，然而依次断开 S_{Y8}（V_{Y8}）、S_{Y7}（T_{Y7}）。由此，实现了 Y 电极的驱动和能量恢复操作。

上述驱动方法有效地降低了寻址电压。指数型的擦除脉冲减少了误寻址的产生，提高了显示的画面质量；简单的升压电路减少了驱动电路所需的电源种类；能量恢复电路更是大大降低了等离子体显示器件的驱动功耗。

4. 电源电路

PDP 的电源电路分为开关电源和 DC/DC 变换器两部分。开关电源用于将 220 V 市电转换成整机电路所需的 U_a、U_s、5 V、15 V 等电压；DC/DC 变换器用于将开关电源产生的直流电压(5 V)转换成 3.3 V、2.5 V、1.8 V 等电压，供给整机小信号处理电路使用。

整个电路系统的工作过程是接口电路将外界输入的标准视频图像阵列(VGA)和复合视频图像信号进行数字化处理，按一定的格式送往后级的存储与控制电路，同时送出的还有行同步、场同步和数据时钟及消隐等控制信号；存储与控制电路对前级送来的图像数据按显示屏的电极结构及分子场显示的要求，对图像数据进行分流和按位(子场)分离，存入帧存储器。显示时，按扫描寻址的要求将数据从帧存储器中读出并送往寻址电极驱动器进行寻址；驱动电路部分根据驱动方法的要求，由驱动控制电路产生的逻辑控制波形控制，产生驱动所需的高压驱动波形，最终完成扫描寻址和维持显示图像。另外，利用驱动控制电路部分的可编辑的逻辑波形发生器，可实现高压驱动波形的形状、脉宽、能量恢复时间参数、显示亮度以及其他时间参数的调整。

习　题　5

简答题

1. 试比较 CRT 显示、液晶显示、等离子体显示的优、劣。
2. 等离子体是如何产生的？
3. 什么是等离子体？等离子体有哪些光电特性？
4. 试述等离子体显示屏的优、缺点。
5. PDP 是如何分类的？各有什么特点？
6. 等离子体显示屏的显像原理是什么？
7. 简述 AC‑PDP 放电的基本步骤。
8. 简述等离子体显示器的物理结构。
9. 简述单个等离子体显示单元的驱动原理。
10. 简述 AC‑PDP 的基本组成结构。
11. 对于 AC‑PDP，其各电极线是如何分配的？
12. 试述彩色 PDP 的显示驱动方法。
13. 以 640×480 彩色像素的 PDP 为例，简述其实现 256 级灰度的驱动方式。
14. 什么是子场驱动法？
15. 等离子体显示器的电路组成有哪几个主要部分？
16. 什么是反 γ 校正？它的作用是什么？
17. 简述 ZOOM 技术的特点。
18. 简述等离子体显示电路的工作过程。
19. 等离子体显示屏工作时，三电极驱动电路各有什么特点？

第6章 其他显示技术

材料方面的发展引领了显示技术的不断发展,各种材料产生了一系列新型的显示技术,如 LPD、OLED、QLED、3D 等。这些显示技术有着自己独特的优势,随着技术的发展,人类将进入一个全新的显示时代。

本章将从结构、工作原理及特点几方面,分别介绍不同种类的几种显示技术。

6.1 激光显示技术

科学家在电子管中以光或电流的能量来撞击某些晶体或原子易受激发的物质,使其原子的电子达到受激发的高能量状态,当这些电子要回复到平静的低能量状态时,原子就会射出光子,以放出多余的能量;接着这些被放出的光子又会撞击其他原子,激发更多的原子产生光子,引发一连串的反应,并且都朝同一个方向前进,形成强烈而且集中朝向某个方向的光,激光就由此产生。激光是 20 世纪 60 年代开发的光源,具有方向性好、亮度高、单色性好等特点,激光显示技术(Laser Projection Display, LPD)已成为显示领域的重要发展方向及研究重点。

1964 年,尼古拉·G·巴索夫博士(诺贝尔物理学奖获得者)首先提出用电子束激发半导体得到激光的设想。60 年代中,列别捷夫物理研究所在液氮温度下实现了绿光的发射。90 年代,科学家研制出了几种主要颜色的室温下工作的半导体材料。1999 年,Principia Optics Inc. 公司获得 4.5 万伏阳极电压下能在室温中工作的红、绿、蓝激光 CRT 样机,完成了商业化的第一步。

激光光源是环境友好型光源,生产过程中没有废水、废气、废物排放,而低能耗是其另一大特点。激光电视、投影、电影放映机分别是同类产品能耗的 1/4、1/2、1/2。因此,不难想象,激光显示光源环保节能的特点将随着激光显示技术产业化的发展及产品的普及体现得更加充分。

6.1.1 激光的特性及发展

激光显示技术以红、绿、蓝(RGB)三基色激光为光源,充分利用激光波长可选择性和高光谱亮度的特点,使显示图像具有更大的色域表现空间,可以最真实地再现客观世界丰富、艳丽的色彩,提供更具震撼性的表现力。激光显示色域覆盖率可达 90%,是 NTSC 标准的 2 倍以上,色彩饱和度达到传统显示的 100 倍以上,具有较完美的色彩还原度。

现有 CRT 显示器的色彩重现能力很低,显色范围仅能覆盖人眼所能观察到的色彩空间的 33%,而其他 67% 的色彩空间是现有的显示技术都无法重现的。与传统显示技术相比,激光显示的色彩带宽更宽,颜色更加丰富、艳丽,图像保真度更高。激光技术的显示屏大可以到"大屏幕"、"超大屏幕",小可以到"个性化头盔",甚至可以在非平面表面产生色彩艳丽的图像。因此，实现高清晰、大色域显示的技术已成为今后显示技术研究和发展的方向。

根据色度学原理，在 xy 色坐标系统中，颜色信息全部包含在由光谱色坐标连接的马蹄形区域内，而光谱轨迹外的颜色，是物理上不能实现的。位于光谱轨迹上的单色光其饱和度越低，距离光谱轨迹越远，则其饱和度越低。选取任意三点对应的颜色作为基色，则由此三基色所能合成的所有颜色都包含在以这三点为顶点的三角形内。三角形的面积越大，表示可以显示的颜色越多，显示颜色饱和度越高，色彩表现力越强。激光的光谱是线谱，本身显示的颜色为光谱色。如图 6 - 1 所示，用红、绿、蓝激光器作为光源所构成的色域空间更大，大约是传统 CRT 电视色域空间的 2.3 倍。与传统显示方式相比，激光显示可以获得更高的饱和度、更丰富的颜色和更逼真的视频效果。

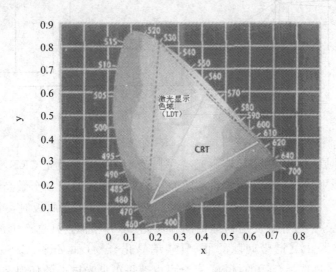

图 6 - 1　激光显示色域(LDT)与传统 CRT 色域比较

激光具有单色性好、方向性好和亮度高等优点，非常适用于显示。其主要特点有：第一，激光发射光谱为线谱，色彩分辨率高，色饱和度高，能够显示非常鲜艳而且清晰的颜色；第二，激光可供选择的谱线(波长)很丰富，可构成大色域色度三角形，能够用来显示最丰富的色彩；第三，激光方向性好，易实现高分辨率的显示；第四，激光强度高，可实现高亮度、大屏幕显示。

激光显示技术的发展可分为 4 个阶段：概念阶段、研发阶段、产业化前期阶段和规模产业化阶段。激光显示概念在 20 世纪 60 年代出现，世界各国的科学家都尝试将激光技术运用于显示光源的研究。20 世纪 90 年代，随着全固态激光器关键材料的研制成功，大大推动了激光显示技术的研究。2003 年激光显示技术研究获得历史性突破，通过 RGB 三基色可见光激光器成功混合成白光，并推出一系列工程样机。2005 年至 2011 年，是激光显示产业化前期阶段，此时，我国与世界知名企业相继推出了激光投影、激光电视等原理样机。2011 年之后，我国众多厂家先后掌握并推出了短焦距激光投影电视并进入市场。在激光全色显示技术领域，我国拥有完整自主知识产权链，具备在该领域实现产业化重大突破的良好基础。激光全色显示技术产业化项目在电子、电器制造业、创意产业、信息产业等方面起到引领作用，必将带动全国相关行业的快速发展。

6.1.2　激光显示原理

激光显示技术分为四种类型：

1. 激光阴极射线管(LCRT)

激光阴极射线管(Laser Cathode Ray Tube，LCRT)的基本原理是用半导体激光器代替阴极射线显像管的荧光屏来实现显示。LCRT 的结构如图 6-2 所示。

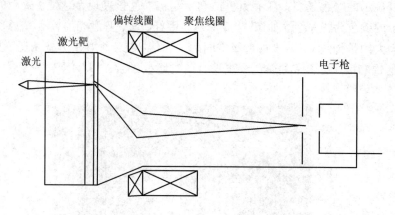

图 6-2　LCRT 的结构

LCRT 的工作原理除了用半导体激光器代替荧光面板外，激光 CRT 实质上就是一个标准的投影用阴极射线管。半导体材料的两面与镜面相邻接形成一个激光器的谐振腔，并与一片衬底相结合，从而形成一块激光面板。用电子束扫描激光面板时，电子束轰击到的地方就产生出激光来。这种激发的物理机制和荧光 CRT 相似，只是产生的是激光而不是荧光。单片半导体是由宽谱带间隙的 Ⅱ-Ⅵ 族单晶化合物(如 ZnS、ZnSe、CdS、CdSSe、ZnO 等)构成的。通过选择合适的材料，完全可以获得可见光谱上的任何一个波长。为了减少损耗，激光腔只有几个微米厚。激光面板预计能承受长时间的高能电子束轰击，达到 10000 至 20000 小时的寿命。

LCRT 的分辨率能够做得很高，在 CRT 电流为 2 mA 时，电子束直径为 25 μm，其激光束直径略小于电子束直径，为 20 μm。截至 2011 年，激光面板的光栅尺寸已为 40 mm×30 mm，可以给出 2000×1500 个像素。目前正在向真正的影院放映质量的方向努力。

LCRT 同时也是一种理想的影院放映光源，它不会产生损害胶片的红外和紫外强光。预期可以延长胶片的放映寿命，所以可作为兼容的数字/胶片放映机。

2. 激光光阀显示

该技术的基本原理是激光束仅用来改变某些材料(如液晶等)的光学参数(折射率或透过率)，再用另外的光源把这种光学参数变化构成的像投射到屏幕上，从而实现图像显示。

图 6-3 所示为激光光阀显示，优点是清晰度极高。它是利用激光束对液晶进行热写入寻址的。

激光束写入原理为：把介电各向异性为正的近晶相液晶夹于两片带有透明电极的玻璃基板之间(其中一片玻璃基板内涂有激光吸收层)，构成液晶光阀。把聚焦约为 10 μm 的 YAG 激光束照射到液晶光阀上，被吸收膜吸收后变成热能并传给液晶。于是照射部分的液晶随温度上升,从近晶相,经由向列相变成各相同性液体。

当激光束移向他处,液晶温度急剧下降,出现"各相同性液体→向列相液晶→近晶相"的转变的相变过程。由于速冷作用,相变过程中形成一种具有光散射的焦锥结构,这种结构一直保持到图像擦除。另一方面,没有照射部分的液晶仍为垂直于表面取向的透明结构。这样通过对 激光束的调制和扫描,便可在整个画面上形成光散射结构和透明结构的

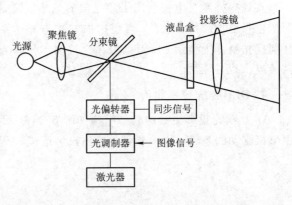

图 6-3 激光光阀显示

稳定共存。擦除采用的是电擦除法,即在液晶层上施加高于条件阈值(约 70 kV/cm)的高电场 E,使之反加到初始的透明结构。这种擦除方法速度极快,已被广泛使用。

3. 直观式(点扫描)电视激光显示

直观式(点扫描)电视激光显示是将经过信号调制了的 RGB 三色激光束直接通过机械扫描方法偏转扫描到显示屏上。

直观扫描式激光扫描系统如图 6-4 所示。该系统主要由 RGB 激光光源、光学引擎、调制信号、扫描同步控制和屏幕等部分组成。光学引擎则主要由红、绿、蓝三色光阀、合束 X 棱镜、投影透镜和光阀驱动组成,光阀驱动使光阀上分别生成红、绿、蓝三色对应的小画面,然后分别引入三色激光照明投影到屏幕上,即产生全色显示图像。调制信号可以是各种微型显示系统,如 LCD、LCoS、DMD、GLV 等。其工作原理如图 6-4 所示:红、绿、蓝三色激光分别经过扩束、匀场、消相干后入射到相对应的光阀上,光阀上加有图像调制信号,经调制后的三色激光由 X 棱镜合色后入射到投影透镜,最后经投影透镜投射到屏幕,得到激光显示图像。

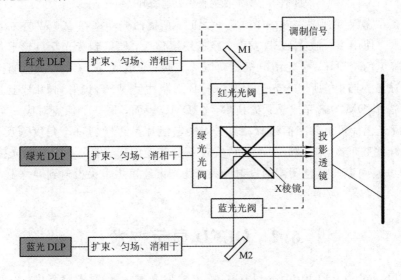

图 6-4 直观扫描式激光扫描系统示意图

直观扫描激光电视利用了激光器的色纯度高、色域比一般彩色电视大的特点，显示的图像色彩更加鲜艳、逼真。直观扫描方式与光学系统成像不同，无聚焦范围限制，可以在任何反光物体上显示，所以可以在建筑物、水幕（水幕电视）、烟雾（空中显示）等上展示特殊效果。

4. DLP 激光投影显示

DLP 激光投影显示的典型结构如图 6-5 所示。该系统主要由蓝色激光发射器、透镜、由电机驱动的色轮、DLP 模块、短焦投影透镜、投影屏幕几个部分构成。

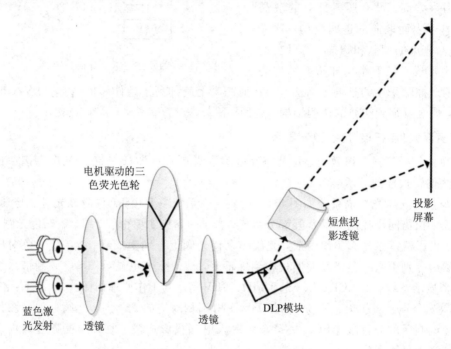

图 6-5　DLP 激光投影显示的典型结构

激光投影屏幕尺寸通常在 80～150 英寸之间，所需激光功率在 100 W 左右，为获得大功率的激光源，使用多个激光 LED 发射，经透镜聚焦后，照射到荧光粉色轮上；由于激光功率大，为避免色轮损坏，色轮由电机驱动恒速旋转；色轮由 R、G、B 三色扇区构成，三个扇区依次被激光照射，所发出光色为 R、G、B 周期性呈现，再投射到 DLP 上。DLP 是基于数字微镜晶片（DMD）来完成显示的技术，在 DMD 表面，每一个像点对应一个微反光镜片，每一个反光镜片可由数字信号驱动开关，决定镜片是否倾斜一个角度来反射入射光；镜片每秒可开关数千次，控制开关次数可实现不同灰度的像素显示；当三色光按序投射到 DMD 芯片上时，可获得三色图像的投射光束，此光束经短焦镜头投射到屏幕上，获得正常图像。

6.2　OLED 显示技术

OLED(Organic Light Emitting Display，有机发光显示屏)具有高亮度、宽视角、宽温度范围、低功耗、反应速度快等优点，是液晶、EL 屏的替代品，被称为未来的理想显示器。

6.2.1　OLED 驱动原理

从 OLED 侧面剖面图（图 6-6）来看，它是一个在底层玻璃基板堆积的多层三明治结构，从上到下依次为金属阴极、有机发光材料、正极。当两电极间有电流时，有机发光材料就会根据其配方的不同发出红、绿、蓝三色光，其亮度取决于驱动电流，根据三色光的亮度不同可组合得到各种色彩。在实际应用中，OLED 有两种驱动方式，即有源驱动和无源驱动。

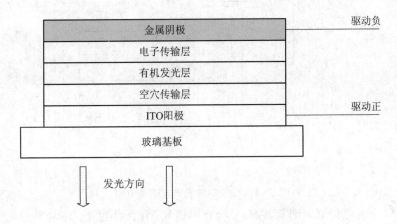

图 6-6　OLED 侧面剖面图

1. OLED 的有源驱动（AMOLED）

有源驱动方式下，每个发光单元都有一个对应的有开关功能的低温多晶硅薄膜晶体管（Low Temperature Poly-Si Thin Film Transistor，LTP-Si TFT），各单元的驱动电路和显示阵列都集成在同一玻璃基板上。OLED 发光单元驱动电路如图 6-7 所示。在 LCD 显示驱动中，驱动电压与显示灰阶成正比，但在 OLED 驱动中，显示亮度与电流量成正比，为此驱动 TFT 要使用的导通阻抗应尽量地低。

有源驱动是静态驱动的方式，各驱动单元自带电荷存储电容，不受扫描电极数的限制，可以对各 RGB 单元进行独立灰度调节，易于实现高亮度、高分辨率和高彩色还原。

有源矩阵的驱动电路集成在同一玻璃基板上，更易于实现集成度和小型化，而且简化了驱动电路与显示像素之间的连接问题，也提高了成品率和可靠性。

2. OLED 无源驱动（PMOLED）

无源驱动 OLED 基板显示区域仅仅有发光像素，由置于基板外或者基板上非显示区域的 IC 线路实现驱动与控制功能，芯片与基板之间通常采用 TCP（芯片带载封装，将芯片封装到柔性线路板上的封装方式）或 COG（直接将芯片绑贴到玻璃屏的导电极上）方式连接。无源驱动分为静态驱动电路和动态驱动电路。

（1）静态驱动方式：通常各发光单元阴极共地连在一起引出，各像素的阳极则独立引出；当像素阳极电压高于像素发光阈值时，像素受恒流源激励发光；当发光单元阳极接负电压时，发光单元反向截止。静态驱动电路通常在段式显示屏的驱动上应用较多。

（2）动态驱动方式：各发光像素的电极按矩阵型结构相连接，同一行发光像素的阳极或阴极连接构成一个行电极，同一列发光像素的阴极或阳极连接构成一个列电极。如果显

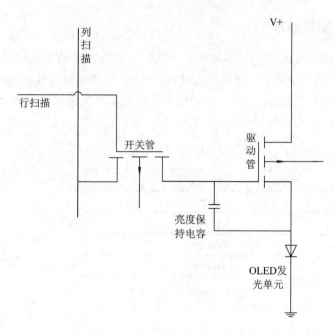

图 6 - 7　OLED 发光单元驱动电路

示屏有 $N \times M$ 个发光像素，则总共有 N 个行电极和 M 个列电极。在常见的逐行驱动方式下，行电极循环地给每行电极施加行导通脉冲，同时 M 个列电极给该行各个对应像素提供驱动电流脉冲，一次实现一行所有像素的显示。其他行的像素则加上反向电压使其不显示，以避免交叉效应。

　　OLED 显示器完成对所有行一次扫描所需时间为一个帧周期，其中每一行占用的选择时间相同。如果一帧的扫描有 N 行，那么一行所占用的时间为一帧的 $1/N$，此参数即为占空比系数。为提升显示像素，增加扫描行数将降低占空比，使得发光像素的导通时间缩短，从而影响了显示质量。因此大屏幕显示时，就需要提高驱动电流或采用双屏电极结构以提高占空比系数。

　　由于电极的共用，以及有机薄膜厚度均匀性、横向绝缘性的影响，可能导致一个像素发光、邻近像素也发出微光的串扰现象，为此在发光像素不工作时，通常会加上反向截止电压确保其处于黑暗状态。

6.2.2　OLED 的优点与不足

　　LED 本身是不发光的，在显示应用中，靠 LED 显示板后的背光板发出均匀白光，光线透过 LED 板后获得图像。因此，在 LED 屏幕显示黑色时，其背光板仍旧在发光，这导致屏幕黑度低。OLED 屏幕由于结构的不同，各个发光像点为主动发光，故而 OLED 亮度对比度指标更好，而且发光均匀，可视角度更大，也不存在漏光现象。

　　OLED 可加工到柔性材料上，轻易实现屏幕折叠弯曲。同时其低温特性更好，画面响应快，无拖影现象。

　　现阶段，OLED 通常采用有机蒸镀工艺，在真空中通过加热、电子束轰击、激光等方式，将有机材料蒸发成小分子，在基板表面凝结成薄膜。这种方法对加工环境要求高，而且设备工序复杂，也不易满足大屏幕的加工需求。

综合以上特性，OLED 与 LED/LCD 显示的比较可见表 6-1。

表 6-1　OLED 与 LED/LCD 比较

	OLED	LED/LCD
是否需要背光	主动发光，无需背光。黑色效果更好	LCD 不发光，需要背光板配合显示，采用 LED 背光板的 LED 显示屏能提高亮度，而且背光更均匀
可视角度	可视角度大	多数 LCD 可视角度不够大
画面对比度	画面对比度高	画面对比度不易提高
色域	较好	大多数 LCD 屏色域一般
亮度	较高	高，可在户外或高亮度环境下使用
均匀性	普遍较好	需使用离散背光板才能做到较好
功耗	分辨率越高，能耗越高	同亮度级别下，能耗低于 OLED
使用寿命	通过算法调整解决烧屏后，使用寿命能达 50000 小时	50000 小时
生产成本	大屏幕加工不易	工艺成熟，成本较低

6.3　QLED 显示技术

6.3.1　QLED 发光原理

量子点是一种仅有 10 nm，由锌、镉、硒和硫原子组合而成的半导体纳米晶体。量子点晶体受到光或电的激发时，会发出有色光，光的颜色取决于量子点的成分、大小、形状等因素，量子点的尺寸不同，其发光的波长也不同，随着尺寸的增大，其发光颜色可从蓝光逐渐向绿、黄绿、橙、红过渡。在用 LED 作照明光源时，最容易得到光谱成分单一的蓝色光，如希望获得接近自然光的颜色，使人眼更易接受，需花费大量成本对光谱进行调整。因量子点光效可以更高效地转换蓝光，预期量子点显示技术（QLED, Quantum Dot Light Emitting Diodes）在照明应用上也有较好前景，而目前市面上大多数的 QLED 显示屏，其实应当称为 QD-LED，它是用 QLED 来作背光源的液晶屏。QD-LED 发光单元结构图如图 6-8 所示。

QLED 有光致发光和电致发光两类，光致发光是由背光模块外界光源驱动发光，从而获得更靓丽的显示色彩。电致发光方式下，发光单元受电刺激而实现自发光，得到更完美的色域及更好的灰阶和对比度。目前电致发光技术尚不够成熟，未实现大规模商用。

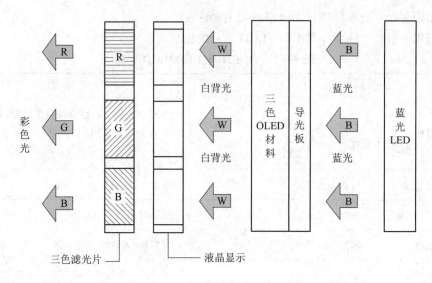

图 6-8 QD-LED 发光单元结构

6.3.2 QLED 的特点

现阶段有望取代液晶，成为大屏幕显示的主流技术有两类，即 OLED 与 QLED，其各自的主要推广支持厂商都不断改进技术，完善生产工艺，已推出了若干种量产产品，两者各有优、缺点。当然，随着技术与生产工艺的不断完善，或许某些缺点能很快被克服。

1. QLED 的优点

（1）QLED 制作工艺相对简单，预期技术成熟后成本低于 OLED。

（2）现阶段的 QLED 采用背光模式，其亮度高于 OLED，在相同的色深和灰度下，QLED 会有更大的动态范围。

（3）QLED 的灰度依赖于液晶面板的控制，在高清信号下，其灰度线性度好于 OLED。

（4）正常使用中，在显示相同视频内容时，QLED 的功耗低于 OLED。

（5）QLED 使用无机材料作为发光材料，其使用寿命高于使用有机发光材料的 OLED。

2. QLED 的缺点

（1）现阶段的 QLED 显示是作为背光使用，显示黑色背景时，其效果不如自反光的 OLED。

（2）由于液晶的响应延迟，QLED 背光显示屏的刷新率不如 OLED。

（3）由于液晶面板的影响，QLED 背光显示屏的可视角度不如 OLED。

6.4 3D 显示技术

传统电视机将画面显示在一个平面或曲面上，这种方式就是 2D 显示，为了获得更真实的感觉（临场感），3D 技术应运而生。那么，什么是 3D 显示？它的基本原理是什么？

在图 6-9 中，我们将一个一半涂黑的球放在双目正前方，左眼和右眼所看到的图像是

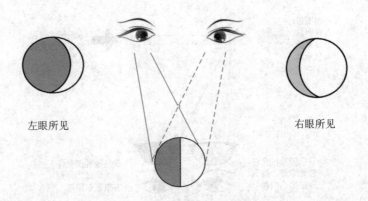

左眼所见　　　　　　　　　　　　　　右眼所见

图 6-9　对同一物体观察的双目视差

完全不同的，由于双眼的位置不同，观察同一物体的角度不同，导致双眼看到不同的图像，这个就是双目视差。我们的大脑在得到两张不同的图像后经过复杂的处理机制，对两张图像进行比对和混合，从而在观察识别物体之外同时获得物体的立体感。3D 显示技术利用这一原理，分别给双眼播放不同的画面，使得观众产生"立体感"。

如今主流的 3D 立体显示技术，尚不能使我们摆脱特制眼镜的束缚，这使得其应用范围以及使用舒适度都打了折扣。而且，不少 3D 技术让体验者在长时间体验后会有恶心眩晕等感觉。另一方面，3D 显示所需视频源与传统视频的不同，需要特制的内容，而所使用节目的不足也导致其市场发展缓慢。

6.4.1　配合眼镜使用的 3D 显示技术

为兼容以往的 2D 显示技术，初期发展的 3D 显示技术往往要依靠眼镜来观看。3D 眼镜有红蓝、光学偏振和快门式等种类。

1. 红蓝 3D 眼镜

红蓝 3D 不需要特殊显示器，仅需眼镜配合普通显示器即可观看。双眼镜片分别为红、蓝、两色，显示屏同时显示仅含红色的左眼画面和仅含蓝色的右眼画面，经镜片过滤后观众通过左、右镜片看到两张不同画面的黑白图片，从而实现 3D 显示，如图 6-10 所示。为了获得更好的过滤效果，升级的做法是将红蓝改成琥珀蓝，但基本原理与红蓝显示无区别。通过红蓝 3D 眼镜获得的画面通常有偏色，也不适于长期观看。

2. 光学偏振 3D 眼镜

光既具有波动特性，又具有粒子特性。它有时表现出粒子的特征，同时光又像波一样向前传播，因而它有振荡方向。日常的光线是各个振荡方向都有的光的集合，它通过偏振光栅后，只有与光栅同方向的偏振光能透过，对正交方向的偏振光则完全遮蔽。光学偏振 3D 眼镜（图 6-11）的左、右镜片其实是偏振方向互相垂直的两个偏振光栅。显示器显示的画面为垂直向偏光、水平向偏光两个独立的画面的综合，透过两个不同方向的偏光镜片后，双眼就分别看到不同的画面，从而形成 3D 影像。由于偏振方式下，对光照的利用率下降，画面亮度会有损失，分辨率也减半；同时，这种方式对观看角度限制较大，画面可视角也偏小。

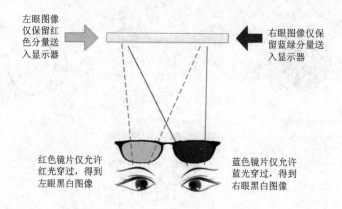

图 6-10　红蓝 3D 眼镜示意图

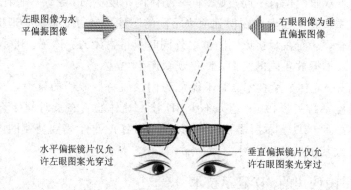

图 6-11　光学偏振 3D 眼镜示意图

3. 快门 3D 眼镜

快门 3D 眼镜在镜片上装有液晶快门,工作时,两镜片快门交替打开和关闭,任何时刻,只有一个镜片透光;同时,显示器同步交替显示左、右两眼的画面,利用人眼视觉暂留特性,双眼看到 2 个不同的视频画面,如图 6-12 所示。这种方式下,如果显示器刷新率够高,显示器拖影小,是可以得到较好的画面的,而且分辨率也不会降低。快门式 3D 显示的缺陷在于由于透光时间减半,画面亮度会有损失,画面容易有闪烁感。

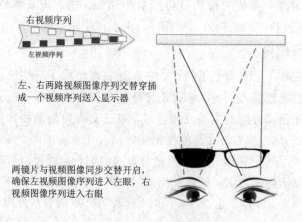

图 6-12　快门 3D 眼镜示意图

6.4.2 裸眼 3D 显示技术

对大多数用户而言，使用 3D 眼镜观看节目多少会有些不习惯。裸眼 3D 显示技术正是针对此不足而开发的新技术。目前主流的裸眼 3D 显示技术有狭缝式液晶光栅、柱状透镜等方式。

1. 狭缝式液晶 3D 显示

狭缝式液晶 3D 显示的原理图如图 6-13 所示。狭缝式光栅在屏幕前加了一个狭缝式光栅，当观察者处于适当的位置时，由于光栅的遮挡，双眼只能各看到一部分屏幕画面，而且这两部分画面互不影响；实际上，左眼看到的图像和右眼看到的图像呈竖纹且交错整合在一个显示屏上。这种方法和现有的 LCD 液晶制造工艺兼容，成本低而且便于量产，但分辨率和亮度指标比较低。

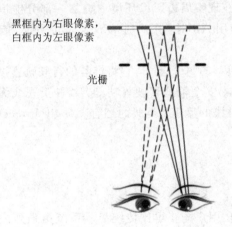

图 6-13 狭缝式液晶 3D 显示的原理图

2. 柱状透镜 3D 显示

柱状透镜 3D 显示的原理图如图 6-14 所示。柱状透镜 3D 显示技术也被称为微柱透镜 3D 技术，在液晶显示屏的前面加上一层微柱透镜，这样在每个柱透镜下面的图像的像素被分成 R、G、B 子像素，将左、右眼对应的像素点分别投射到双眼，这样就看到了不同的图像。透镜不会遮挡光线，因此其亮度比狭缝光栅式提高了很多。

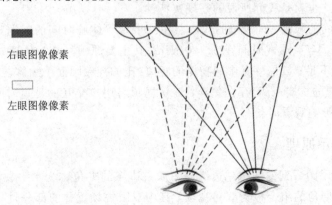

图 6-14 柱状透镜 3D 显示的原理图

6.5　VR 技术

VR(Virtual Reality，虚拟现实)通过计算机与交互外设构建虚拟世界，用头戴式 VR 眼罩显示和观看。和传统显示方式不同，随着 VR 硬件以及应用内容的开发，它在游戏、旅游、科研教育、展览、军事、工业仿真、医疗、营销等领域有广泛的应用前景。

6.5.1　VR 和 AR 的异同

AR(Augmented Reality，增强现实)是和 VR 类似但又有区别的一个概念。

AR 和 VR 类似的是，两者都要用到诸多外设，都通过计算机处理三维图像，都能与用户实现互动。两者的区别在于，VR 技术倾向于创建一个完整的虚拟环境，让用户沉浸其中，实现交互；AR 则是在现实周边影像环境中叠加一部分虚拟信息，实现各种用户交互以及其他辅助功能，在使用 AR 时，用户通常不会有沉浸感，能轻易区分叠加的辅助画面并与系统实现交互。

AR - HUD 是一个典型的 AR 应用，它将推荐的行驶轨迹投影到汽车驾驶员前方的挡风玻璃上，实现辅助导航、安全辅助驾驶等功能，驾驶员视线无需离开道路，即可根据推荐路线或安全报警做出更快的反应。类似的还有 Google Project Glass 等日常辅助形式的 AR 设备。

6.5.2　VR 技术特点

VR 技术的特点如下：

(1) 临场沉浸感。VR 用户能获得比传统显示系统更强烈的身临其境的感觉，这个不仅仅依靠立体视觉效果来获得，视觉效果跟随用户身体姿态、视角变动的互动调整，以及外界的力反馈刺激，听觉的声场显示、温度、嗅觉、触觉的刺激都会加强沉浸感。

(2) 用户交互。交互指的是 VR 输出内容会跟随用户的反馈进行调整变化。通过手柄、手势识别、语音识别、人体动作感应等诸多交互输入技术，VR 技术会带来比传统的视频、游戏等媒体方式更强烈的沉浸感。

(3) 超现实。VR 技术可给观看者带来诸多现实中无法实现的类似上天入地、腾云驾雾等体验效果，这也就是我们所说的超现实特性。

(4) 观看时间的限制。现阶段的 VR 存在一个观看体验时间的问题，这取决于观看者个体特性与显示内容，通常时间在 5～20 min。其主要原因一是身体感知的运动和显示画面变换的同步性不足；二是感觉中的物体的距离(比如视频画面中物体在远方)与眼睛聚焦距离(屏幕与眼睛的真实距离)存在差异；三是视频与用户交互的延迟时间、设备的显示效果等因素，也会影响观看时长。

6.5.3　VR 显示原理

通常我们把眼睛看到的图像左边缘与图像右边缘的夹角称为水平视场角，如图 6 - 15 所示，将双眼视场角的组合称为双目视场，其中双眼视场重叠的部分是我们产生立体距离的关键，我们会通过比较双眼观察到的图像差异判断距离，距离越远，双眼看到的图像越接近。一般而言，头戴式 VR 提供的视场角越大，临场沉浸感越好。

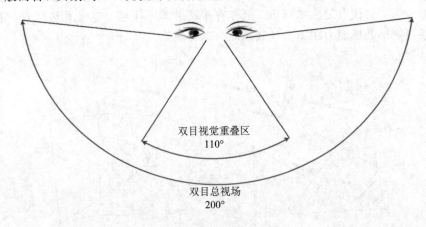

图 6 - 15　视场角示意图

人眼在看近距离物体时，睫状肌收缩，晶状体弯曲，普通人的近距离观察极限为7 cm。使用头戴式 VR 显示器时，为了减少头盔的体积与重量，通常需要将显示屏放在距眼睛3～7 cm 的位置，为此在显示屏与眼睛之间加入透镜来折射光线，使眼睛能看清图像。由于空间与重量的限制，通常采用菲涅尔透镜来实现折射功能，如图 6 - 16 所示。

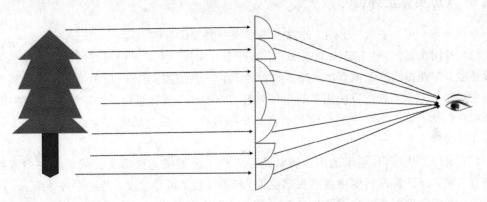

图 6 - 16　菲涅尔透镜原理

6.5.4　VR 系统构成

VR 系统包括头戴式显示器、主机以及手柄、方位定位、运动感知等诸多输入/输出外设。目前的 VR 系统可分为两大类，一类为配合手机使用的 VR 盒子，其成本较低，此类产品有诸多厂家生产，但效果不够理想；另一类为"专用头显＋定位系统＋手柄＋外置主机"的构成模式，已经进入商业量产的有 PS VR、HTC Vive 和 Oculus Rift 等几家主流产品，后期将会有更多 VR 产品出现。

6.5.5　VR 盒子技术

比较出名的 Google VR 盒子结构见图 6 - 17，它采用纸板剪裁折叠，配合透镜、手机固定胶带、磁铁等构成，手机上安装 Google VR APP 后装入盒子即可使用。手机屏幕分为左、右两部分，各自对应一个透镜将图案投射到双眼，配合适当视频源与手机 APP 即可有立体画面呈现，同时靠手机自带的陀螺仪跟踪头部转动定位。有些 VR 盒子可配置外置手柄实现人机交互，其优点是成本极低，但存在手机分辨率不够、电池发热严重、定位精度延迟大、手机图形处理能力跟不上导致画面卡顿等缺陷。

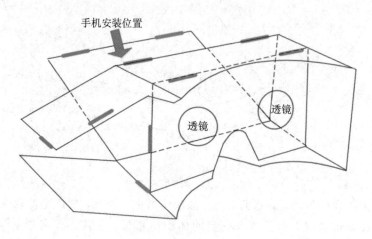

图 6-17 Google VR 盒子外形图

6.5.6 VR 头显及外设

专用头显、定位系统、手柄、外置主机构成一类 VR 系统。

（1）专用头显。VR 头显内部包含左、右两个显示屏，为了提供更好的临场沉浸感和使用舒适度，需要提高显示刷新率，降低显示延迟，一般使用 OLED 显示屏。显示视频经透镜折射后送入双眼，为适应使用者的个体差异，头显具备透镜瞳距，配备定位调节的功能。为获得良好的声场定位，头显也附带有高质量的耳机。头显上还带有定位接收或者发射的部分功能模块。

（2）定位系统。VR 系统的定位通常是由光敏传感器或者摄像头持续识别并检测特定光信号方位，经计算得到使用者的头部位置、转向角度、运动速度，乃至手势等信息。此类方式下，需要有发射光源和接收检测两个部分，为实现对头部、手部的检测，这些模块分别放置在头显、外置模块、手柄上。目前市售的几家 VR 系统的定位技术也略有不同。

使用 HTC Vive 产品，需在房间对角安装两只红外激光发射器，发射器内部有一个 2 轴旋转平台，置于平台上的激光 LED 以每秒 6 次的频率发射激光，在 HTC Vive 头显和手柄上共有 70 多个光敏传感器。每个传感器将收到的数据连同传感器的 ID 一起传给计算单元，计算单元据此重建头显和手柄的三维定位模型。

Oculus Rift 设备外壳上有部分区域允许红外光透过，在设备内有若干红外 LED，这些红外 LED 以不同的闪烁频率向外发射红外光，在外面使用两台带红外滤光的摄像机实时拍摄。两台摄像机将从不同角度采集到的图像传输到计算单元中，经过图像处理，获得红外 LED 的方位数据，再依此建立三维模型，获得用户的头部、手部方位运动参数。同时，Oculus Rift 内部还通过九轴陀螺仪读取运动数据，确保在红外信号被遮挡时仍旧能读取定位。

PlayStation VR 设备采用可见光定位，在手柄和头显上安装不同颜色的彩色 LED，双摄像头模拟人双眼定位，通过发光 LED 的颜色、反光体的大小来确定方位和距离参数。

（3）手柄。在 VR 系统中，大部分 VR 手柄都做成无线形式以提升舒适度。和传统手柄不同的是，VR 手柄不仅用来实现用户按键输入，往往还有手部定位、手势识别、力反馈等功能。

（4）外置主机。为了获得更好的临场沉浸感，VR 头显需要提升画面分辨率、画面刷新率，同时需要尽量降低画面延迟，这些都需要大量的计算资源和高性能显卡。考虑到头显的轻便性和散热需求，外置主机成为唯一选择，HTC Vive 和 Oculus Rift 使用 PC，PS VR 使用专用主机。因为主机与头显之间通信数据量大，通常使用有线传输，有些 VR 方案将主机做成背包形式，以利于用户大范围活动。

6.5.7　VR 技术的应用

现阶段，VR 技术主要集中应用于游戏、电影等娱乐领域，市场预期在以下领域都会有广泛应用。

（1）教育培训。VR 技术可提供一个虚拟环境，用于针对一些高成本或者有危险，或者受距离限制的场合进行演练、培训，诸如高空、高危作业、外科手术培训、精细加工、远程教育等领域。

（2）旅游展览。VR 可以构建景点或展览品的数字 3D 模型，使用户可以远程参观游览诸多名胜古迹与艺术珍品。

（3）营销：VR 技术可用于诸多生活用品的营销，客户可远程观察体验诸如房屋、服装以及各种产品的试用效果。

总而言之，尽管 VR 技术现阶段存在沉浸度不足、设备成本较高、可用内容不足等问题，但在可期望的未来，VR 将给我们的生活、购物方式带来巨大改变。

习　题　6

简答题

1. 简述激光显示技术的特点。激光显示有哪几种类型？
2. 与 LCD 显示相比，OLED 显示有何优、缺点？
3. QLED 如何发光？什么是光致发光？什么是电致发光？
4. 3D 显示的原理是什么？目前有哪几种技术能实现 3D 显示？
5. 什么是 AR？它和 VR 有何区别？
6. VR 的特点是什么？它和普通 3D 显示有何区别？
7. VR 盒子和 VR 头显有何区别？为何要使用菲涅尔透镜？
8. 为什么 VR 系统需要定位？如何实现定位功能？

参 考 文 献

[1] 余理富,汤晓安,刘雨.信息显示技术.北京:电子工业出版社,2006.

[2] 王秀峰,程冰.现代显示材料与技术.北京:化学工业出版社,2007.

[3] 刘建清.等离子彩电维修代换技法揭秘.北京:电子工业出版社,2009.

[4] 曹允.表面放电式彩色 AC-PDP 驱动电路系统设计.南京:东南大学,2003.

[5] 张兴义.电子显示技术.北京:北京理工大学出版社,1995.

[6] 韩广兴.液晶、等离子体、背投电视机单元电路原理与维修图说.北京:电子工业出版社,2007.

[7] 韩广兴.液晶和等离子体电视机原理与维修.北京:电子工业出版社,2007.

[8] 王忠诚.新编 CRT/LCD/PDP 大屏幕彩电轻松入门教程.2 版.北京:电子工业出版社,2009.

[9] 赵坚勇.电视原理与系统.西安:西安电子科技大学出版社,2004.

[10] 刘永智,杨开愚.液晶显示技术.成都:电子科技大学出版社,2000.

[11] 黄子强.液晶显示原理.北京:国防工业出版社,2006.

[12] 李宏,张家田.液晶显示器件应用技术.北京:机械工业出版社,2004.

[13] 范志新.液晶器件工艺基础.北京:北京邮电大学出版社,2002.

[14] [日]堀浩,铃木幸治.彩色液晶显示.金轸裕,译.北京:科学出版社,2003.

[15] [日]小林骏介.下一代液晶显示.乔双,高岩,译.北京:科学出版社,2003.

[16] [日]松本正一,等.液晶新技术.王殿福,等译.北京:化学工业出版社,1991.

[17] [日]佐佐木昭夫.液晶电子学基础和应用.赵靖安,等译.北京:科学出版社,1985.

[18] 刘亚光.长虹液晶·高清电视维修手册.北京:科学出版社,2010.

[19] 肖运虹,胡小波.电视技术.3 版.西安:西安电子科技大学出版社,2010.

[20] 高鸿锦.新型显示技术.北京:北京邮电大学出版社,2014.

[21] 李文峰,等.现代显示技术及设备.北京:清华大学出版社,2016.